生命科学中的 R 语言数据分析

Data Analysis for the Life Sciences with R

原著　[美] Rafael A. Irizarry（拉斐尔·伊里萨里）
　　　Michael I. Love（迈克尔·洛夫）

主译　张庆祝　徐涛　金亮

译者（按姓氏笔画排序）
　　　王　江　王　宇　孙善文　张　旸
　　　张　鹏　张庆祝　金　亮　聂玉哲
　　　徐　涛　解莉楠　管清杰

U0343707

中国教育出版传媒集团

高等教育出版社·北京

图字：01-2021-6602号

Data Analysis for the Life Sciences with R, 1ˢᵗ Edition, authored/edited by Rafael A. Irizarry, Michael I. Love

图书在版编目（CIP）数据

生命科学中的 R 语言数据分析 /（美）拉斐尔·伊里萨里，（美）迈克尔·洛夫原著；张庆祝，徐涛，金亮主译 . -- 北京：高等教育出版社，2023.12

书名原文：Data Analysis for the Life Sciences with R

ISBN 978-7-04-059921-3

Ⅰ. ①生… Ⅱ. ①拉… ②迈… ③张… ④徐… ⑤金… Ⅲ. ①程序语言 - 程序设计 - 高等学校 - 教材 Ⅳ. ① TP312

中国国家版本馆 CIP 数据核字（2023）第 021815 号

Shengming Kexue zhong de R Yuyan Shuju Fenxi

| 策划编辑 | 张磊　王莉 | 责任编辑 | 张磊 | 封面设计 | 王洋 | 责任印制 | 耿轩 |

出版发行	高等教育出版社	网　址	http://www.hep.edu.cn
社　址	北京市西城区德外大街4号		http://www.hep.com.cn
邮政编码	100120	网上订购	http://www.hepmall.com.cn
印　刷	河北信瑞彩印刷有限公司		http://www.hepmall.com
开　本	787mm×1092mm　1/16		http://www.hepmall.cn
印　张	22.5		
字　数	520 千字	版　次	2023 年 12 月第 1 版
购书热线	010-58581118	印　次	2023 年 12 月第 1 次印刷
咨询电话	400-810-0598	定　价	74.00元

本书如有缺页、倒页、脱页等质量问题，请到所购图书销售部门联系调换
版权所有　侵权必究
物 料 号　59921-00

新形态教材·数字课程（基础版）

生命科学中的R语言数据分析

主译　张庆祝　徐涛　金亮

登录方法：

1. 电脑访问 http://abooks.hep.com.cn/59921，或微信扫描下方二维码，打开新形态教材小程序。
2. 注册并登录，进入"个人中心"。
3. 刮开封底数字课程账号涂层，手动输入 20 位密码或通过小程序扫描二维码，完成防伪码绑定。
4. 绑定成功后，即可开始本数字课程的学习。

绑定后一年为数字课程使用有效期。如有使用问题，请点击页面下方的"答疑"按钮。

新形态教材网 Abooks

关于我们 | 联系我们　　登录/注册

生命科学中的 R 语言数据分析

张庆祝　徐涛　金亮

开始学习　　收藏

　　本数字课程与《生命科学中的R语言数据分析》纸质教材一体化设计，紧密配合。数字课程资源包括习题答案、案例代码、案例输出结果的彩图等，以便读者自主学习使用。

http://abooks.hep.com.cn/59921

译者序

R 语言及生物统计分析，已渐渐成为现代生命科学研究必备的基本技能。随着生命科学进入组学时代，对生物统计的需求越来越旺盛。如何在完成生物学基本实验操作的基础上掌握并理解生物统计分析手段和背后的数学原理，是现代生命科学研究人员需要认真面对的紧迫问题。R 语言以其灵活、简单、易学、开源等特征，过去十几年来，渐渐由一个小众编程语言成为一个受到广泛欢迎的科学研究和数据分析利器，相关的资源、教程和书籍层出不穷。但是，与生命科学研究紧密结合的 R 语言生物统计分析教材和书籍较少。

《生命科学中的 R 语言数据分析》（*Data Analysis for the Life Sciences with R*）一书面向生物研究一线人员和学生，以真实发表的研究文章为案例，结合科学问题，利用 R 语言进行生物统计技能讲解和计算推演，是一本难得的学习书籍。本书尽量避免复杂的数学运算，但会对一些基本核心原理引入少量数学公式，很适合生物学研究人员入门、学习和使用。本书原著作者 Rafael A. Irizarry 是著名的生物统计学家、哈佛大学应用统计学教授、Bioconductor 创建者之一，具有丰富的研究和教学经验。本书自 2017 年出版以来即受到广泛欢迎。译者自 2009 年开始使用 R 语言进行生物学数据的日常分析和教学，并于 2017 年开始参考该书籍原著进行相关教学，得到了学生们的好评，并在教学过程中，感觉有必要将其引进、翻译。在此过程中，感谢东北林业大学有关领导和老师的鼓励与帮助，感谢高等教育出版社的大力支持。

本书结构合理，由浅入深，代码详实，操作性强，读者在使用本书时，应当边阅读、边实践，认真执行每一行代码、完成每一道练习题，将会深刻理解每次分析背后的原理。

由于翻译水平有限，时间仓促，难免有错误之处，恳请读者建议指正。

张庆祝

致 谢

首先，感谢 Alex Nones 在各个阶段校对文稿。此外，感谢 Karl Broman 提供了"应避免的图"，感谢 Stephanie Hicks 设计了部分习题。最后，感谢 John Kimmel 和三位匿名评审对本书的出色反馈和建设性意见。

本书的构思来自 Heather Sternshein 协调的几门 HarvardX 课程的教学过程。我们也感谢我们的助教 Idan Ginsburg 和 Stephanie Chan 以及所有学生。他们的提问和评论帮助我们改进了这本书。这些课程由国家卫生研究院（NIH）项目 R25GM114818 提供部分资金支持。我们非常感谢国家卫生研究院的支持。

特别感谢所有通过 GitHub 拉取请求来编辑这本书的人：vjcitn，yeredh，stefan，molx，kern3020，josemrecio，hcorrada，neerajt，massie，jmgore75，molecules，lzamparo，eronisko，obicke，knbknb，devrajoh。

前　言

20世纪下半叶，数字技术史无前例的进步引发了一场测量技术革命，并深刻影响了科学研究。在生命科学领域，数据分析实际上已渗透到每个具体研究项目中。特别是基因组学正受到新的测量技术的推动，这些技术使我们能够首次观察某些分子实体，这堪比显微镜的发明，后者导致了微生物的发现以及一些其它突破。在这些测量技术中，最具代表性的是微阵列和下一代测序技术。

以往依赖于简单数据分析的科学领域已被这些技术完全改变。例如，在过去，研究人员通常只测量单个目标基因的转录水平。如今，可以一次测量所有 20 000 多个人类基因。这些巨大进步也在深刻改变着研究范式，由以前的假设型研究，转变为发现驱动型研究。但是，如果想从这些庞大而复杂的数据集中提取有用信息并解释其生物学意义，就需要掌握复杂的统计技能，否则就会很容易被偶然产生的结果所欺骗。这充分突显了生命科学研究中统计学和数据分析的重要性。

适宜读者

本书是众多生命科学研究人员共同撰写的，由于生命科学越来越依赖数据分析，这些生命科学研究人员也成为了数据分析师。如果你正在进行数据分析，可能计算了 p 值，应用了 Bonferroni 校正，进行了主成分分析，并绘制了热图，或者使用了本书提到的一种或多种技术；如果你不太了解这些技术的实际作用，或者不确定是否正确使用了这些技术：那么这本书适合你。

尽管本书的内容主要集中在高级统计概念上，但我们还是从基础知识入手，以确保读者对所有数据分析所需的基本统计概念有充分的了解。许多入门统计学课程的授课方式都很难将这些概念与数据分析联系起来。我们的方法可确保你学习到实践与理论之间的联系。因此，第 2、3 章 "统计推断" 和 "探索性数据分析" 适合于入门性的本科统计学或数据科学课程。在这两章之后，统计的复杂程度上升得较快。

尽管本书的主要读者是硕士研究生或博士研究生，但我们试图把数学内容保持在本科入门水平。你无须掌握微积分即可使用这本书。但是，我们引入并使用了线性代数，它比微积分更高级。通过在数据分析的背景下解释线性代数，我们相信你不需要了解微积分就可以学习基础知识。最难的部分可能是习惯它的符号和公式。更多的说明见下文。

本书内容

本书涵盖开展数据驱动型的生命科学研究所需的各种统计概念和数据分析技能。

我们从与计算 p 值相关的基本概念，延伸到与分析高通量数据相关的高级主题。

本书从统计学和生命科学中最重要的主题之一——统计推断开始。统计推断是利用概率从数据中了解总体的特征。一个典型的例子是解析两组（例如，处理与对照组）的平均值是否不同。涵盖的特定主题包括 t 检验、置信区间、关联检验、蒙特卡洛方法、置换检验和统计功效。我们将利用中心极限定理等数学理论进行近似计算，使用相关的现代计算技术。我们将学习如何计算 p 值和置信区间以及如何进行基本数据分析。在整本书中，我们将利用统计语言 R 讲解数据可视化技术，这些技术对于探索新的数据集很有用。例如，使用它们来学习何时应用稳健性统计技术。

接着，我们将继续介绍线性模型和矩阵代数。我们将说明使用线性模型分析不同实验组之间的差异的好处，以及矩阵在表述和实现线性模型中的优势。我们将继续回顾矩阵代数，包括矩阵符号和矩阵乘法（通过手动实际运算以及在 R 中实现）。然后，我们将矩阵代数所涉及的内容应用于线性模型。我们将学习如何在 R 中拟合线性模型，如何测试差异的显著性以及如何估算差异的标准误。此外，我们将通过拟合线性模型复习一些实际问题，包括共线性和混淆。最后，我们将学习如何拟合复杂的模型，包括交互项，如何利用 R 对比多个项，以及实际操作中 R 函数用于稳定拟合线性模型的强大技术——QR 分解。

接下来，我们介绍了与高维数据相关的主题。具体来说，我们描述了多重检验、错误率的控制程序、用于高通量数据的探索性数据分析、p 值校正和错误发现率。从这里我们继续进行统计建模。特别是，我们将讨论参数分布，包括二项式分布和伽马分布。接下来，我们将介绍最大似然估计。最后，我们将讨论层次模型和经验贝叶斯技术以及如何将它们应用在基因组学中。

然后，我们讨论距离和降维的概念。我们将介绍距离的数学定义，并以此来讲解奇异值分解（SVD）以进行降维和多维缩放。一旦了解了这一点，我们接下来将介绍分层聚类和 k 均值聚类。之后，我们将对机器学习进行基本介绍。

最后，我们将了解批次效应以及如何使用成分和因子分析来应对这一挑战。特别是，我们将检查混淆的原因，展示批次效应的具体示例，建立与因子分析的联系，并描述替代变量分析。

本书特色

目前多数统计类教科书重点关注统计分析背后的数学原理，而本书重点在于利用计算机进行数据分析。本书将遵循 Deborah Nolan 和 Terry Speed 撰写的《统计学实验室》（*Stat Labs*）一书的基本方法 [1]。我们没有先解析数学原理然后展示实际例子，而是以数据分析中的实际问题为主线。针对这些问题，本书给出了计算机代码作为解决方案，并由此来阐明解决方案背后的一些概念。通过亲自运行这些代码，并实时关注数据生成和分析的全过程，你将对这些基本概念、数学公式和原理有更直观的理解。

我们聚焦生命科学数据分析中的实际问题，将数学作为实现科学目标的工具。除

---

[1] https://www.stat.berkeley.edu/~statlabs/

此之外，全书中我们给出了完成这些分析所需要的 R 代码，并将代码与统计和数学概念紧密联系起来。本书各章节都是使用 R markdown 文档生成的，因此可以完全重复。这些文档包含了生成本书中所有图表和结果的 R 代码。为便于区分，R 代码的格式如下：

```
x <- 2
y <- 3
print(x+y)
```

结果用不同的颜色区分开，前面有 2 个 # 符号：

```
## [1] 5
```

我们将提供让你可以访问原始 R markdown 代码的链接，这样你可以通过在 R 中编程来轻松地跟着本书学习。

在每一章的开头，你会看到这句话：本节的 R markdown 文档可在这里获得。

"这里"这个词将是指向 R markdown 文件的超链接。阅读本书的最佳方式是在你面前放一台电脑，滚动浏览 R markdown 文件，然后运行 R 代码来生成你阅读内容中所包含的结果。

译者说明：

就本书涉及的四个全局性问题说明如下：

①本书中"R"视不同情况可分别指称"R 语言"或者"R 软件"，在行文中依照原书直接称为"R"。

②本书是黑白版，不同于原书的彩色版，原书中用彩色呈现的内容（主要是代码和案例输出结果的彩图）另置于本书配套的新形态教材网上，书中对彩色的描述仍照原书译出。

③书中插图绝大部分是 R 语言程序的输出结果，故图中的英文不翻译。

④由于不同地区网络的差异性，原书中的一些超链接（页脚注链接）可能无法打开，故本书将原书页脚注提供的必要资源置于新形态教材网上，原页脚注仍保留。

目　录

1

R 语言入门

本书将利用 R 编程语言来进行所有数据分析 [1]。你将会同时学习 R 和统计学。但是，你最好有一些基本的编程技能，并了解 R 语言的语法。如果没有掌握相关内容，你首先的作业是完成如下的一个教程。下面将会一步步地展示如何上手 R。

1.1 R 的安装

第一步是安装 R。你可以从 R 的官网 CRAN（Comprehensive R Archive Network）[2] 上下载和安装 R。这是最直接的途径，如果遇到具体问题和困难，可以通过以下资源去了解并解决：

- 在 Windows 系统中安装 R [3]
- 在 Mac 系统中安装 R [4]
- 在 Ubuntu 系统中安装 R [5]

1.2 RStudio 的安装

接下来就是安装 RStudio，这是用来查看和运行 R 脚本的程序。从技术层面来讲，你可以不用这个软件照样能完成所有 R 脚本，但是我们强烈推荐使用集成开发环境（IDE）。软件的使用说明在这里 [6]。对于 Windows，我们有一个专门的使用说明 [7]。

1.3 学习 R 的基础

第一个作业就是完成 R 的基本教程，以熟悉编程和 R 语法的一些基础知识。使用

---

[1] https://cran.r-project.org/
[2] https://cran.r-project.org/
[3] https://github.com/genomicsclass/windows#installing-r
[4] http://youtu.be/Icawuhf0Yqo
[5] http://cran.r-project.org/bin/linux/ubuntu/README
[6] http://www.rstudio.com/products/rstudio/download/
[7] https://github.com/genomicsclass/windows

本书需要熟悉列表（包括数据框）和数字向量的区别、for 循环以及如何创建一个函数、如何使用 sapply 和 replicate 函数。

如果你已经对 R 很熟悉，那就可以直接跳到下一章进行学习。否则，你就得好好学习一下 "swirl" 教程 [8]，利用该教程，你可以以自己的进度在 R 控制台中以交互的方式学习 R 编程和数据科学。完成了 R 的安装后，可以按照以下方式安装和运行 swirl：

```
install.packages("swirl")
library(swirl)
swirl()
```

另外，你也可以利用 Code School 的 R 交互课程 [9] 进行学习。

网络上也有各种开放、免费的资源和 R 的参考指南。这里推荐两个：

- Quick-R[10]：有关数据输入、基本统计和作图的快速在线参考。
- R reference card (PDF) [https://cran.r-project.org/doc/contrib/Short-refcard.pdf]，由 Tom Short 编写。

你需要知道两个关于 R 的关键知识。一是可以使用 help 或问号 "？" 的方式获取一个函数的更多信息从而理解这个函数：

```
?install.packages
help("install.packages")
```

二是 "#" 代表注释，因此它后面的内容不会被执行：

```
## 这就只是个注释
```

1.4 安装包

我们将运行的第一个 R 命令是 install.packages。如果你学习了 swirl 教程，那么你应该已经运行了这个命令。R 仅包括了一组基本函数。虽然它可以完成更多的事情，但并不是所有人都需要 "大而全"。所以我们通过 "包" 的形式来提供一些函数。其中许多包都存储在 CRAN 中。请注意，这些包已经专人审核，以检查它们是否存在常见错误，并且有人负责它的日常维护。如果你知道包的名称，就可以在 R 中轻松地安装这个包。下面，我们来安装在第一个数据分析的例子中将要使用的包 rafalib：

```
install.packages("rafalib")
```

然后，我们可以在 R 里使用 library 函数载入这个包：

```
library(rafalib)
```

---

[8] http://swirlstats.com/

[9] http://tryr.codeschool.com/

[10] http://www.statmethods.net/

从现在开始，你将经常看到，我们有时加载了包但是没有安装它们。这是因为一旦安装了包，它就会保留在原位，只需要用 library 函数加载即可。如果在加载包的时候出现错误，则可能意味着你需要先安装它。

1.5 载入数据

数据分析的第一步是将数据读入 R 中。有几种方法可以做到这一点，我们将讨论其中的三种。但是你只需要学习一个就可以了。

在生命科学中，小型数据集（例如在下一章中用作示例的数据集）通常存储为 Excel 文件。尽管有一些 R 包可以读取 Excel（xls）格式，但是应尽量避免使用 Excel 储存数据。最好将文件另存为 CSV（逗号分隔值）格式或 TSV（制表符分隔值）格式的文件。这些文件格式都是纯文本格式，可以避免使用商业软件查看或处理数据，因此更易于与同行共享数据。我们将从一个简单的数据开始，这是有关雌性小鼠体重的数据集 [11]。

第一步，你需要找到包含数据的文件，并知道其所处的路径。

路径和工作目录　在 R 中工作时，了解工作目录很有用。默认情况下，工作路径就是 R 保存或查找目标文件的路径或文件夹。可以通过输入以下命令查看当前工作目录：

getwd()

你也可以通过 setwd 函数改变工作目录，或者利用 RStudio 的"会话控制"来改变工作目录。

读写文件的函数（R 中有多个执行此功能的函数），在执行时默认在当前工作目录中查找文件或写入文件。对于初学者，我们建议最好在工作目录下阅读和写入文件。当然，你也可以键入目标文件所在目录的完整路径 [12]，这样你的工作就可以独立于工作目录。

RStudio 中的项目　我们发现数据分析任务最简单的组织方式就是在 RStudio 中启动一个项目（单击"文件"和"新建项目"）。创建项目时，你将选择一个与其关联的文件夹。然后，你可以将所有数据下载到此文件夹中。你的工作目录将是此文件夹。

载入数据方法 1：通过网络读取文件　你可以通过访问 GitHub[13] 上的 dagdata 的数据目录导航至 femaleMiceWeights.csv 文件。你需要单击页面右上角的 Raw，才可以看到相关文件（图 1.1）。

这时，就可以复制并粘贴 URL，并将其用作 read.csv 的参数。在这里，我们将 URL 分成一个基本目录和一个文件名，然后与 paste() 结合使用，否则 URL 就会显得太长了。之所以使用 paste() 是因为我们希望按原样将字符串放在一起。如果要在计算机上指定文件，则应使用更智能的函数 file.path。该函数知道 Windows 和 Mac 文件路

---

[11] https://raw.githubusercontent.com/genomicsclass/dagdata/master/inst/extdata/femaleMiceWeights.csv
[12] http://www.computerhope.com/jargon/a/absopath.htm
[13] https://github.com/genomicsclass/dagdata/tree/master/inst/extdata

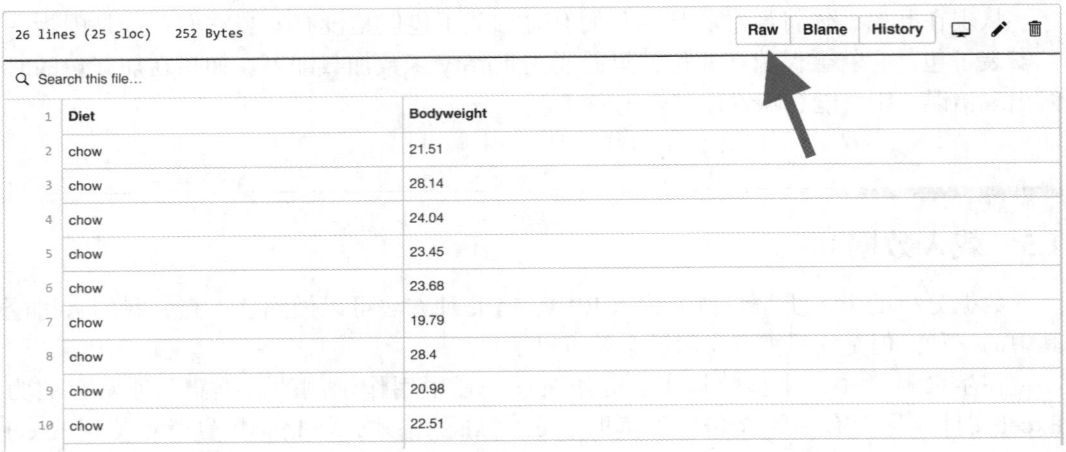

26 lines (25 sloc)	252 Bytes		Raw	Blame	History

Q Search this file...

1	Diet	Bodyweight
2	chow	21.51
3	chow	28.14
4	chow	24.04
5	chow	23.45
6	chow	23.68
7	chow	19.79
8	chow	28.4
9	chow	20.98
10	chow	22.51

图 1.1　GitHub 网页截图

径连接器之间的区别。你可以使用单个字符串指定 URL，就可以避免执行额外步骤。

```
dir <- "https://raw.githubusercontent.com/genomicsclass/dagdata/master/inst/extdata/"
url <- paste0(dir, "femaleMiceWeights.csv")
dat <- read.csv(url)
```

　　载入数据方法 2：使用浏览器将文件下载到工作目录　想在本地保留一份文件是有原因的。例如，想不联网进行分析、剔除对原始网站的依赖来确保可重复性。下载文件，如上面方法所示，可以直接看到 femaleMiceWeights.csv。在此选项中，我们使用浏览器的"另存为"功能来确保下载的文件为 CSV 格式。某些浏览器默认情况下会在文件名中添加一个额外的后缀，但不要这样操作，一定要将文件命名为 femaleMiceWeights.csv。将此文件放在工作目录中，就可以像这样简单地读取它：

```
dat <- read.csv("femaleMiceWeights.csv")
```

　　如果没有显示任何信息，就表示文件读取成功。

　　载入数据方法 3：从 R 内下载文件　我们在 GitHub[14] 上存储了本书所需的所有数据集。可以使用 R 将这些文件直接从网络上保存到计算机[①]。在此示例中，我们使用 downloader 包中的 download.file 函数将文件下载到特定位置，然后将其读入。也可以使用 tempfile 函数将其分配为随机名称和随机目录，但也可以使用特定名称将其保存在目录中。

```
install.packages("downloader")
library(downloader)      ## 使用 install.packages 进行安装
dir <- "https://raw.githubusercontent.com/genomicsclass/dagdata/master/inst/extdata/"
```

---

[14]　https://github.com/genomicsclass/
[①]　由于国内连接 GitHub 网站的稳定性较差，不建议使用此方法。——译者注

```
filename <- "femaleMiceWeights.csv"
url <- paste0(dir, filename)
if (!file.exists(filename)) download(url, destfile=filename)
```

接下来，就可以执行第二步：

```
dat <- read.csv(filename)
```

载入数据方法 4：下载数据包（高级） 本书所用数据集，多数都可以从 GitHub 的定制包中获得。使用 GitHub 而不是 CRAN 的原因是，在 GitHub 上不必审核软件包，提供了更大的灵活性。

安装 GitHub 可以使用 devtools 函数：

```
install.packages("devtools")
```

Windows 用户注意：要使用 devtools 还必须安装 Rtools。通常，需要以管理员身份安装软件包。所以，最好以管理员身份启动 R。如果你没有执行此操作的权限，那么会有点复杂[15]。现在，可以从 GitHub 安装软件包了，操作如下：

```
library(devtools)
install_github("genomicsclass/dagdata")
```

本书所需文件都已包含在此软件包中。安装软件包后，该文件就在你的计算机上。但是，找到它需要以下代码：

```
> dir <- system.file(package="dagdata")    # 获得软件包的位置
> list.files(dir)
## [1] "data"    "DESCRIPTION"    "extdata"    "help"    "html"
## [6] "Meta"    "NAMESPACE"    "script"
```

表明在 dagdata 下有 8 个目录，比如，我们想知道 extdata 目录下的文件，就要进行如下操作：

```
> list.files(file.path(dir,"extdata"))    # 外部数据在这个目录中
## [1] "admissions.csv"              "babies.txt"
## [3] "femaleControlsPopulation.csv"    "femaleMiceWeights.csv"
## [5] "mice_pheno.csv"              "msleep_ggplot2.csv"
## [7] "README"                      "spider_wolff_gorb_2013.csv"
```

现在就可以读取文件了：

```
filename <- file.path(dir,"extdata/femaleMiceWeights.csv")
dat <- read.csv(filename)
```

---

[15] http://www.magesblog.com/2012/04/installing-r-packages-without-admin.html

1.6　习题

此时，根据我们学习的以上教程和应当掌握的知识，我们将测试一些基本的 R 数据的处理。在你的工作目录里你将需要文件 femaleMiceWeights.csv。正像我们前面提到的，获得方法之一就是使用 downloader 程序包：

```
library(downloader)
dir <- "https://raw.githubusercontent.com/genomicsclass/dagdata/master/inst/extdata/"
filename <- "femaleMiceWeights.csv"
url <- paste0(dir, filename)
if (!file.exists(filename)) download(url, destfile=filename)
```

1. 读入文件 femaleMiceWeights.csv 并在包含"体重"的名称列中报告小鼠的体重。
2. 符号 [and] 可以用来提取表中的特定行和特定列。第 12 行第 2 列的输入值是什么？
3. 你应该已经学会如何使用 $ 字符的特性并从表中提取一列，然后将其当作向量返回。用 $ 提取体重列，并在第 11 行报告小鼠体重。
4. length 函数的作用是：反馈向量中的元素个数。我们的数据集中包含了多少只小鼠？
5. 要创建一个数字为 3 到 7 的向量，可以使用 seq(3,7) 或者 3:7（因为是连续的）。查看数据并确定哪些行与高脂肪（即 hf）饮食有关。然后使用 mean 函数计算这些小鼠的平均体重。
6. 我们经常用到的函数之一是 sample。请使用 ?sample 阅读 sample 的帮助文件。现在从数字 13 到 24 中随机抽取大小为 1 的样本，并报告该行所代表的小鼠体重。确保输入 set.seed(1) 以保证每个人都得到相同的答案。

1.7　dplyr 包简介

R 语法的学习曲线很慢，其中较困难的内容就是解析各种数据表格。dplyr 包使这些任务更接近自然语言（英语），因此，我们将介绍两个简单的函数：一个用于分解数据集，另一个用于列的选择。

看一下我们读入的数据集：

```
filename <- "femaleMiceWeights.csv"
dat <- read.csv(filename)
```

● head(dat)　　# 在 RStudio 中使用代码 view(dat)

> head(dat)

```
##     Diet   Bodyweight
## 1 chow       21.51
## 2 chow       28.14
## 3 chow       24.04
## 4 chow       23.45
## 5 chow       23.68
## 6 chow       19.79
```

　　这个数据中，有两种饮食类型，在第一列（Diet）中列出。如果只需要体重，则只需要第二列（Bodyweight）。这时，我们想知道"正常饮食"（chow）小鼠的体重，就可以这样分解和筛选：

```
> library(dplyr)
> chow <- filter(dat, Diet=="chow")     #仅保留正常饮食（chow）的体重
> head(chow)
        Diet   Bodyweight
## 1 chow       21.51
## 2 chow       28.14
## 3 chow       24.04
## 4 chow       23.45
## 5 chow       23.68
## 6 chow       19.79
```

　　　选择我们所需要的列：

```
> chowVals <- select(chow,Bodyweight)
> head(chowVals)
##     Bodyweight
## 1        21.51
## 2        28.14
## 3        24.04
## 4        23.45
## 5        23.68
## 6        19.79
```

　　dplyr 包的一个重要的功能是，可以使用所谓的"管道"执行连续的任务。在 dplyr 中，我们使用 % >% 表示管道。此符号告诉程序首先做一件事，然后再对第一件事的结果做其它事情。因此，我们可以在一行中执行多种数据操作。例如：

```
chowVals <- filter(dat, Diet=="chow") %>% select(Bodyweight)
```

　　在第二个任务中，我们不再需要指定要编辑的对象，因为它是来自上一个调用的对象。

另外，请注意，如果 dplyr 接收到一个 data.frame，它还会返回一个 data.frame。

```
> class(dat)
## [1] "data.frame"
> class(chowVals)
## [1] "data.frame"
```

为了方便教学，我们通常希望最终结果是一个简单的 numeric（数值）向量。可以使用 dplyr 包中的 unlist 函数，该函数将列表（例如 data.frames）转换为数值向量：

```
> chowVals <- filter(dat, Diet=="chow") %>% select(Bodyweight) %>% unlist
> class(chowVals)
## [1] "numeric"
```

如果不使用 dplyr 包，代码如下：

```
chowVals <- dat[ dat$Diet=="chow", colnames(dat)=="Bodyweight"]
```

1.8 习题

在这些习题中，我们将使用一个与哺乳动物睡眠有关的新数据集。这里[16]描述了这些数据。从此位置[17]下载 CSV 文件。也可以使用 downloader 程序包下载数据：

```
library(downloader)
dir <- "https://raw.githubusercontent.com/genomicsclass/dagdata/master/inst/extdata/"
filename <- "msleep_ggplot2.csv"
url <- paste0(dir, filename)
if (!file.exists(filename)) download(url,filename)
```

读取这个数据，然后测试关于 dplyr 中的 select 和 filter 函数的知识。我们还将回顾两个不同种类的数：数据帧和向量。

1. 阅读 msleep_ggplot2.csv 文件中的 read.csv 函数，并使用 class 函数确定研究对象返回什么类型。

2. 现在使用 filter 函数仅选择灵长类动物。表格中有多少动物是灵长类动物？提示：nrow 函数给你提供了数据帧或矩阵的行数。

3. 在将只包含灵长类列为子集后，你获得的对象的种类是什么？

4. 现在使用 select 函数提取灵长类动物的睡眠（总数）。这个对象是什么类？提示：使用 %>% 将 filter 函数的结果传递给 select。

5. 现在我们要计算灵长类动物的平均睡眠时间（上面是计算的平均值）。一个挑战

---

[16] http://docs.ggplot2.org/0.9.3.1/msleep.html
[17] https://raw.githubusercontent.com/genomicsclass/dagdata/master/inst/extdata/msleep_ ggplot2.csv

是，mean 函数需要一个向量，因此，如果我们简单地将其应用到上面的输出中，就会得到一个错误的结果。查看 unlist 的帮助文件，并使用它来计算所需的平均值。

6. 对于最后一个练习，我们还可以使用 dplyr 中的 summarize 函数。我们还没有介绍这个功能，但是你可以阅读帮助文件并重复第 5 题，这一次只使用 filter 和 summarize 来得到答案。

1.9 数学符号

本书重点在于讲授统计概念和数据分析编程技能，尽可能避免使用数学符号，除非必须需要它。但是，我们不希望读者被这种符号所吓倒。实际上，数学是学习统计信息最容易的部分。不幸的是，许多教科书以一种过于复杂的方式使用数学符号。本书会尝试使符号尽可能简单。然而，我们不希望简化材料，有些数学符号有助于更深入地理解统计概念。本节会描述一些经常使用的特定符号。如果它们看起来很吓人，请花一些时间仔细阅读本节，因为它们实际上比看起来要简单的多。并且，本书会把数学符号和 R 代码之间联系起来，这样在掌握一定 R 技能的基础上，就更容易理解这些符号了。

索引　我们在处理数据时，几乎总是要面对一系列连续的数字。为了抽象地描述这些概念，我们会用到索引。例如 5 个连续整数：

x <- 1:5

通常可以这样表示：x_1, x_2, x_3, x_4, x_5，使用省略号可以简化为：$x_1, \ldots, x_5$，使用索引就会更加简化：$x_i, i = 1, \ldots, 5$。描述大小为 n 的列表，可以写为：$x_i, i = 1, \ldots, n$。

有时会用到两个索引。例如，我们可能对 100 个人进行了几种测量（血压、体重、身高、年龄、胆固醇水平）。然后我们可以使用双索引：$x_{i,j}, i = 1, \ldots, 100, j = 1, \ldots, 5$。

求和　数据分析中一个非常常见的操作是对多个数字求和。例如，当我们计算平均值和标准差时，就会用到求和。如果我们有很多数字，那么可以使用一种数学符号来表示以下内容：

n <- 1000
x <- 1:n
S <- sum(x)

这里用到的符号为 $\sum$（大写 S 的希腊字母）

$$S = \sum_{i=1}^{n} x_i$$

注意，这里也使用了索引。可以看到，求和中包含了稍微复杂的内容。但是，对此你不会感到迷惑，因为这是一个比较简单的操作。

希腊字母　本书尽量避免使用希腊字母，但是它们在统计文献中无处不在，因此希望你能习惯于希腊字母。它们主要用于区分未知值和观察值。假设我们想找出一个人口的平均身高，我们以 1000 人为样本进行估算。估计的未知平均值（mean）通常用 μ（m 的希腊字母）表示；标准差（standard deviation）通常用 σ（s 的希腊字母）表示；测量误差（measurement error）或其它无法解释的随机变异性通常用 ε（e 的希腊字母）表示；效应值（effect size），例如饮食对体重的影响，通常用 β 表示。我们可能会使用其它希腊字母，但这些字母是最常用的。

请牢牢记住这四个希腊字母——μ、σ、β 和 ε，因为它们会经常出现。

请注意，有时会将索引与希腊字母结合使用以表示不同的组。例如，如果我们用 x 表示一组数字，用 y 表示另一组数字，则可以使用 μ_x 和 μ_y 分别表示它们的平均值。

无限　本书会经常涉及到渐近（asymptotic）结果。通常，这是指随着我们考虑的数据点的数量越来越大而变得越来越接近真实值，当数据点的数量为无穷大（∞）时就会出现完美的近似值。实际上，不会出现 ∞ 这样的情况，但这是一个方便理解的概念。考虑渐近结果的一种方法是，随着数字的增加，结果会越来越好，我们可以选择一个数字，这样计算机就无法分辨近似值与真实值之间的差异。这里有一个非常简单的示例，用小数近似为 1/3：

```
onethird <- function(n) sum(3/10^c(1:n))
1/3 – onethird(4)
## [1] 3.333333e–05
1/3 – onethird(10)
## [1] 3.333334e–11
1/3 – onethird(16)
## [1] 0
```

在上述例子中，16 其实就几近于 ∞。

积分　本书只有几处涉及到积分，因此可以根据需要跳过本节。但实际上，积分可能比你认为的要容易得多。

对于某些统计操作，我们需要找出曲线下的区域。例如，对于函数 $f(x)$（图 1.2），

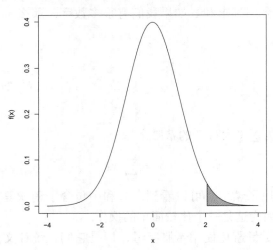

图 1.2　函数的积分

我们想知道曲线下灰色部分占总面积的比例是多少。

可以将灰色区域视为彼此相邻堆叠的许多小灰色条。灰色区域的面积就是这些小条的面积之和。问题是我们无法对 2 到 4 之间的每个数字执行此操作，因为存在无限个数字。这是典型的积分问题。在这种情况下，总面积为 1，因此对灰色比例的答案为以下整数：

$$\int_2^4 f(x)\,\mathrm{d}x$$

通过积分运算，所以我们知道灰色区域占总数的 2.27%。请注意，通过小条的实际总和可以很容易地近似得出：

```
width <- 0.01
x <- seq(2,4,width)
areaofbars <- f(x)*width
sum(areaofbars)
## [1] 0.02298998
```

宽度越小，总和就越接近积分，即等于面积。

2

统计推断

2.1 引言

p 值（p-value）和置信区间（confidential interval）是生命科学研究中经常用到的两个统计术语，本章将要讲解理解这两个术语所必需的统计学概念。为方便理解，让我们以一篇文章为例 [1]。

这篇文章的摘要提到：

"由于过量摄食加之代谢效率较低，高脂肪饮食（high-fat）的小鼠在一周后就呈现出较大的体重。"

为了支撑这一结论，作者在结果部分提供了以下的证据：

"在高脂肪饮食处理的一周内，高脂肪饮食小鼠体重的增加（+1.6 g ± 0.1 g）就已经显著地快于正常饮食小鼠体重的增加（+0.2 g ± 0.1 g；$P < 0.001$）。"

$P < 0.001$ 是什么意思呢？这里面包含的符号"±"是什么？我们将学习这些内容，还将学会如何用 R 计算这些值。首先是理解随机变量。为了达到此目的，我们要利用来自一个小鼠数据库（由 Karen Svenson 通过 Gary Churchill 和 Dan Gatti 进行的研究项目提供，该研究部分由 P50 GM070683 项目资助）的数据。我们将数据导入到 R 中，并使用 R 编程演绎随机变量和零分布。

如果你已经下载了 femaleMiceWeights 这个文件到你的工作目录里，你可以利用一行代码把它读入 R 中：

```
dat <- read.csv("femaleMiceWeights.csv")
```

记住使用 url 可以不用提前下载数据来快速地读取数据：

```
dir <- "https://raw.githubusercontent.com/genomicsclass/dagdata/master/inst/extdata/"
filename <- "femaleMiceWeights.csv"
url <- paste0(dir, filename)
dat <- read.csv(url)
```

我们第一次的数据检查 我们想要知道按照这种饮食方式持续喂养小鼠数周后，小鼠是否变得更重。这个数据来自于 24 只从 Jackson 实验室购买的小鼠。这些小鼠

---

[1] http://diabetes.diabetesjournals.org/content/53/suppl_3/S215.full

有的采取正常饮食（chow）方式喂养，有的采用高脂肪（high fat，hf）方式喂养，饮食方式的选择是随机的。数周后，科学家对每一只小鼠称重、记录，获得了这个数据（head 仅显示前 6 行）：

```
head ( dat )
##    饮食方式      体重
## 1     chow     21.51
## 2     chow     28.14
## 3     chow     24.04
## 4     chow     23.45
## 5     chow     23.68
## 6     chow     19.79
```

在 RStudio 中你可以看到整个数据：

```
View ( dat )
```

那么 hf 组会更重吗？第 24 只小鼠体重 20.73 g，是体重最轻的小鼠之一；而第 21 只小鼠是 34.02 g，是最重的小鼠之一。这两只小鼠都是 hf 的喂养方式，这里就出现了变异（variability）。上面的结论通常指的是平均值。因此，来看一下各组的平均值：

```
library (dplyr)
control <- filter (dat,Diet=="chow") %>% select (Bodyweight) %>% unlist
treatment <- filter (dat,Diet=="hf") %>% select (Bodyweight) %>% unlist
print (mean (treatment))
## [1] 26.83417
print (mean (control))
## [1] 23.81333
obsdiff <- mean(treatment) – mean(control)
print(obsdiff)
## [1] 3.020833
```

因此，hf 组的体重偏重约 10%。到此，我们就结束了吗？为什么需要 p 值和置信区间？其原因是平均值是随机变量。它们会呈现多种数值。

如果我们重复这个实验，从 Jackson 实验室获得 24 只新小鼠。随机喂养，hf 或者正常方式。这时就会得到不同的平均值。其实，每次重复这个实验都会得到不一样的数值，我们把具有这种性质的数值称为随机变量（random variable）。

2.2 随机变量

让我们进一步理解随机变量。假设，我们能够获得对照组所有雌性小鼠的体重数值并导入到 R 中。在统计学中，这种数值称之为总体（population）。这里包含了所有的小鼠，我们从中抽取了 24 个小鼠样本。需要指出的是，在实际操作中是不可能获得一个总体的。为了方便说明，这里我们使用了一个特别的数据集。

第一步是从这里 [2] 下载这个数据，然后把它读入到 R。

```
population <- read.csv(filename)
# 利用 unlist 函数将 "population" 转换成一个数值向量
population <- unlist (population)
```

现在，我们重复 3 次取样 12 只小鼠，然后看一下平均值是怎么变化的。

```
control <- sample (population,12)
mean (control)
## [1] 24.26
control <- sample (population,12)
mean (control)
## [1] 23.28
control <- sample (population,12)
mean (control)
## [1] 24.63
```

由上可以看到，平均值一直在变。如果我们继续重复这个操作，就会看到这个随机变量的一些分布规律。

2.3 零假设

让我们再来看一下之前的平均值差值 obsdiff。作为科学家，我们必须保持怀疑态度。如何确定这个差值 obsdiff 就是由不同饮食方式造成的呢？假如，我们给 24 只小鼠同样的饮食，结果会怎样呢？还能看到这么大的差异吗？在统计学上，这样的表述就称之为零假设（null hypothesis）。这里"零"就是用于提醒我们，要保持一个怀疑的态度：一定要相信没有差异的可能性始终存在。

假定饮食方式对体重没有任何影响。因为可以拿到总体的数据，所以实际上我们可以获得任意多的平均值差值。随机取 24 只对照小鼠，给它们同样的食物，然后再随机分为两组，每组 12 只，计算两组的平均值差值。下面是用 R 代码编写的过程：

```
## 12 只对照小鼠
control <- sample(population,12)
## 另外 12 只对照小鼠，但假装它们不是
treatment <- sample(population,12)
```

---

2 https://raw.githubusercontent.com/genomicsclass/dagdata/master/inst/extdata/femaleControlsPopulation.csv

```
print(mean(treatment) – mean(control))
## [1] 0.5575
```

下面，我们重复进行这个操作 10 000 次。在 R 中用一种自动操作 for-loop 来完成（后面我们会学到一种更简单的方式，即使用 replicate 函数）。

```
n <- 10000
null <- vector("numeric",n)
for (i in 1:n) {
control <- sample(population,12)
treatment <- sample(population,12)
null[i] <- mean(treatment) – mean(control)
}
```

这里的 null 形式的值就组成了零分布（null distribution），后面对此会有更正式的定义。

那现在的问题是，在这 10 000 次中，有多少次的值大于我们在 2.1 节中提到的平均值差值 obsdiff 呢？

```
mean (null >= obsdiff)
## [1] 0.0138[1]
```

通过对照组"总体"的 10 000 次模拟，我们发现差值超过 obsdiff 的比例很小。作为怀疑论者，我们能得到什么结论呢？也就是，在饮食方式无影响的情况下，我们之前通过实验发现的差值只有 1.5% 的可能性出现。这就是 p 值，后面我们会有更正式的定义。

2.4　分布

我们已经解释了零假设背景下零（null）的含义。那么，到底什么是分布（distribution）呢？最简单的理解就是把它看作对许多数值的完整描述。比如，你测量了一个总体中的所有男人的身高。这时，你需要向一个从未到访过地球的外星人描述这些数值，而这个外星人对这些身高一无所知。假设这些数值全部保存在如下的数据集内：

```
data(father.son,package="UsingR")
x <- father.son$fheight
```

向外星人描述这些数值的一个办法就是把所有数值都列出来给他看。下面是从 1078 人中随机抽取了 10 个人的身高：

---

[1] 每次做的结果也都有差别。——译者注

```
round(sample(x,10),1)
## [1] 67.4  64.9  62.9  69.2  72.3  69.3  65.9  65.2  69.8  69.1
```

累积分布函数　通过以上的随机取样，我们能够大概知道整体的身高情况，但是这显然不够。我们可以通过定义并可视化一个分布来解决这个问题。为了定义这个分布，我们需要计算数据集中小于所有可能的数值占全体数值的比例，定义如下：

$$F(a) \equiv \Pr(x \leq a)$$

这个公式就叫做累积分布函数（cumulative distribution function，CDF）。当 CDF 源于真实数值而不是理论计算时，叫做经验累积分布函数（empirical CDF，ECDF）。身高的 ECDF 用图表示如图 2-1 所示：

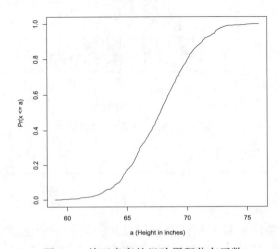

图 2.1　关于身高的经验累积分布函数

直方图　尽管 ECDF 概念在统计学上被广泛讨论，但它的图在实践中很少使用。原因是直方图会起到同样作用，并且容易理解。直方图会直观的展示给我们某一区间占所有数值在区间中的比例，定义如下：

$$\Pr(a \leq x \leq b) = F(b) - F(a)$$

如果用柱状图来画身高时，就是我们所说的直方图（histogram）（图 2.2）。这个图更有用一些，因为我们更关心区间，比如 70 ～ 71 英寸[①]身高人群的比例，而不是低于某一身高的人群比例。而且，通过观察柱状图也更容易区分分布的不同的型（或族），R 代码如下：

```
hist (x)
```

我们还可以进一步设定特异的直方（bin）数，并加上注释：

```
bins <- seq (59, 76)
hist (x,breaks= bins,xlab="Height (in inches)", main="Adult men heights")
```

---

① 1 英寸 =2.54 cm。一般情况下，出版物中英、美制单位应换算为我国法定计量单位，但本书主要介绍统计分析，此处需用原始数据进行后续计算，故保留原数值和单位。后文类似处作相同处理。——译者注

把这个图展示给外星人比直接展示数值更有意义。根据这个图，我们就能大概估算某个特定区间内的数量，比如，高于 72 英寸的人数大概有 70 人。

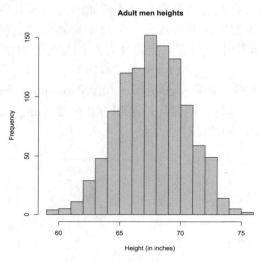

图 2.2 关于身高的直方图

2.5 概率分布

分布的一个主要功能是对一列数值进行总结，而另一个更重要功能是对随机变量所具有的可能结果进行描述。与固定的数值集合不同，对于随机变量我们是不可能观察到其所有可能结果的，因此相比于描述比例（proportion），我们更倾向于描述概率（probability）。比如，我们如果从上述身高列表中，提取身高的随机变量，我们就可以计算介于 a 和 b 之间随机变量的概率，定义如下：

$$\Pr(a \leqslant X \leqslant b) = F(b) - F(a)$$

X 代表的是随机变量，要记住：以上公式描述的是随机变量的概率分布。理解这一分布在科学研究上是非常有用的。比如，上面提到的饮食对小鼠体重影响的例子，如果我们知道了当零假设为真实的小鼠体重平均值差值的分布（称为零分布），就可以计算某一观察值，该值符合分布中某一值的概率，这个值就叫做 p 值。在上一节，我们进行了一个 10 000 次的蒙特卡洛模拟（Monte Carlo simulation），并在零假设下，获得了 10 000 个随机变量的结果。让我们重复上面的循环，但这一次让我们在每次重新运行实验时给图形添加一个点。如果运行这段代码，可以看到观测值相互叠加时形成了零分布。

```
n <- 100
install.packages("rafalib")
library(rafalib)
nullplot(-5,5,1,30, xlab="Observed differences (grams)", ylab="Frequency")
```

```
totals <- vector("numeric",11)
for (i in 1:n) {
 control <- sample(population,12)
 treatment <- sample(population,12)
 nulldiff <- mean(treatment) – mean(control)
 j <- pmax(pmin(round(nulldiff)+6,11),1)
 totals[j] <- totals[j]+1
 text(j–6,totals[j],pch=15,round(nulldiff,1))
 ##if(i < 15) Sys.sleep(1)     ## 如果你加上这条线，可以看到数值慢慢出现
 }
hist (null, freq=TRUE)
abline (v= obsdiff, col="red", lwd=2)
```

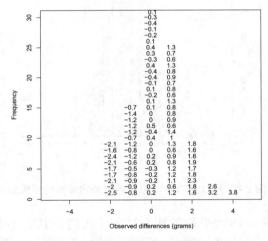

图 2.3 零分布的说明

图 2.3 等同于直方图，从图中可以看出，大于差值的数值其实比较罕见。

```
hist(null, freq=TRUE)
abline(v=obsdiff, col="red", lwd=2)
```

在此有一点需要铭记，这里我们是通过计数来定义了 $\Pr(a)$。我们将会发现，在某种情况下，数学会给随机变量 a 的概率分布赋予一个公式，这样在我们计算随机变量 a 的概率分布时会省去许多麻烦。其中一个例子就是使用近似正态分布 (normal distribution approximation)。

2.6 正态分布

上面我们看到的概率分布非常接近于自然界中最常见的一种分布：钟形曲线（bell

curve），又称之为正态分布（normal distribution）或者高斯分布（Gaussian distribution）。由于直方图非常接近于正态分布，因此可以用一种简便的数学公式的方式去估计任一给定的区间或者数值的占比：

$$\Pr(a < x < b) = \int_a^b \frac{1}{\sqrt{2\pi\sigma^2}} e^{-\frac{(x-\mu)^2}{2\sigma^2}} \, dx$$

这个公式看起来非常吓人，但不用担心，实际上你根本不用在电脑上输入它，因为它被存储为一种很简便的形式——R 语言函数 pnorm，其中 a 设置为 $-\infty$，而 b 是一个参数。

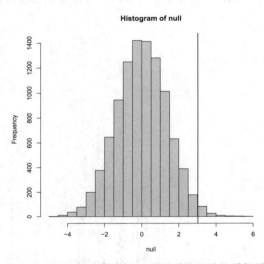

图 2.4　用红色垂直线标记观测到的差异的零假设

这里 μ 和 σ 分别是总体的平均值和标准差（我们在其它小节会更详细地解释这些）。如果，这个近似正态分布适用于我们的数据，那么总体的平均值和方差就可以适用于上面公式。还以小鼠体重差（obsdiff）为例，我们注意到，图 2.4 中零分布上只有 1.5% 的值高于 obsdiff。在不知道总体所有值的情况下，我们可以利用 pnorm(x, μ, σ) 这个函数来计算 x。近似正态分布在这里很有用：

```
1 - pnorm(obsdiff,mean(null),sd(null))
## [1] 0.01391929
```

稍后，我们将会学到对此的数学解释。这种近似一个非常有用的特征就是：我们仅需要 μ 和 σ 就能对一个分布进行完整的描述。由此，我们就能计算任一区间值的比例。

小结　因此，计算不同饮食小鼠体重差值的 p 值是不是就变得非常简单了呢？其实还没完，为什么呢？为了计算 p 值，我们做了相当于从 Jackson 实验室购买所有的小鼠并通过重复实验来定义零分布的事情。但是，实际上这并不是我们在实践中所能做到的。统计推断（statistical inference）作为一种数学理论使得我们可以通过样本数据（比如最初的 24 只小鼠）来近似零分布。接下来的章节，我们将集中讲解相关内容。

设置随机种子　在继续讲解之前，我们简单解释下面这行非常非常重要的代码：

set.seed (1)

在整本书中，我们都要使用随机数字生成器。这就意味着，许多我们讲解的实例的结果都是在随机变化的，包括我们已经有固定答案的问题。为了确保这些结果不是总在变化，就用 R 设置随机数字生成器的种子（seed）。如果想要了解更多的内容请阅读帮助文件：

?set.seed

2.7　习题

做习题之前，我们需要有一组数据：

```
dir <- "https://raw.githubusercontent.com/genomicsclass/dagdata/master/inst/extdata/"
filename <- "femaleControlsPopulation.csv"
url <- paste0(dir, filename)
x <- unlist(read.csv(url))
```

这里 x 代表整个总体的体重。

1. 平均体重是多少？

2. 把种子设置为 1——set.seed(1)，随机取样数为 5。样本平均值与所有值的平均值差的绝对值是多少？

3. 把种子设置为 5——set.seed(5)，随机取样数为 5，样本平均值与所有值的平均值差的绝对值是多少？

4. 为什么第 2 题和第 3 题的答案不一样？

（a）因为代码错误

（b）因为 x 的平均值是随机的

（c）因为样本的平均值是一个随机变量

（d）以上都对

5. 种子设置为 1，用 for-loop 随机取样，每次 5 只小鼠，取 1000 次，保存每次的平均值，计算一下偏离 x 平均值 1 g 的样本比例是多少？

6. 现在，将取样次数从 1000 增加到 10 000 次，种子设置为 1，用 for-loop 函数每次取样 5 个，保存每次的平均值，这时再计算偏离 x 平均值 1 g 的样品比例是多少？

7. 这时会发现，第 5 题和第 6 题基本没有什么变化，这是预料之中的。如果我们以无限次的方式来重复这些实验，我们就会得到理想中的随机变量分布。在电脑上，我们无法做到无限次，但是可以把 1000 理解为足够大，10 000 也是如此。现在如果改变样本量，我们就会改变随机变量，也就会改变随机变量的分布。

将种子设置为 1，然后使用 for-loop 随机抽取 50 只小鼠，重复 1000 次。保存这些平均值。这 1000 个平均值中偏离 x 平均值 1 g 的样本比例是多少?

8. 用直方图看一下取 5 只小鼠和 50 只小鼠的平均值的分布,你怎样看待这些差别?

　　(a)实际上是一样的

　　(b)大体上均呈现正态分布,但 50 的离散度会小一些

　　(c)大体上均呈现正态分布,但 50 的离散度会大一些

　　(d)第二个分布根本就不是正态分布

9. 对于样本量为 50 的实验,有多大的比例介于 23~25 之间?

10. 对于 N(23.9,0.43)的正态分布,做与第 9 题一样的分析。

可以看出,第 9 题和第 10 题的答案很相似,这是因为可以用正态分布来近似样本的平均值分布。我们将在接下来的章节学习其中的原理。

2.8　总体、样本和估计

我们已经介绍了随机变量、零分布和 p 值,接下来就讲一下,如何用数学原理来计算 p 值,也将学习置信区间和功效计算。

总体参数　统计推断的第一步是理解你感兴趣的总体是什么?在小鼠体重实验中有两个总体:正常饮食雌性小鼠的体重和高脂肪饮食雌性小鼠的体重。假定这些总体都是固定不变的,随机性来自于抽样。使用这个数据集作为例子的一个原因是,我们恰巧有这种类型小鼠的所有体重。首先下载这些数据[3]并读入 R:

```
dat <- read.csv("mice_pheno.csv")
```

现在可以获取总体的值,看一下数据有多少。这里计算对照组总体的数量:

```
library (dplyr)
controlPopulation <- filter (dat,Sex == "F" & Diet == "chow") %>%
  select (Bodyweight) %>% unlist
length (controlPopulation)
## [1] 225
```

我们通常会将数值表示为: $x_1, \ldots, x_m$。这时,m 就是上面计算的数量。接下来,计算高脂肪饮食的总体:

```
hfPopulation <- filter(dat,Sex == "F" & Diet == "hf") %>%
  select(Bodyweight) %>% unlist
length(hfPopulation)
## [1] 200
```

---

[3] https://raw.githubusercontent.com/genomicsclass/dagdata/master/inst/extdata/mice_pheno.csv

我们通常会将数值表示为：y_1，…，y_n。

现在，就可以定义总体的性质了，比如平均值（mean）和方差（variance）。

平均值计算：

$$\mu_X = \frac{1}{m} \sum_{i=1}^{m} x_i$$

和

$$\mu_Y = \frac{1}{n} \sum_{i=1}^{n} y_i$$

方差计算：

$$\sigma_X^2 = \frac{1}{m} \sum_{i=1}^{m} (x_i - \mu_X)^2$$

和

$$\sigma_Y^2 = \frac{1}{n} \sum_{i=1}^{n} (y_i - \mu_Y)^2$$

标准差（standard deviation，σ）是方差（σ^2）的平方根。我们把这些从总体中提取的数值统称为总体参数（population parameter）。这样，最开始的问题（高脂肪饮食与正常饮食条件下体重是否有差别）就可以用数学公式表示为：$\mu_Y - \mu_X = 0$？

尽管在以上展示中我们获得了所有的（指总体——译者注）的数值，并且能检验这个公式是否正确，但实际上却根本做不到这些。比如说，我们不可能花大量金钱去把所有的小鼠都购买过来。所以，就要学会如何用样本去回答这些问题。这也是统计推断的核心内容。

样本估计　在前面章节，我们从两个总体中各获得了 12 只小鼠。样本中的数据通常用大写字母表示以便显示它们是随机变量。在统计学中这种规则虽然不会总被遵守，但是一般情况下都会这么做。所以，该实验数据就要表示为：X_1，…，X_M 和 Y_1，…，Y_N，这里 $N = M = 12$。相反地，当我们列出总体的数值时，这些数值都是固定的不是随机的，通常会用小写字母。

前面我们想知道总体的 $\mu_Y - \mu_X$ 是否为 0，那么用样本表示为：$\bar{Y} - \bar{X}$，$\bar{X}$、$\bar{Y}$ 分别见下：

$$\bar{X} = \frac{1}{M} \sum_{i=1}^{M} X_i, \quad \bar{Y} = \frac{1}{N} \sum_{i=1}^{N} Y_i$$

需要指出的是：样本平均值的差值也是一个随机变量。在前面章节，我们做过一个练习：对原始总体进行重复取样，通过这个练习我们了解了随机变量的一些特性。但是要记住，在实践中我们是不可能做这样的练习的（因为我们不可能获得原始总体——译者注）。在这个例子中，我们需要不断购买小鼠，每次买 24 只小鼠。现在介绍如何用数学理论将 $\bar{X}$ 与 μ_X、$\bar{Y}$ 与 μ_Y 关联起来，这样就能帮助我们深入理解 $\bar{Y} - \bar{X}$ 与 $\mu_Y - \mu_X$ 之间的关系。在此，将特别讲解在中心极限定理中如何使用近似方法去解决这一问题，以及如何在 t 分布中使用这个原理。

2.9　习题

在做习题之前，需要一组数据：

```
dir <- "https://raw.githubusercontent.com/genomicsclass/dagdata/master/inst/extdata/"
filename <- "mice_pheno.csv"
url <- paste0(dir, filename)
dat <- read.csv(url)
```

我们删掉含有缺失数据的行：

```
dat <- na.omit (dat)
```

1. 利用 dplyr 包生成一个向量 x，其中包含了正常饮食（chow）条件下所有雄性小鼠的体重。这个总体的平均值是多少？

2. 用 rafalib 包和 popsd 函数计算该总体的标准差。

3. 设置种子数为 1，从总体 x 中随机取样 25 只小鼠生成样本 X。这个样本的平均值是多少？

4. 利用 dplyr 包生成一个向量 y，其中包含了高脂肪喂养（hf）的所有雄性老鼠的体重。这个总体的平均值是多少？

5. 用 rafalib 包和 popsd 函数计算该总体的标准差。

6. 设置种子数为 1，从总体 y 中随机取样 25 只老鼠生成样本 Y。这个样本的平均值是多少？

7. $\overline{Y} - \overline{X}$ 绝对值与 $\mu_Y - \mu_X$ 绝对值的差是多少？

8. 重复以上操作，这次提取雌性小鼠的体重。要确保每次取样时都要设置种子数为 1。$|\overline{Y} - \overline{X}|$ 与 $|\mu_Y - \mu_X|$ 的差是多少？

9. 从以上结果可以看出，相对于雄性，雌性的样本估计更接近于总体差，这是什么原因呢？

（a）雌性的总体方差小于雄性，所有样品变化较小

（b）雌性更适宜做统计估计

（c）雌性的样本量更大

（d）雌性的样本量更小

2.10　中心极限定理和 t 分布

下面开始讨论中心极限定理（central limit theorem，CLT）和 t 分布。它们将会帮助我们进行与概率有关的重要计算，也经常被用于科学研究中来检验统计假设。要想使用它们，就必须对 CLT 和 t 分布进行不同的假设。但是，如果假设是真的，那么我们就可以通过数学公式，计算事件的确切概率。

中心极限定理 CLT 是科学研究中使用最频繁的数学结论之一。其主要内容是：当样本量足够大时（比如之前小鼠操作的 10 000 次），随机样本（random sample）的平均值 $\bar{Y}$ 遵循正态分布，这个正态分布的中心（即平均值——译者注）是总体的平均值 μ_Y，标准差等于总体标准差 σ_Y 除以样本量 N 的平方根。我们把随机变量分布的标准差称为随机变量的标准误（standard error）。

需要注意的是，用每一个随机变量减去一个常数（constant），那么新的随机变量的平均值就会以这个常数进行平移。数学上，如果 X 是一个平均值为 μ 的随机变量，a 是一个常数，那么 $X-a$ 的平均值就是 $\mu-a$。类似地，我们可以得到乘法和标准差的结果。如果 X 是一个平均值为 μ、标准差为 σ 的随机变量，a 是一个常数，那么，aX 的平均值和标准差分别为 $a\mu$ 和 $|a|\sigma$。为了说明结果是如何产生的，假设每一个小鼠的体重都减少 10 g，那么，平均体重就会降低这么多；同样地，如果我们将度量单位由 g 改为 μg，每个数值扩大 1000 倍，那么数值的离散度（spread）变大。

这意味着，如果样本量 N 足够大，那么：

$$\frac{\bar{Y}-\mu}{\sigma_Y/\sqrt{N}}$$

这个值近似于一个中心为 0、标准差为 1 的正态分布。

现在，我们对于两个样本平均值的差值更感兴趣。这时，数学计算的结果就会很好地帮助到我们。如果有两个随机变量 X 和 Y 平均值分别为 μ_X 和 μ_Y，方差分别为 σ_X 和 σ_Y，那么就会有如下结果：$Y+X$ 的平均值为 $\mu_Y+\mu_X$；$Y-X=Y+aX$，这里 $a=-1$，因此，$Y-X$ 的平均值是 $\mu_Y-\mu_X$。以上都是直观的结果，但接下来的结果就不太直观了。假如，有彼此独立的两个随机变量 Y 和 X（例如小鼠的例子），那么 $Y+X$ 的方差（标准差的平方）就应当是 $\sigma_Y^2+\sigma_X^2$。这意味着 $Y-X$ 的方差就是 $Y+aX$（$a=-1$）的方差，即 $\sigma_Y^2+a^2\sigma_X^2=\sigma_Y^2+\sigma_X^2$；也就是说，差值的方差也是方差之和。这个结果貌似反常，其实我们仔细想一下就会明白：Y 和 X 是彼此独立的两个随机变量，正负号对它们来说没有任何意义。可以这样理解随机：如果 X 是一个具有某种方差的正态分布，那么 $-X$ 也是一样。最后，另一个有用的结论是，正态分布变量的和仍然是正态分布。

所有以上数学运算对于我们研究的目的非常有用，因为我们现在有两个样本，并且关心它们的差值。由于这两个样本都符合正态分布，那么它们的差值，也遵循正态分布，方差是两个变量方差的和。在零假设中，两个总体的平均值间没有差别，而两个不同饮食习惯的样本平均值间的差值 $\bar{Y}-\bar{X}$（$\bar{Y}$ 和 $\bar{X}$ 分别为这两个样本的平均值）遵循近似于以 0 为中心的正态分布（没有差别），标准差为 $\sqrt{\sigma_X^2+\sigma_Y^2}/\sqrt{N}$。

这就意味着该比值：

$$\frac{\bar{Y}-\bar{X}}{\sqrt{\dfrac{\sigma_X^2}{M}+\dfrac{\sigma_Y^2}{N}}}$$

近似于一个中心值为 0、标准差为 1 的正态分布。利用这种近似的方式就能很容易计算 p 值，因为这时我们就可以知道低于某一值的数值在分布中的比例，比如大于 2 的比例只有不到 5%：

pnorm (–2) + (1 – pnorm (2))

[1] 0.04550026

从此不用买太多小鼠了，各买 12 只就足够了。

但是，不能就此宣告胜利，因为不知道总体标准差 σ_X、σ_Y。这些都是未知的总体参数，但是可以用样本标准差来尽可能接近它（总体标准差），称之为 S_X、S_Y，定义如下：

$$S_X^2 = \frac{1}{M-1} \sum_{i=1}^{M} (X_i - \bar{X})^2, \ S_Y^2 = \frac{1}{N-1} \sum_{i=1}^{N} (Y_i - \bar{Y})^2$$

注意，这里除以的是 $M–1$ 和 $N–1$ 而不是 M 和 N。这是有理论依据的，不过在此不做过多解释。但是从直觉上理解，当你只有两个数值时会是什么样？那它们离平均值的距离就是两个数值差值的 $1/2$，此时你就只能获得一个数值的信息。当然这不太重要，主要的知识点是 S_X、S_Y 分别作为 σ_X、σ_Y 的估计（estimate）。那么之前的比值就可以转换为（如果 $M = N$）：

$$\sqrt{N} \ \frac{\bar{Y} - \bar{X}}{\sqrt{S_X^2 + S_Y^2}}$$

或者一般意义上：

$$\frac{\bar{Y} - \bar{X}}{\sqrt{\dfrac{S_X^2}{M} + \dfrac{S_Y^2}{N}}}$$

CLT 告诉我们，当 M 和 N 足够大时，随机变量呈现均值为 0、标准差为 1 的正态分布。这时，就可以用 pnorm 来计算 p 值了。

t 分布 CLT 的结果成立，需要样本量足够大，结果被称之为渐近结果（asymptotic result）。在实践中如果 CLT 不能应用，我们就可以选择另外一种不依赖渐近结果的方法。当随机变量 Y 的原始总体服从正态分布，平均值为 0 时，我们就可以计算以下数值的分布：

$$\sqrt{N} \ \frac{\bar{Y}}{S_Y}$$

这个值就是两个随机变量的比值，所以不一定遵循正态分布。当分母变小时，上面的比值就会变得很大。吉尼斯酿造公司的员工 William Sealy Gosset[4] 发现了这个比值的分布规律，并以笔名 "Student" 发表了论文，因此这个分布就被称为 Student's t 分布。后面我们会学到更多关于 t 分布的用途。

我们继续用小鼠表型数据为例说明。首先要建两个向量：对照组的总体和高脂肪饮食组的总体。

```
library(dplyr)
dat <- read.csv("mice_pheno.csv")      # 在前面小节已下载此文件
controlPopulation <- filter(dat,Sex == "F" & Diet == "chow") %>%
```

---

[4] http://en.wikipedia.org/wiki/William_Sealy_Gosset

```
  select(Bodyweight) %>% unlist
hfPopulation <- filter(dat,Sex == "F" & Diet == "hf") %>%
  select(Bodyweight) %>% unlist
```

需要强调的是：我们假设呈现正态分布的是 $y_1, y_2, \cdots, y_n$（总体）的分布，而非随机变量 $\bar{Y}$ 的分布。看一下对照组和高脂肪组的小鼠总体呈现什么样的分布（图 2.5），注意在实际中我们根本做不到，这里只是为了说明：

```
library (rafalib)
mypar (1, 2)
hist (hfPopulation)
hist (controlPopulation)
```

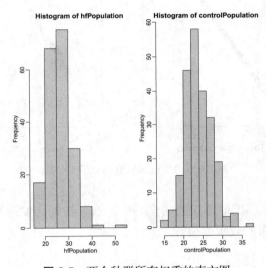

图 2.5　两个种群所有权重的直方图

我们还可以进一步用分位数－分位数图（quantile quantile plot，qq-plot，简称 QQ 图）（图 2.6）确认一下这种分布相对地接近于正态分布。QQ 图会在后面有详细的讲解，其主要是用来比较真实数据（y 轴）与理论分布（x 轴）。如果这些点都落在了 45° 对角线上，那么这些真实数据接近于理论分布。

```
mypar (1, 2)
qqnorm (hfPopulation)
qqline (hfPopulation)
qqnorm (controlPopulation)
qqline (controlPopulation)
```

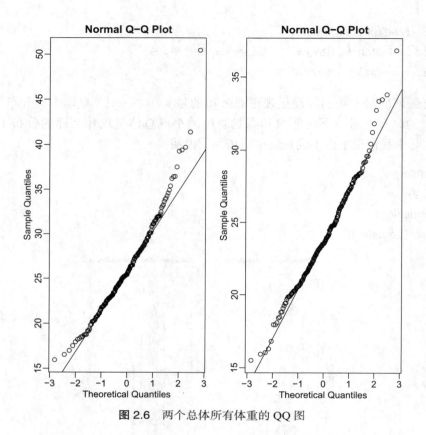

图 2.6　两个总体所有体重的 QQ 图

样本越大，越能容忍近似方法的弱点。下一节，我们会发现对于这个数据集来讲，即使样本量为 3，t 分布的效果也很好。

2.11 习题

这些习题会用到以下数据：

```
dir <- "https://raw.githubusercontent.com/genomicsclass/dagdata/master/inst/extdata/"
filename <- "mice_pheno.csv"
url <- paste0(dir, filename)
# 有缺失数值的数据
## na.omit 去除缺失数值的数据
dat <- na.omit (read.csv(url))
```

1. 如果一列数值的分布接近于正态分布，那么偏离平均值 1 个标准差范围内的数值比例是多少？

2. 如果一列数值的分布接近于正态分布，那么偏离平均值 2 个标准差范围内的数值比例是多少？

3. 如果一列数值的分布接近于正态分布，那么偏离平均值 3 个标准差范围内的数值比例是多少？

4. 定义 y 为对照组小鼠的体重，计算偏离平均体重 1 个标准差的小鼠数量占整体的比值是多少？（提示：使用 popsd 函数来计算总体的标准差）

5. 这些数字中有多少比例在平均值的 2 个标准差内？

6. 这些数字中有多少比例在平均值的 3 个标准差内？

7. 从以上结果会发现，正态分布的值与小鼠体重算出来的值基本一样。并且，我们间接地将正态分布不同分位数与小鼠体重不同分位数进行了比较。其实，可以采用 QQ 图的方式对它们之间不同分位数的值进行比较。下面哪一项是将小鼠体重与正态分布进行比较的 QQ 图最好的描述？

（a）这些点恰巧落在了 45° 对角线上

（b）小鼠体重的平均值不是 0，所有它们不是正态分布

（c）小鼠体重数据近似于正态分布，尽管比预计的正态分布大一些。这个结果也恰好与第 3 题和第 6 题结果的差别吻合

（d）这些数值不是随机变量，所以它们不符合正态分布

8. 对以下 4 个总体做 QQ 图：两种饮食方式的雄性、雌性小鼠。对小鼠体重的近似分析最好的解释是什么？对于所有正态分布的近似分析最好的解释是什么？

（a）CLT 告诉我们，样本的平均值近似遵循正态分布

（b）这个结果恰巧就是自然的行为，也许是许多生物因素综合平均的结果

（c）自然界中每一个测量都会遵循正态分布

（d）测量误差呈现正态分布

9. 这里我们将用一个函数 replicate 来学习随机变量的分布。以上所有习题所涉及到的正态分布，都是对一个固定的列表或者总体进行近似，并没有涉及到概率。如果一个列表的数据遵循近似正态分布，那么从这个列表中随机提取的数值也会遵循正态分布。但是，必须要记住：我们说某个量呈现某种分布，并不暗示这个量就一定是随机的。同样需要记住的是，这个和 CLT 没有任何关系，因为 CLT 只适用于随机变量的平均值。下面我们就来探讨一下这个概念：

现在，从正常喂养的小鼠总体中，抽取样本，数量为 25，这个样本的平均值是随机的。我们将用 replicate 去做 10 000 次这样的观察，并做一个直方图和一个 QQ 图。

可以看到，按照 CLT，随机变量的分布很好地遵循了正态分布：

```
y <- filter(dat, Sex=="M" & Diet=="chow") %>% select(Bodyweight) %>% unlist
avgs <- replicate(10000, mean (sample(y, 25)))
mypar(1,2)
hist(avgs)
qqnorm(avgs)dd
    qqline(avgs)
```

样本平均值分布的平均值是多少？

10. 样本平均值分布的标准差是多少？

11. 根据 CLT，第 9 题的答案应当是 mean(y)。你应当可以确认这两个值非常接近。那么以下哪项接近第 10 题的答案？

（a）popsd(y)

（b）popsd(avgs)/sqrt(25)

（c）sqrt(25) / popsd(y)

（d）popsd(y)/sqrt(25)

12. 在实际操作中，根本就不可能知道 σ（popsd(y)），这也是为什么我们不能直接使用 CLT 的主要原因。我们也不能使用 popsd(avgs)，因为要进行 10 000 次实验，这永远都不可能实现。我们通常只能得到一个样本。相反，我们必须要预测 popsd(y)。如上所述，我们能用的就是样本标准差。设置种子数为 1，使用 replicate 函数产生 10 000 个样本，每个样本的数量是 25，这次不要平均值，而是保留标准差。看看样本标准差的分布是什么样？这个也是一个随机变量。总体的标准差是 4.5，那么样本的标准差低于 3.5 的比例是多少？

13. 第 12 题的答案显示，t 检验（t-test）的分母就是一个随机变量。随着样本量的减小，变化幅度就会增加，从而增加了变异性。样本量越小，变异性越大。这时，正态分布就不能提供有用的近似了。当总体的数值呈现近似的正态分布时，比如上面提到的体重数据，t 分布就会提供较好的近似结果。稍后，我们就会讨论这个问题。这里，我们将着重看一下 t 分布和正态分布的区别。现在用函数 qt 和 qnorm 获得 x=seq(0.0001,0.9999,len=300) 的分位数，自由度分别设为 3、10、30 和 100，下列结果哪个正确？

（a）t 分布和正态分布总是一致

（b）t 分布的平均值高于正态分布

（c）t 分布有较大的尾巴，但自由度大于 30 就基本一致了，都是正态分布

（d）t 分布的变异随着自由度的增加而增加

2.12　中心极限定理的应用

现在，我们就利用我们的数据来了解一下，CLT 对样本平均值的近似效果如何。我们将利用整个总体的数据去比较 CLT 的预测结果与实际操作中从分布中取样获得的结果。

```
dat <- read.csv("mice_pheno.csv")      # 文件先前已下载
head(dat)
##   Sex Diet  Bodyweight
## 1   F   hf        31.94
## 2   F   hf        32.48
## 3   F   hf        22.82
## 4   F   hf        19.92
```

```
## 5    F    hf         32.22
## 6    F    hf         27.50
```

首先只选择雌性小鼠，因为雄性和雌性的体重不同。我们将从每个总体中选择 3 只小鼠。

```
library (dplyr)
controlPopulation <- filter (dat,Sex == "F"? & Diet == "chow") %>%
    select (Bodyweight) %>% unlist
hfPopulation <- filter (dat,Sex == "F"? & Diet == "hf") %>%
    select (Bodyweight) %>% unlist
```

用 mean 函数计算总体的参数。

```
mu_hf <- mean (hfPopulation)
mu_control <- mean (controlPopulation)
print (mu_hf-mu_control)
## [1] 2.375517
```

我们可以把向量看做一个总体，然后计算它的标准差。但是，在 R 中我们不会用函数 sd 来计算标准差，因为它不能计算总体的标准差 σ_X。函数 sd 的主要参数是一个随机样本，比如 X，并且产生 σ_X 的估计值 S_X，这个值我们在前面已经定义过。σ_X 和 S_X 之间是有差异的，一个是除以样本量，另一个是除以样本量减 1。我们可以通过以下 R 代码来了解：

```
x <- controlPopulation
N <- length (x)
populationvar <- mean ((x-mean (x))^2)
identical (var (x), populationvar)
## [1] FALSE
identical (var (x)*(N-1)/N, populationvar)
## [1] TRUE
```

因此，为保证数学上的准确性（计算总体参数时——译者注），我们不会用 sd 或者 var，而是用 rafalib 包中的 popvar 和 popsd 函数：

```
library (rafalib)
sd_hf <- popsd (hfPopulation)
sd_control <- popsd (controlPopulation)
```

但是，一定要记住，在实际操作中，我们根本没有办法计算总体参数。这些数值，我们永远都无法看到，而只能通过样本去估计：

```
N <- 12
```

```
hf <- sample(hfPopulation, 12)
control <- sample(controlPopulation, 12)
```

如前所述，CLT 告诉我们，当 N 足够大时，这些（样本）都近似呈现正态分布，平均值等于总体平均值，标准误等于总体标准差除以 N。我们提到过，按照经验总结，N 最小阈值为 30。但这也仅仅是个经验估计，因为近似计算的精确程度依赖于总体的分布情况。这里，我们就实际检测一下近似值，采用不同的 N 值：

```
Ns <- c(3,12,25,50)
B <- 10000      # 模拟的数量
res <- sapply(Ns,function(n) {
 replicate(B,mean(sample(hfPopulation,n))-mean(sample(controlPopulation,n)))
})
```

然后，我们就可以用 QQ 图来看看 CLT 对这些值的近似结果。如果近似计算非常接近正态分布，那么在与理论正态分布的各个分位数比较时，这些点就会落在直线上。离开直线越远，近似计算就会偏离。同时，在标题处加上观察分布的平均值和标准差，可以看出标准差以 $1/\sqrt{N}$ 的程度减小：

```
mypar (1, 4)
for (i in seq (along= Ns)) {
titleavg <- signif (mean (res[,i]),3)
titlesd <- signif (popsd (res[,i]),3)
title <- paste0 ("N=", Ns[i]," Avg=", titleavg," SD=", titlesd)
qqnorm (res[,i],main= title)
qqline (res[,i],col=2)
}
```

由图 2.7 可以看到，即使 $N=3$ 也会有很好的吻合，这是为什么呢？因为总体本身基本符合正态分布，那么样本的平均值也会符合正态分布（正态分布的总和仍然是正态分布）。但实践中，我们计算的是一个比值：（将平均值差值）除以估计的标准差。这时样本量就很关键了：

```
Ns <- c(3,12,25,50)
B <- 10000      # 模拟次数
## 计算 t 统计量的函数
computetstat <- function(n) {
  y <- sample(hfPopulation,n)
  x <- sample(controlPopulation,n)
  (mean(y)-mean(x))/sqrt(var(y)/n+var(x)/n)
}
res <- sapply(Ns,function(n) {
```

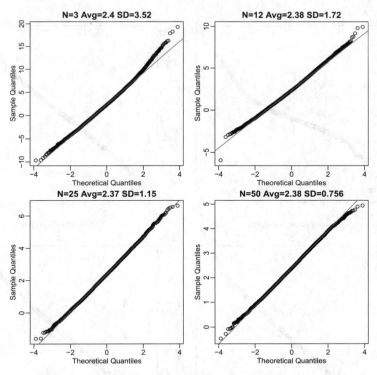

图 2.7 四种不同样本的近似与理论正态分布差异的 QQ 图

```
    replicate(B,computetstat(n))
})
mypar(1,4)
for (i in seq(along=Ns)) {
    qqnorm(res[,i],main=Ns[i])
    qqline(res[,i],col=2)
}
```

由图 2.8 可知，$N = 3$ 时 CLT 就不能提供有用的近似计算了。当 $N = 12$ 时，在高位数时也有一些偏离。$N = 25$ 和 50 时就完全吻合了。

这次模拟证明，在这个例子中 $N = 12$ 时就已经足够大，但不具有普遍性。正如前面几节经常提到的，在大多数情况下，我们不可能总是做这样的模拟，我们仅仅是用模拟来说明隐藏在 CLT 背后的更深层次的概念以及它的局限性。在下一节，我们将会讲解在实际操作中使用的方法。

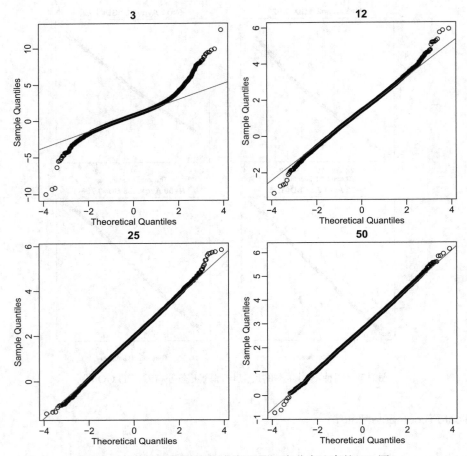

图 2.8 四种不同样本的近似与理论正态分布比率的 QQ 图

2.13 习题

第 3—13 题使用之前下载的小鼠数据集：

```
dir <- "https://raw.githubusercontent.com/genomicsclass/dagdata/master/inst/extdata/"
filename <- "femaleMiceWeights.csv"
url <- paste0(dir, filename)
dat <- read.csv(url)
```

1. CLT 是概率论的结果，而大多数概率论源自赌博，CLT 在赌场仍然被使用。例如，它可以用于估测"如果使玩老虎机赢得的钱正好抵消成本的概率为 99.9999%，需要多少人来玩？"。下面做一个简单的赌博游戏：

投掷骰子，一共 100 个（$n = 100$），现在想知道"看到 6 的比率是多少"。我们可以用 x=sample(1:6,n,replace=TRUE) 来模拟这个随机变量，并且用平均值 mean(x==6) 来计算出现的比率。由于每次掷骰子都是彼此独立，因此 CLT 在此适用。

现在，投掷 n 个骰子，投掷 10 000 次，记录比例。这个随机变量（看到 6 的比率）均值为 $p = 1/6$，方差为 p*(1-p)/n。因此，根据 CLT，z=(mean(x==6)-p)/sqrt(p*(1-p)/n) 应当遵循 N(0,1) 的正态分布，设置种子数为 1，用 replicate 进行模拟分析，计算 Z 绝对值大于 2 的比例是多少？

2. 针对第 1 题的后面这次模拟训练，做一个 QQ 图确认一下正态分布的近似性。现在可以看出，CLT 是一种渐进结果，也就是说，随着样本量的增加，越来越趋近于完美的近似。在实践中我们需要确定到底多大样本量比较合适，10、15 还是 30？

在第 1 题中，原始数据是二进制数据（"6" 或 "非 6"）。在这种情况下，赢的概率也会影响到 CLT 计算的精确性。在较低概率情况下，我们就需要大样本量来完成 CLT 估计。

继续第 1 题中的模拟，这次用不同的 p 和 n 值，看看下列组合，哪一组的近似正态分布最好？

（a）p=0.5 且 n=5

（b）p=0.5 且 n=30

（c）p=0.01 且 n=30

（d）p=0.01 且 n=100

3. 之前我们已经看到 CLT 也适用于连续数量数据，它们和二进制数据的主要差别在于方差的计算，二进制数据的方差通过 $p(1-p)$ 计算，而连续数量数据则需要总体标准差来估计。

前面几节，通过虚拟的方式获得整个总体的数据，进而阐明一些重要的统计学概念。但在实践中，我们不可能获得整个总体数据。我们只能通过获得一个随机样本来分析数据、获得结论。dat 是一个典型的、简单的数据集，只有一个样本。我们从两个总体中各获得 12 个测量值。

```
X <- filter(dat, Diet=="chow") %>% select(Bodyweight) %>% unlist
Y <- filter(dat, Diet=="hf") %>% select(Bodyweight) %>% unlist
```

我们认为 X 和 Y 都是从总体中获得的随机样本，X 来自所有对照小鼠总体，Y 来自所有高脂肪饮食的小鼠总体。

把参数 μ_X 定义为对照总体的平均值，用样本平均值 $\overline{X}$ 作为此参数的估计值。那么样本的平均值是多少呢？

4. 我们不知道 μ_X，但想用 $\overline{X}$ 来理解 μ_X，下面哪一个是使用 CLT 去理解 $\overline{X}$ 是如何近似计算 μ_X 的？

（a）$\overline{X}$ 遵循一个平均值为 0、标准差为 1 的正态分布。

（b）μ_X 遵循一个平均值为 $\overline{X}$、标准差为 $\dfrac{\sigma_X}{\sqrt{12}}$ 的正态分布，σ_X 在这里为总体的标准差。

（c）$\overline{X}$ 遵循一个平均值为 μ_X、标准差为 σ_X 的正态分布，σ_X 在这里为总体的标准差。

（d）$\overline{X}$ 遵循一个平均值为 μ_X、标准差为 $\dfrac{\sigma_X}{\sqrt{12}}$ 的正态分布，σ_X 在这里为总体的

标准差。

5. 第 4 题的结果告诉我们随机变量 $Z = \sqrt{12} \dfrac{\overline{X} - \mu_X}{\sigma_X}$ 的分布是什么样的，那么 CLT 告诉我们 Z 的平均值是多少呢？

6. 第 4 题和第 5 题告诉我们，我们知道估计值和想去估计（但是不知道）的值的差值的分布。但是，这个公式涉及到总体标准差 σ_X，这个值我们不知道。依据我们之前所讨论的，σ_X 的估计是多少呢？

7. 利用 CLT，近似估计 $\overline{X}$ 偏离 μ_X 2 g 的概率。

8. 现在引入零假设概念。我们既不知道 μ_X 也不知道 μ_Y。我们想利用数据量化一下饮食习惯没有影响：$\mu_X = \mu_Y$。根据 CLT，$\overline{X}$ 的近似遵循分布正态，平均值为 μ_X，标准差为 $\sigma_X / \sqrt{M}$，而 $\overline{Y}$ 遵循平均值为 μ_Y、标准差为 $\sigma_Y / \sqrt{N}$ 的正态分布。M 和 N 分别为 X 和 Y 的样本量，这里的例子样本量为 12。在这个假设前提下，$\overline{Y} - \overline{X}$ 的平均值为 0，那么标准差在这里称为标准误：$\mathrm{SE}(\overline{Y} - \overline{X}) = \sqrt{\dfrac{\sigma_Y^2}{12} + \dfrac{\sigma_X^2}{12}}$。这里我们利用样本估计来估计总体的标准差 σ_X 和 σ_Y。那么 $\mathrm{SE}(\overline{Y} - \overline{X}) = \sqrt{\dfrac{\sigma_Y^2}{12} + \dfrac{\sigma_X^2}{12}}$ 的估计值是多少呢？

9. 那么现在，我们计算 $\overline{Y} - \overline{X}$ 以及标准误的估计，并构建 t 统计量。那么这个 t 统计量是多少呢？

10. 根据 CLT，下列哪一个是这个 t 统计量的分布？

（a）平均值 0、标准误 1 的正态分布

（b）t 分布的自由度为 22

（c）平均值为 0、标准差为 $\sqrt{\dfrac{\sigma_Y^2}{12} + \dfrac{\sigma_X^2}{12}}$ 的正态分布

（d）t 分布的自由度为 12

11. 现在，利用 CLT 来计算 p 值。当零假设存在的情况下，我们观察到的值和习题 10 计算出来的结果一样大的概率是多少？

12. 样本量足够大的时候，CLT 能够为实际例子提供一个近似计算。但在实际操作中是无法检测这种假设的，因为我们只会看到一个结果（例如上面计算的结果）。因此，如果这个近似偏离了，p 值也会偏离。如前所述，我们有另外一种办法不需要足够大的样本量，而是只需要总体近似符合正态分布即可。同样，尽管能用 qqnorm(X) 和 qqnorm(Y) 来检测样本分布的情况，但是我们不能真正看到总体的分布，因此，它也是一种假设。如果这种假设存在，那么 t 统计量就服从 t 分布。那么在 t 分布近似的情况下，p 值是多少呢？提示：用 t.test 函数。

13. 利用 CLT 分布，我们获得一个小于 0.05 的 p 值，根据 t 分布我们获得了一个比较大的 p 值。它们不可能都是正确的，下面哪一项更好地描述了它们之间的不同？

（a）样本量 12 没有达到足够大，因此我们只能使用 t 分布近似计算

（b）它们两个是不同的假设：t 分布解释了标准误估计所引入的变异，因此在零假设下，零分布中大的数值更可能一些

（c）总体数据可能不是正态分布的，所以 t 分布的近似计算是错误的

（d）两个假设都没有用处，都是错误的

2.14 t 检验应用

引言 现在我们开始讲解如何在实践操作中获得 p 值。从数据输入开始，然后形成 t 统计量，计算 p 值。我们只需几行代码就完成这个任务（在本节的最后可以看到它们）。但是为了充分理解此概念，我们将从头构建一个 t 统计量。

读取并准备数据 首先读入数据，其中最重要的一步是确定哪一列和处理有关，哪一列与对照有关，并计算平均值的差。

```
library(dplyr)
dat <- read.csv("femaleMiceWeights.csv")      # 文件先前已下载
control <- filter(dat,Diet=="chow") %>% select(Bodyweight) %>% unlist
treatment <- filter(dat,Diet=="hf") %>% select(Bodyweight) %>% unlist
diff <- mean(treatment) – mean(control)
print(diff)
## [1] 3.020833
```

现在要求报告 p 值，应该怎么做呢？我们已经知道，diff 被称作观察效应值（observed effect size），是一个随机变量。我们也知道，在零假设下，diff 分布的平均值是 0。那么标准误呢？我们也知道随机变量的标准误为总体标准差除以样本量的平方根：

$$\mathrm{SE}\,(\bar{X}) = \sigma/\sqrt{N}$$

我们用样本标准差当做总体标准差的估计，在 R 中我们通常用 sd 函数来计算样本的标准差，那么标准误就是：

```
sd (control)/sqrt (length (control))
## [1] 0.8725323
```

这就是样本平均值的标准误，但我们实际需要的是 diff 的标准误。通过前面的章节，我们已经清楚，两个随机变量差的方差就是分别方差的和，所以可以把方差开平方，从而得到标准差：

```
se <- sqrt (
    var (treatment)/length (treatment) +
    var (control)/length (control)
)
```

统计理论告诉我们，如果用随机变量除以它的标准误，那么新得随机变量的标准误就是 1。

```
tstat <- diff/se
```

这个比值就叫做 t 统计量，它是两个随机变量的比值，因此还是一个随机变量。一旦知道了这个随机变量的分布，就可以很容易计算 p 值。

正如前面几节讲过的，CLT 告诉我们，对于大样本量，两个样本（处理总体和对照总体）的平均值都服从正态分布。统计理论还告诉我们，两个服从正态分布的随机变量的差也服从正态分布。因此 CLT 告诉我们，t 统计量（tstat）近似服从平均值为 0、标准差（我们用标准误来代表）为 1 的正态分布。

因此，计算 p 值只需要问：在一个正态分布的随机变量里有多大的概率会超过 diff？R 有一个内置函数 pnorm 可以回答这个具体的问题。pnorm(a) 会返回一个值，表明一个服从正态分布的随机变量中小于 a 的概率。我们如果想知道大于 a 的概率，只需要用 1-pnorm(a) 就可以。我们如果想知道 diff 极端值，即要么小于 -abs(diff)，要么大于 abs(diff)。我们把这两个区域统称为尾巴（tail），计算它们的大小：

```
righttail <- 1 - pnorm (abs (tstat))
lefttail <- pnorm (-abs (tstat))
pval <- lefttail + righttail
print (pval)
## [1] 0.0398622
```

在这个例子中，p 值小于 0.05，以 0.05 为阈值，那么我们就可以称差值差异显著。

有一个问题，CLT 只适用于大样本量，那么 12 算是大样本量吗？一个经验值是 30（但也仅仅是经验值而已）。如果假设成立，我们计算的 p 值只是一个有效的近似值，但似乎不是这样。除了 CLT，还有其它的选择。

2.15 t 分布的应用

如前所述，统计理论提供给我们另外一个有用的结论。如果一个总体呈现正态分布，那么就可以算出 t 统计量的确切分布情况，而不必依赖于 CLT。这个"如果"是一个很大的前提条件，如果是小样本，那么就很难确定总体是否是正态分布。但是对于像"体重"这样数据，我们怀疑其总体呈现近似正态分布，这时就可以使用这种近似。而且，我们可以用 QQ 图检测一下样本。图 2.9 显示这个近似是合适的：

```
library(rafalib)
mypar(1,2)
qqnorm(treatment)
qqline(treatment,col=2)
qqnorm(control)
qqline(control,col=2)
```

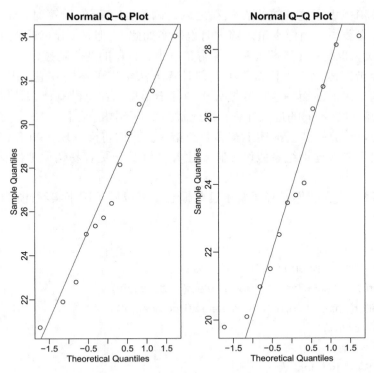

图 2.9 样本与理论正态分布的 QQ 图

如果使用这种近似，那么统计理论认为，随机变量 tstat 的分布遵循 t 分布。这种分布要比正态分布复杂得多。t 分布和正态分布一样有一个位置参数（location parameter）以及另外一个称为自由度（degree of freedom）的参数。R 有一个非常好用的函数可以计算各种数值：

```
t.test(treatment, control)
##    Welch Two Sample t-test
## data:  treatment and control
## t = 2.0552, df = 20.236, p-value=0.053
## alternative hypothesis: true difference in means is not equal to 0
## 95 percent confidence interval:
##    -0.04296563  6.08463229
## sample estimates:
## mean of x mean of y
##    26.83417    23.81333
```

为了查看 p 值，可以用 $ 提取：

```
result <- t.test (treatment,control)
result$p.value
## [1] 0.05299888
```

这个 p 值稍微大了些。这也在预料之内，因为 CLT 近似计算时 tstat 的分母是固定不变的（在实践中，当样本量足够大时也确实如此），但是 t 分布近似计算认为分母（差值的标准误）也是一个随机变量，样本量越小，分母的变化就越大。

这可能会带来困惑，为什么两种近似计算方法给出了不同 p 值，因为按照预期，应该是一种的结果。然而，这在数据分析中并不罕见。这也没有什么特别的，因为我们用了不同的假设、不同的近似计算，因此就会得到不同的结果。

后面的功效计算一节会描述 I 类和 II 类错误。我们将会发现，基于 CLT 近似计算的方法更倾向于错误地拒绝零假设（假阳性），而 t 分布更容易错误地接受零假设（假阴性）。

t 检验应用　现在我们已经了解了这些概念，可以展示用于实际计算 t 检验的相对简单的代码：

```
library(dplyr)
dat <- read.csv("mice_pheno.csv")
control <- filter(dat,Diet=="chow") %>% select(Bodyweight)
treatment <- filter(dat,Diet=="hf") %>% select(Bodyweight)
t.test(treatment,control)
##
## Welch Two Sample t-test

##
## data: treatment and control
## t=7.1932, df=735.02, p-value=1.563e-12
## alternative hypothesis: true difference in means is not equal to 0
## 95 percent confidence interval:
## 2.231533 3.906857
## sample estimates:
## mean of x mean of y
## 30.48201   27.41281
```

t.test 的参数可以是 data.frame 类型，因此不需要将它们转化为数字对象。

2.16　置信区间

我们已经讲述了如何计算 p 值，其在生命科学领域广泛提及。但是，我们不建议你在对结果进行统计学描述时只使用 p 值，理由很简单：统计学上的显著不能保证科学意义上的显著。比如，当样本量足够大时，体重差 1 g 也许在统计学上都会检测出"统计学上差异显著"，但是这个差异真的是一个重要（科学）发现吗？如果这种升高只有不到 1%，我们能下结论说饮食促进了体重增加吗？仅仅报告 p 值的主要问题是，你不能提供一个非常重要的信息：效应值（effect size）。要记住，效应值指的是可观察到的差异（observed difference）。效应值经常会去除以对照组的平均值，因此表述为一种百分比的增加值。

　　另外一个更吸引人的替代方式是报告置信区间。置信区间包括了预测效应值（estimated effect size）以及与预测相关的不确定性。这里，我们继续以小鼠的数据来阐明隐藏在置信区间后的统计学概念。

　　总体平均值的置信区间　在为两组差异建立置信区间前，我们需要讲述如何为对照组雌性小鼠总体平均值建立置信区间。在学会如何对简单实验建立置信区间后，再对两组间的差值建立置信区间。首先，输入数据并选择恰当的行：

```
dat <- read.csv("mice_pheno.csv")
chowPopulation <- dat[dat$Sex=="F" & dat$Diet=="chow",3]
```

　　我们关注的参数——总体平均值 μ_X 在这里：

```
mu_chow <- mean(chowPopulation)
print(mu_chow)
## [1] 23.89338
```

　　我们想要估计这个参数。在实际操作中是无法获得全部总体的。因此，和 p 值的计算类似，我们现在就说明如何用样本来完成这个任务。这次随机取样 30 个：

```
N <- 30
chow <- sample (chowPopulation,N)
print (mean (chow))
## [1] 23.351
```

　　我们知道这是一个随机变量，所以样本的平均值不会是一个完美的估计。从这个例子可以看到，每次取样，平均值都在变化。而置信区间就是一种统计手段，用来报告我们的发现结果（这次是样本的平均值）中随机变量的变化程度。

　　样本量为 30 时，CLT 就可以适用于实际操作。由 CLT 可知，样本平均值 $\overline{X}$ 或 mean(chow) 遵循正态分布，其中平均值为 μ_X 或 mean(chowPopulation)，标准差为 $S_X / \sqrt{N}$ 或：

```
se <- sd (chow)/sqrt (N)
print (se)
## [1] 0.4781652
```

　　定义区间　95% 的置信区间（也可以使用其它百分比）是一个随机区间，意思是说，落在估计的参数上的概率有 95%。需要记住的是，95% 的随机区间落在真值（true value）和有 95% 的机会真值落在区间是不一样的。为了说明这个，我们注意到，根据 CLT 可知，$\sqrt{N}\,(\overline{X} - \mu_X)/S_X$ 遵循平均值为 0、标准差为 1 的正态分布。这样就可以估计出以下区间的概率：

$$-2 \leqslant \sqrt{N}\,(\bar{X}-\mu_X)\,/\,S_X \leqslant 2$$

用 R 代码表示就是：

```
pnorm(2) – pnorm(–2)
## [1] 0.9544997
```

差不多是 95%！（更准确的计算使用 qnorm(1-0.05/2) 而不是 2）。现在我们做基本代数计算来进一步阐明，把 μ_X 放在中间位置，那么：

$$\bar{X}-\frac{2S_X}{\sqrt{N}} \leqslant \mu_X \leqslant \bar{X}+\frac{2S_X}{\sqrt{N}}$$

的概率就是 95%。

这里需要注意的是，这个区间的界限是 $\bar{X}\pm\dfrac{2S_X}{\sqrt{N}}$，而不是 μ_X，前者是个随机变量，而后者是固定值。这样就可以重新定义置信区间，即有 95% 的随机区间包含了真的、固定的值 μ_X。对于某一特定的区间，其有 0 或 1 的概率包含了固定的总体平均值 μ_X。

下面，我们通过模拟练习来演算一下这个逻辑，利用 R 会很容易地构建这个区间：

```
Q <– qnorm(1–0.05/2)
interval <– c(mean(chow)–Q*se,mean(chow)+Q*se)
interval
## [1] 22.41381   24.28819
interval [1] < mu_chow & interval [2] > mu_chow
## [1] TRUE
```

这个区间正好包括了 μ_X 或 mean(chowPopulation)。但是，再取样一次可能就没这么幸运了。实际上，理论计算已经告诉我们这个值包含 μ_X 的概率是 95%。由于我们已经获得总体的数据，那么就可以通过不断取样来进一步确认这个结果（图 2.10）：

```
library(rafalib)
B <– 250
mypar()
plot(mean(chowPopulation)+c(–7,7),c(1,1),type="n",
xlab="weight",ylab="interval",ylim=c(1,B))
abline(v=mean(chowPopulation))
for (i in 1:B){
    chow <- sample(chowPopulation,N)
    se <- sd(chow)/sqrt(N)
    interval <– c(mean(chow)–Q*se, mean(chow)+Q*se)
    covered <– mean(chowPopulation) <= interval[2] & mean(chowPopulation) >= interval[1]
    color <– ifelse(covered,1,2)
    lines(interval, c(i,i),col=color)
}
```

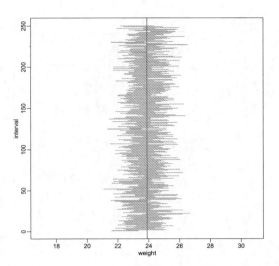

图 2.10　250 个 95% 置信区间的随机实现
颜色表示置信区间是否落在了参数上

我们可以一直重复这个模拟过程，会发现有 5% 的取样不能包括 μ_X。

小样本量与 CLT　当 $N = 30$ 时，CLT 会计算得很好。但是，当 $N = 5$ 时会怎样呢？我们使用 CLT 来创建区间，当 $N = 5$ 时它可能不是一个有用的近似值。我们可以通过模拟来证实这一点（图 2.11）：

```
mypar()
plot(mean(chowPopulation)+c(-7,7),c(1,1),type="n",
    xlab="weight",ylab="interval",ylim=c(1,B))
abline(v=mean(chowPopulation))
Q <- qnorm(1- 0.05/2)
N <- 5
for (i in 1:B) {
    chow <- sample(chowPopulation,N)
    se <- sd(chow)/sqrt(N)
    interval <- c(mean(chow)-Q*se, mean(chow)+Q*se)
    covered <- mean(chowPopulation) <= interval[2] & mean(chowPopulation) >= interval[1]
    color <- ifelse(covered,1,2)
    lines(interval, c(i,i),col=color)
}
```

尽管区间变大（这次除以 $\sqrt{5}$ 而不是 $\sqrt{30}$），可以看到有更多的样本没有包括 μ_X。这是因为，CLT 错误地告诉我们，mean(chow) 近似地呈现正态分布，其标准差为 1。但事实上，它的标准差很大，而且尾巴（tail，分布中趋于无穷大的部分）也很大。这种错误影响了 Q 的计算，这个值假定认为呈现正态分布，用 qnorm 计算。这时，t 分布可能更合适。现在，我们重新把上面的代码用 qt 而不是 qnorm 来计算 Q：

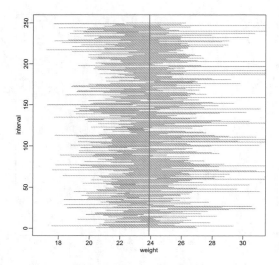

图 2.11   250 个 95% 置信区间的随机实现

样本容量更小。置信区间基于 CLT 近似值。颜色表示间隔是否与参数相符。

```
mypar ()
plot(mean(chowPopulation)+c(−7,7),c(1,1),type="n",
    xlab="weight", ylab="interval", ylim=c(1,B))
abline(v=mean(chowPopulation))
##Q <− qnorm(1−0.05/2)      ## 不符合正态分布所以使用：
Q <− qt(1− 0.05/2,df=4)
N <− 5
for (i in 1:B) {
   chow <- sample(chowPopulation, N)
   se <− sd(chow)/sqrt(N)
   interval <− c(mean(chow)−Q*se,mean(chow)+Q*se)
   covered <− mean(chowPopulation) <= interval [2] & mean(chowPopulation) >= interval [1]
   color <− ifelse(covered,1,2)
   lines(interval, c(i,i),col=color)
}
```

　　现在的区间变大，这是因为 t 分布有更大的尾巴：

```
qt(1− 0.05/2, df=4)
## [1] 2.776445
```

　　要比以下值大：

```
qnorm(1− 0.05/2)
## [1] 1.959964
```

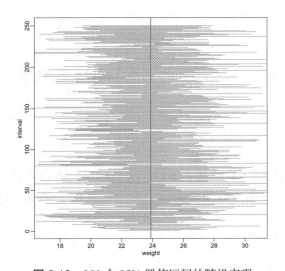

图 2.12 250 个 95% 置信区间的随机实现

样本容量更小。置信度现在是基于 t 的近似分布。颜色表示间隔是否与参数相符。

这样，区间就会变大，就会有更大的频率包含 μ_X。结果见图 2.12，这个概率也差不多有 95%。

置信区间与 p 值间的联系 我们建议在实际操作中，报告置信区间，而不要报告 p 值。当要求提供 p 值或者表明结果在 0.05 或 0.01 水平上显著时，置信区间也能提供这些信息。

当我们讨论 t 检验的 p 值时，我们经常会问差值 $(\overline{Y}-\overline{X})$ 是否如观察所见那么明显，尤其当两个总体平均值的差实际上接近于 0 时。因此，我们可以利用观察到的差值建立置信区间。现在不再反复写出 $\overline{Y}-\overline{X}$，现在定义一个新的变量 $d \equiv \overline{Y}-\overline{X}$。

假设你利用 CLT，将 $d \pm 2s_d / \sqrt{N}$ 作为差值 95% 的置信区间，但这个区间不包括 0（一种假阳性）。由于这个区间不能包括 0，这就意味着 $d - 2s_d / \sqrt{N} > 0$ 或 $d + 2s_d / \sqrt{N} < 0$，即 $\sqrt{N}\, d/s_d > 2$ 或 $\sqrt{N}\, d/s_d < 2$，也就是 t 统计量远远大于 2，这就暗示 p 值一定会小于 0.05（更准确的计算应该使用 qnorm(.05/2)，而不是 2）。同样的计算也可以用 t 分布而不是 CLT 来计算（qt(.05/2,df=N-2)）。总而言之，如果 95% 或 99% 的置信区间不包括 0 的话，那它们的 p 值一定会小于 0.05 或 0.01。

注意，差异 d 的置信区间还可以用 t.test 函数来计算：

```
## [1] −0.04296563  6.08463229
## attr(,"conf.level")
## [1] 0.95
```

在这个例子里，95% 的置信区间包含了 0，这时会看到 p 值就会大于 0.05。如果将置信区间变为 90%，则

```
t.test (treatment,control,conf.level=0.9)$conf.int
## [1] 0.4871597  5.5545070
```

```
## attr(,"conf.level")
## [1] 0.9
```

这时，置信区间（是预期值，因为 p 值小于 0.10）不再包括 0。

2.17　功效计算

引言　前面我们使用了两种饮食习惯对小鼠体重影响的例子。因为在这个例子中，我们可以访问总体，因此我们知道实际上两个总体的平均权重之间存在很大差异的（约 10%）：

```
library(dplyr)
dat <- read.csv(mice_pheno.csv)        # 文件先前已下载
controlPopulation <- filter (dat,Sex == "F" & Diet == "chow") %>%
   select (Bodyweight) %>% unlist
hfPopulation <- filter (dat,Sex == "F" & Diet == "hf") %>%
   select (Bodyweight) %>% unlist
mu_hf <- mean (hfPopulation)
mu_control <- mean (controlPopulation)
print (mu_hf−mu_control)
## [1] 2.375517
print ((mu_hf−mu_control)/mu_control*100)        # 增长百分比
## [1] 9.942157
```

我们也会看到，某些情况下，抽样后用 t 检验计算 p 值时，p 值并不总是小于 0.05。比如，这里有一种情况，取了 5 只小鼠的样本，但在 0.05 水平上没有达到统计学意义上显著：

```
set.seed (1)
N <- 5
hf <- sample (hfPopulation,N)
control <- sample (controlPopulation,N)
t.test (hf,control)$p.value
## [1] 0.1410204
```

是我们搞错了吗？难道饮食习惯对体重没有影响？回答当然是"否"。我们只能说我们没有拒绝零假设，但这也不意味着零假设是正确的。这里的问题是，在此例中，我们缺少足够的"功效"（power）。对于科学研究来说，从某种意义上讲，就需要对某些实验进行功效计算（power calculation）。这也是一种道德义务，这样就可以避免杀害不必要的小鼠，也可以减少实验人员暴露在危险环境的机会。接下来就解释一下统计功效是怎么一回事。

错误类型   无论什么时候我们做统计检验，都要意识到我们都有可能犯错。这也就是 p 值为什么不是 0 的原因。在零假设下，总会有阳性结果，也许非常少，但是仍然有可能当零假设正确的时候拒绝它。如果 p 值为 0.5，那么 20 次就有 1 次错误的机会。这种错误称为 I 类错误（type I error）。

I 类定义为：当零假设不应该被拒绝而被拒绝时的错误，也被称为假阳性（false positive）。那么为什么用 0.05 呢？为什么不用 0.000001 呢？其原因是还有另外一种错误——零假设应当拒绝时而没有拒绝，称之为 II 类错误（type II error）或者假阴性（false negative）。上面的 R 代码分析显示了一个假阴性的例子：虽然我们知道真实值与理论值存在差异，但我们碰巧知道真实的总体平均值峰值，因此并没有拒绝零假设（在 0.05 水平上）。如果我们选择 p 值为 0.25，我们就不会犯错了，但是我们能允许 I 类错误概率是 1/4 吗？通常情况下是不行的。

0.05 和 0.01 的阈值是随意的选择   许多期刊和监管机构经常坚持认为结果显著度必须符合 0.01 和 0.05 的水平。其实，这些数值没有什么特殊的，只是某些文章经常使用这两个数值。本书主要的目的是使读者理解什么是 p 值，什么是置信区间，因此这些选择其实是一种非正式的选择方式。不幸的是，在科学中这两个阈值在应用中有很大的盲目性，然而这是一个比较复杂的话题。

功效计算   功效指的是当零假设错误的时候，拒绝零假设的概率。当然，"当零假设错误的时候"是一个复杂的表述，因为"错误"可以有多种方式。$\Delta \equiv \mu_Y - \mu_X$ 可以是各种情况，而功效实际上依赖于这些参数，并且依赖于标准误，而标准误又依赖于样本量和总体的标准差。在实践操作中，我们根本不知道这些值，因此我们实际上只报告几个可信的值的功效，如 Δ、σ_X、σ_Y 以及样本量等。统计学理论提供了公式计算功效，在 R 中 pwr 包可以完成这个计算。我们将会在 R 中用模拟的方式阐明功效背后的概念，假设样本量：

N <- 12

我们拒绝零假设的概率设成：

alpha <- 0.05

在这个例子中功效值是多少呢？计算这个概率，并且计算零假设被拒绝的概率是多少，我们将进行：

B <- 2000

次的模拟计算。这次模拟按照以下步骤进行：分别从对照和处理总体中获取样本量为 N 的样本、进行 t 检验比较两个样本、报告 p 值看看是否小于 α（0.05），代码如下：

```
reject <- function(N, alpha=0.05){
  hf <- sample (hfPopulation,N)
  control <- sample (controlPopulation,N)
```

```
pval <- t.test (hf,control)$p.value
pval < alpha
}
```

这里我们对样本量 12 进行一次模拟计算，这里 reject 就是回答"我们是否拒绝？"。

```
reject (12)
## [1] FALSE
```

现在，我们可以用 replicate 函数重复 B 次：

```
rejections <- replicate (B,reject (N))
```

而功效就是我们正确拒绝的概率。因此当 $N = 12$ 时，功效仅仅有：

```
mean (rejections)
## [1] 0.2145
```

这解释了为什么当我们知道零假设错误时而 t 检验没能拒绝的原因。当样本量为 12 时，功效只有不到 23%。为了保证假阳性维持在 0.05 水平，就得将阈值维持在较高水平，以避免太多的 II 类错误。

那么能否通过增加 N 值来提高功效值？可以用 sapply 函数对向量的每一个要素依次进行计算。这里，我们想看看不同样本量的计算结果：

```
Ns <- seq (5, 50, 5)
```

所以，我们这样使用 sapply 函数：

```
power <- sapply (Ns,function(N){
  rejections <- replicate (B, reject (N))
  mean (rejections)
  })
```

对于这三种模拟中的每一种模拟，以上代码都会返回拒绝的概率，没有出乎意料，功效随着 N 的增加也提高：

```
plot(Ns, power, type="b")
```

同样的，拒绝的 α 水平改变时，功效也会改变。我们希望 I 类错误发生的机会越小，那么功效就会越小。或者说，我们必须要在两种错误之间做出一个平衡，下面我们保持 N 不变，看看 α 改变时功效的变化情况（图 2.13）：

```
N <- 30
alphas <- c (0.1, 0.05, 0.01, 0.001, 0.0001)
power <- sapply (alphas,function(alpha){
  rejections <- replicate (B,reject (N,alpha= alpha))
```

```
    mean (rejections)
} )
plot (alphas, power, xlab="alpha", type="b", log="x")
```

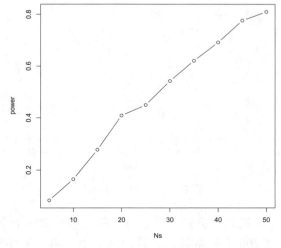

图 2.13 幂指数与样本量

注意，这里的 x 轴用的是对数值。

这里没有"正确的"检验功效和"正确的" α 值，但重要的是，你能理解每一个值的意思。

为了看得更清楚，你也可以用检验功效和 N 值做一个曲线，不同的颜色代表不同的 α 值。

备择假设中的 p 值选择是一种武断选择　通过功效学习，我们会发现，当零假设为"非真"而备择假设（alternative hypothesis）为"真"时，p 值的选择其实是一种武断的选择（前提是总体之间的差不为 0）。当备择假设为真时，我们可以通过增加样本量来获得尽可能小的 p 值（假设我们可以无限获得总体的样本）。

我们了解功效后会发现，当零假设不正确且备择假设为真（总体均值之间的差异不为零）时，p 值选择在某种程度上是任意的。当备择假设为真时，我们可以简单地通过增加样本量（假设我们有一个无限的总体样本）来使 p 值尽可能小。我们可以通过从总体中抽取越来越多的样本并计算 p 值来显示 p 值的这种特性。这之所以有效，是因为在这个的例子中，我们知道备择假设是正确的，我们可以访问总体并能计算它们的均值差异。

首先，写一个函数，专门从 N 个样本中计算 p 值（图 2.14）：

```
calculatePvalue <- function(N) {
    hf <- sample (hfPopulation,N)
    control <- sample (controlPopulation,N)
    t.test (hf,control)$p.value
}
```

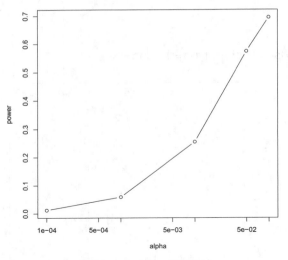

图 2.14　功效 – 阈值图

　　我们现在分析的高脂肪饮食方式的"总体"的上限是 200 个个体，我们从 10 个样本量开始取样，一直到 200 个样本量，看看什么效果。每一个样本量都计算几个（这里是 10 个）p 值，可以采用每个 N 值重复多次的方式（也就是，每个样本量下都重复操作 10 次，每次都得到一个 p 值）：

```
Ns <- seq(10,200,by=10)
Ns_rep <- rep(Ns,each=10)
```

　　这次，我们继续使用 sapply 函数来完成模拟过程：

```
pvalues <- sapply(Ns_rep,calculatePvalue)
```

　　现在，我们在每个样本量下，取 10 次样，计算 10 个 p 值：

```
plot (Ns_rep,pvalues,log="y",xlab="sample size",ylab="p-values")
abline (h=c(.01,.05),col="red",lwd=2)
```

　　注意，这里 y 轴显示的是对数值，随着样本量的增大，p 值减小到 10^{-8}。0.01 和 0.05 阈值由红色水平线显示。

　　需要记住的是，当 p 值很小时，p 值就变得没那么重要了。一旦发现在某个阈值内零假设可以被拒绝，那么阈值再小，也只能说明我们用了比实际需要更多的小鼠。样本量大仅仅有助于获得更加精确的差异 Δ 的估计值，但是 p 值变得非常非常小，只是一个数学检测的正常结果。因为 t 统计量的分子具有 $\sqrt{N}$ 因子（对于相同大小的组，当 $M \neq N$ 时也会出现类似的效果），所以 p 值随着样本量的增加而变得越来越小。因此，如果 Δ 不为零，则 t 统计量将随着 N 增加。

　　因此，更好的统计报告应该包括效应值和置信区间或者其它的一些统计描述，使得读者知道变化在一个有意义的范围内。效应值可以利用差值或者置信区间除以对照总体平均值进行计算：

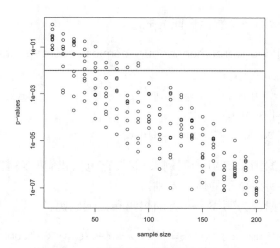

图 2.15 不同样本量下随机样本的 p 值

当备择假设为真时，p 值的真实值随样本量增加而变小。

```
N <- 12
hf <- sample(hfPopulation,N)
control <- sample(controlPopulation,N)
diff <- mean(hf)-mean(control)
diff / mean(control)*100
## [1] 1.868663
t.test (hf, control)$conf.int / mean (control)*100
## [1] -20.94576   24.68309
## attr(,"conf.level")
## [1] 0.95
```

另外，我们还可以报告 Cohen's d[5] 统计量，它是两组之间的差值除以两组合并的标准差：

```
sd_pool <- sqrt (((N-1)*var (hf)+(N-1)*var (control))/(2*N-2))
diff/sd_pool
## [1] 0.07140083
```

该值显示，高脂肪饮食组的平均值和标准差有多大程度偏离对照组。在备择假设下，t 统计量会增加，而效应值和 Cohen's d 则会更精确。

2.18 习题

对于这些习题，我们将从 babies.txt 加载婴儿数据集。我们将使用这些数据来回顾

[5] https://en.wikipedia.org/wiki/Effect_size#Cohen.27s_d

p 值背后的概念，并检测一下置信区间的概念。

url <– "https://raw.githubusercontent.com/genomicsclass/dagdata/master/inst/extdata/
babies.txt"
filename <- basename(url)
download(url, destfile=filename)
babies <- read.table("babies.txt", header=TRUE)

这是一个大型数据集（1236 个案例），假设它包括我们感兴趣的总体。我们将分析吸烟妈妈和无烟妈妈所生孩子的体重差别。

首先，把体重数据分为两类——吸烟妈妈和无烟妈妈：

bwt.nonsmoke <– filter(babies, smoke==0) %>% select(bwt) %>% unlist
bwt.smoke <– filter(babies, smoke==1) %>% select(bwt) %>% unlist

现在，我们看一下吸烟和无烟妈妈所生婴儿的体重"总体"差别：

library(rafalib)
mean(bwt.nonsmoke)-mean(bwt.smoke)
popsd(bwt.nonsmoke)
popsd(bwt.smoke)

总体平均出生体重的差异约为 8.9 盎司。吸烟和无烟组的标准差分别为 17.4 盎司和 18.1 盎司。

之前我们处理过小鼠体重数据，也会利用 R 的模拟方式来了解数据推断的概念。我们会把婴儿的体重作为总体，然后从中抽样来模拟单个实验。紧接着，我们会问：能否利用这些随机抽样的个体来对总体（的特征）做出正确的结论。

我们最想知道的是：无烟妈妈所生婴儿的体重是否与吸烟妈妈所生婴儿的体重有显著差别？

1. 设置种子为 1，从吸烟和无烟两个总体中获得两个样本（dat.s 和 dat.ns），每个样本 $N = 25$。计算 t 统计量（tval）。

2. 之前，我们用 t 统计量来总结描述数据，由此我们知道当零假设为"真"时（也就是在零假设前提下），并且样本量足够大时，t 值近似遵循正态分布。在这种情况下（零假设为真），由于 t 值遵循正态分布，那么我们就可以量化计算观察到的 t 值符合零假设为真的概率。

标准程序是这样的：首先看看 t 统计量是否符合零假设，然后看看 t 统计量的绝对值大于观察到 t 值绝对值的概率有多少，这种方法称为双尾检测（two-sided test）。

可以通过取正态分布下从 -abs(tval) 到 abs(tval) 的面积，然后被 1 减去得到数值，计算这个概率。在 R 中，可以使用 pnorm 函数计算正态分布中从负无穷大到给定特定值的范围下的面积。

3. 根据正态分布的对称性，有更简单的方式计算，在零假设条件下，某一 t 值大于特定 tval 的概率。以下哪个是这种计算方法？

（a）1-2*pnorm(abs(tval))

（b）1-2*pnorm(-abs(tval))

（c）1-pnorm(-abs(tval))

（d）2*pnorm(-abs(tval))

4. 许多科学文献在报告其发现结果时，只提供 p 值，这是不完整的。前面已经提到过，当样本量很大时，两组数据间的差别，即使科学意义上的显著性不大，但仍能产生很小的 p 值。这时，就需要置信区间来解决这个问题，它能提供更多的信息。以吸烟妈妈和无烟妈妈所生婴儿体重为例，两组间的差值由 mean(dat.s)-mean(dat.ns) 算得。如果我们采用 CLT 方法计算 99% 的置信区间，那么这个 ± 值是多少呢？

5. 如果不采用 CLT，而采用 t 分布，那么这个值是多少（自由度按照 2*N-2）？

6. 为什么第 4 题和第 5 题的结果相似？

（a）纯属巧合

（b）它们都是 99% 的置信区间

（c）N 值较大，相应的自由度也很大，这时正态分布和 t 分布就会相似

（d）它们其实差别很大，相差超过了 1 盎司

7. 不管用哪种方法计算 p 值，它（pval）永远都是一个概率值，零假设产生的 t 统计量要比观察到的 t 值（tval）要多得多（而 p 值只是观察值超过 tval 的阈值所占比例）。p 值小则意味着，当零假设为"真"时，观察值超过 tval 的数量非常少，也就说明零假设应当被拒绝。那么，p 值的阈值应当要多小呢？这个可以通过确定错误拒绝零假设的可能性来判断。

标准决策原则是这样的：挑选某一个较小的值 α（通常为了方便选 0.05），如果 p 值小于 α 则拒绝零假设。这里就被称之为检测的显著水平。

同样，如果遵循这一决策原则，那么拒绝零假设犯错的概率同样也是 α（这一事实，并不显而易见，需要一些概率理论证明）。当零假设为真，而被拒绝的事件称之为 I 类错误，把犯 I 类错误的概率称为 I 类错误率。当 p 值小于 α 时拒绝零假设控制了 I 类错误率，等于 α。为了控制其它类型错误的概率，我们会看到多种决策原则。通常，我们都会确保某种错误的概率低于某一值，比如这里，我们确保 I 类错误率精确地等于 α。

下列哪句对 I 类的描述是错误的？

（a）下面是对 I 类错误的另一种描述：对零假设拒绝的决定是根据零假设产生的数据形成的

（b）下面是对 I 类错误的另一种描述：由于随机变量具有波动性，即使观察数据是根据零假设生成的，根据观察数据计算的 p 值若很小，由此就可以拒绝零假设

（c）仅凭原始就可以判断是否犯 I 类错误。

（d）在科研实践中，当 I 类错误没有实际发生时，就会报告"显著"

8. 在上一节的模拟练习中，已经知道零假设是错误的：平均值差值的真实值大概是 8.9。因此，我们想知道上面提到的决策原则使得我们得到零假设为错的可能性有多大。换句话说，我们想量化 II 类错率，即当备择假设为真而没能拒绝零假设的概率。

I 类错误率是在假定"无差异"的零假设为真来进行描述得的。与之不同，II 类

错误不能仅仅通过假定备择假设特点来计算，因为备择假设自身没有特定的值对应于差值。因此，在备择假设下，也就不能明确一个特定的 t 值分布。

缘于此，当研究某个假设检验过程的 II 类错误率时，我们需要假定一个特定的效应值或者一个总体平均值差的假定量，这个量就是我们的目标量。我们通常会问："在特定样本量 N 下，最小的可信差值是多少？"而平时问的最多的是："为了获得有效的差值绝对值，所需最大的样本量 N 是多少？"在开始真正数据收集实验前，都会对数据收集流程进行设计，此时 II 类错误控制就起到关键作用，这样就能知道检验的敏感性和功效。功效等于 1 减去 II 类错误率，或者拒绝零假设且接受备择假设的概率。

有多种因素影响假设检验对特定效应值的功效。直观来看，可以通过设置较低 α 值来降低检验对于某一特定效应值的功效，因为零假设更难拒绝。这就意味着，对于参数固定的实验（比如已预先决定的固定样本量、记录装置等），假设检验的功效就必须与 I 类错误率进行平衡，与你的目标效应量无关。

我们可以通过上面提到的婴儿体重数据来具体看一下功效是如何与 II 类错误进行平衡的。我们已经得到整个"总体"的数值，其中效应值为 8.9，这样我们就可以计算检验的功效，从而获得两个"总体"间真正的（有效）差值。

设置种子数为 1，随机样品取样（N=5），测量吸烟妈妈和无烟妈妈所生婴儿的体重值，这时的 p 值是多少？（用 t.test 函数来计算）

9. 这里 p 值大于 0.05，所以用这种类型的阈值就可以拒绝，这种称为 II 类错误。下面哪一种方法不能降低这种错误？

（a）增加 I 类错误的机会

（b）样本量尽可能大

（c）找到一个零假设不为真的总体

（d）设置更高的 α 值

10. 设置种子数为 1，使用 replicate 函数重复第 8 题的代码 10 000 次，计算有多少次会在 0.05 水平上拒绝。

11. 从第 10 题可以看到，功效值小于 10%。现在继续重复第 10 题的操作，但样本量（N）增加到 30、60、90 和 120。这四种样本量中，哪一个功效值接近于 80%？

12. 重复第 11 题的训练，但是把值降低到 0.01，上述四种样本量计算的功效更接近于 80%？

2.19 蒙特卡洛模拟

通过计算机，可以生成伪随机数值（pseudo-random number）。为了操作方便，伪随机数值可以模拟真实世界的随机变量。这样就可以利用计算机来检验随机变量的性质，而不用倚重于理论推导。在这其中，我们可以创造一个模拟值来检测我们的假设和实验方法，而不必在实验室开展真实的实验。

模拟也可用于检测理论计算的结果是否正确。同样，统计学上许多理论计算都是基于渐近理论来进行的，即样本量达到无限时的计算结果。但在实践中永远不会获得无限的样本量，因此我们更倾向于利用实际样本量来看看统计理论是否管用。利用这种方法，有时会获得较好的分析效果（比如之前的 p 值的计算），但并不是总能奏效。这时，模拟就显得非常重要了。

下面以实例说明，对于不同样本量，利用蒙特卡洛模拟比较 CLT 和 t 分布近似计算之间的差异。

```
library(dplyr)
dat <- read.csv("mice_pheno.csv")
controlPopulation <- filter(dat,Sex == "F" & Diet == "chow") %>%
   select(Bodyweight) %>% unlist
```

然后，创建一个函数，在零假设前提下，用来生成样本量为 n 的 t 统计量：

```
ttestgenerator <- function(n) {
   # 注意这里我们实际上有一个假的"高脂肪组"
   # 样本来自于正常饮食即对照总体
   # 这是因为我们正在建立零假设模型
cases <- sample (controlPopulation,n)
controls <- sample (controlPopulation,n)
tstat <- (mean (cases)-mean (controls))/sqrt (var(cases)/n+var(controls)/n)
return (tstat)
}
ttests <- replicate (1000, ttestgenerator (10))
```

通过 1000 次蒙特卡洛方法模拟这个随机变量的出现，现在可以看一下其分布情况（图 2.16）：

```
hist (ttests)
```

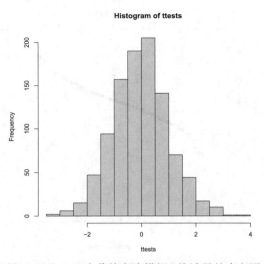

图 2.16 1000 次蒙特卡洛模拟 t 统计量的直方图

  t 统计量的分布接近于正态分布？在下一章中，我们将正式介绍分位数－分位数图（QQ 图），它提供了一个有用的可视化检测，来查看一个分布与另一个分布的近似程度。如果点落在 x–y 相等线上，则意味着近似值很好。

```
qqnorm (ttests)
abline (0,1)
```

  正态近似效果看起来很好，如图 2.17 所示。对于某一总体，利用 CLT 近似计算时，10 是一个很大的样本量，如果样本量为 3，会是什么效果呢（图 2.18）？

```
ttests <- replicate (1000,ttestgenerator(3))
qqnorm (ttests)
abline (0,1)
```

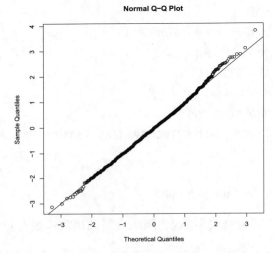

图 2.17   比较 1000 次蒙特卡洛模拟 t 统计量与理论正态分布的 QQ 图

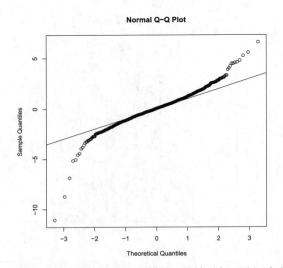

图 2.18   自由度为 3 的 1000 次蒙特卡洛模拟 t 统计量与理论正态分布的 QQ 图

　　现在我们看到大的分位数（统计学家称为尾巴）比预期的要大（一个在线左边的下方，一个在线右边的上方）。在之前的模型中，我们发现，当样本量比较小，而总体值遵循正态分布时，t 分布是一种更好的近似计算方法。蒙特卡洛模拟方法也进一步确认了这一结果（图 2.19）：

```
ps <- (seq (0, 999)+0.5)/1000
qqplot (qt (ps,df=2*3−2),ttests,xlim=c(−6,6),ylim=c(−6,6))
abline (0,1)
```

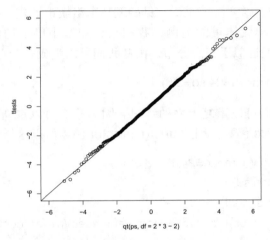

图 2.19　自由度为 3 的 1000 次蒙特卡洛模拟 t 统计量与理论 t 分布的 QQ 图

　　t 分布的近似效果好很多，但是仍不完美。这是因为原始数据就没有遵循近似的正态分布（图 2.20）：

```
qqnorm (controlPopulation)
qqline (controlPopulation)
```

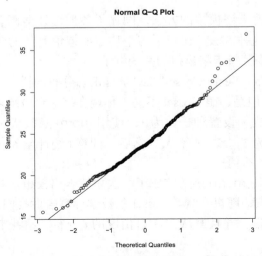

图 2.20　原始数据与理论分位数分布的 QQ 图

2.20 观察值的参数模拟

我们用来理解随机变量和零假设分布的技术是一种蒙特卡洛模拟。我们可以使用总体数据并随机生成样本。在实践中，我们无法得到整个总体。在这里使用该方法是出于教学的目的。当我们想在实践中使用蒙特卡洛模拟时，更典型的做法是假设一个参数分布并从中生成一个总体，这称为参数模拟（parametric simulation）。这意味着我们从真实数据（这里是平均值和标准差）中获取估计的参数，并将它们插入一个模型（这里是正态分布）中。这实际上是最常见的蒙特卡洛模拟形式。

仍以饮食方式与小鼠体重的为例，我们已经知道小鼠平均体重为 24 g，标准差 3.5 g，那么这个分布就近似于正态分布，由此我们可以生成一个总体：

```
controls<- rnorm (5000,mean=24,sd=3.5)
```

生成数据后，我们可以重复上面的练习。因为我们可以重新生成随机正态数，所以不再需要使用 sample 函数。因此 ttestgenerator 函数可以这样写：

```
ttestgenerator <- function(n, mean=24, sd=3.5) {
 cases <- rnorm (n,mean,sd)
 controls <- rnorm (n,mean,sd)
 tstat <- (mean (cases)-mean (controls))/sqrt (var (cases)/n+var (controls)/n)
 return (tstat)
 }
```

2.21 习题

本章我们利用蒙特卡洛模拟的方法，阐述了各种统计学概念，其核心就是从总体中取样。主要是利用这种方法，比较了与平均值的差值有关的各种统计学特征。接下来，我们将给出实践中蒙特卡洛模拟的一些例子。

1. 假设你是 William Sealy Gosset[6]，对来自正态分布的样本进行数学计算后推导出 t 统计量的分布情况。但是，跟 Gosset 不同，你现在有一台电脑可用并用它检测结果。

首先建一个数据集。设置种子数为 1，使用 rnorm 函数从一个正态分布中生成一个随机变量，样本量为 5，X_1，$\cdots$，X_5。然后，计算 t 统计量 $t = \sqrt{5}\ \overline{X}/s$，其中 s 为样本的标准差。你能发现什么值？

2. 你刚刚已经利用 rnorm 函数完成了一次蒙特卡洛模拟。在这次模拟中，我们生成了一个符合正态分布的随机变量。Gosset 的数学计算告诉我们，第 1 题中计算的 t 统计量也是一个随机变量，并且遵从 $N-1$ 自由度的 t 分布。蒙特卡洛模拟可以做这样的

---

[6] https://en.wikipedia.org/wiki/William_Sealy_Gosset

检测：随机抽样产生多个结果，然后将它们与理论结果进行比较。设置种子数为 1，按照第 1 题的方法，产生 $B = 1000$ 的 t 统计量，计算有多大比例的值大于 2。

3. 第 2 题的答案非常符合理论预测的结果：$1 - pt(2, df = 4)$，我们也可以用 qqplot 函数检测一下。

为了得到 t 分布的分位数，我们可以从 0 到 1:B=100 间生成百分位数，所用函数为 ps，ps=seq(1/(B+1),1-1/(B+1),len=B)，并且利用 qt 计算分位数：qt(ps,df=4)。接下来，就可以用 QQ 图比较理论分位与蒙特卡洛模拟的结果。第 2 题的蒙特卡洛模拟已经证实，t 统计量（$t = \sqrt{N}\bar{X}/s$）遵循 t 分布，而且使用多个 N 值（样本量）都符合。

那么，哪一个 N 值最最符合呢？

（a）样本量大的；（b）样本量小的；（c）所有；（d）都不是，应当使用 CLT。

4. 蒙特卡洛模拟证实，t 统计量是由比较两组遵循正态分布数据（平均值为 0，标准差为某数）的平均值而得到的，并且遵循 t 分布。

在本题中，我们将使用 t.test 函数，参数设定 var.equal=TRUE，在这个参数条件下自由度的计算遵循 df=2*N-2，其中 N 为样本量。

那么哪一个样本量最好呢？

（a）样本量大的；（b）样本量小的；（c）所有；（d）都不是，应当使用 CLT。

5. 以下描述是否正确？这次，不再用 X=rnorm(15) 生成样本，而使用 X=sample(c(-1,1),15,replace=TRUE) 生成二位制数据集（1 和 –1 的概率均为 0.5），那么 t 统计量：

```
tstat <– sqrt (15)*mean (X)/sd(X)
```

遵循一个自由度为 14 的 t 分布。

6. 下列描述是否正确？这次，不再用 X=rnorm(N), N=1000 生成样本，而使用 X=sample(c(-1,1),N,replace=TRUE) 生成二位制数据集（1 和 –1 的概率均为 0.5），那么 t 统计量：

```
tstat <– sqrt (N)*mean (X) / sd (X)
```

遵循一个自由度为 999 的 t 分布。

7. 我们已经可以对平均值和 t 统计量进行近似分布分析，那么是否可以对任一统计值进行类似的分析呢？

以中位数为例子。从一个平均值为 0、标准差为 1 的正态分布样本中抽取样本的中位数的分布，用蒙特卡洛模拟判断，以下哪个值符合特定分布？

（a）与平均值一致，样本的中位数也遵循平均值为 0、标准差为 $1/\sqrt{N}$ 的正态分布

（b）样本中位数符合原来的正态分布

（c）样本中位数符合 t 分布因为样本量较小，而正态分布需要大样本量

（d）样本中位数符合正态分布，平均值为 0、标准差大于 $1/\sqrt{N}$

2.22　置换检验

假设我们遇到某种情况，没有任何标准的数学统计近似可以使用。我们已经计算出一个统计特征，比如平均值的差值等，但是没有合适的近似计算方法（如之前我们用到的 CLT）。在实际操作中，我们是不可能获得整个总体的，也就没有办法进行类似上面做过的模拟分析。这时，置换检验（permutation test）就非常有用了。

我们回到之前的情况，每组仅有 10 个测量值。

```
dat=read.csv("femaleMiceWeights.csv")
library(dplyr)
control <- filter(dat,Diet=="chow") %>% select(Bodyweight) %>% unlist
treatment <- filter(dat,Diet=="hf") %>% select(Bodyweight) %>% unlist
obsdiff <- mean(treatment)−mean(control)
```

在之前的章节中，已经看到，参数方法可以帮助我们确定观测到的差异是否显著。置换检验的优势是，如果我们将处理组与对照组随机混合后，零假设为真。因此，当打乱处理和对照标签后，就假设这时的分布符合零分布。下面，我们通过混合 1000 次后生成零分布，结果见图 2.21。

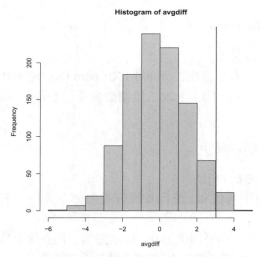

图 2.21　置换平均值之间的差异直方图
垂直线表示观测到的差异。

```
N <- 12
avgdiff <- replicate (1000,{
    all <- sample (c (control,treatment))
    newcontrols <- all[1:N]
    newtreatments <- all[(N+1):(2*N)]
```

```
    return(mean(newtreatments)−mean(newcontrols))
})
hist (avgdiff)
abline (v=obsdiff, col="red",lwd=2)
```

有多少的零假设平均值大于观测值？这个比例就是零假设下的 p 值。我们把分子和分母都加"1"，这样就可以避免误判 p 值（详见 Phipson and Smyth, Permutation P-values should never be zero[7]）

```
# 差异较大的置换比例
(sum (abs (avgdiff) > abs (obsdiff))+1)/(length (avgdiff)+1)
## [1] 0.07392607
```

下面，继续重复这一计算，这时减小样本量

```
N <− 5
control <− sample(control,N)
treatment <− sample(treatment,N)
obsdiff <− mean(treatment)−mean(control)
avgdiff <− replicate(1000, {
    all <− sample(c(control,treatment))
    newcontrols <− all[1:N]
    newtreatments <− all[(N+1):(2*N)]
  return(mean(newtreatments)−mean(newcontrols))
})
hist(avgdiff)
abline(v=obsdiff, col="red", lwd=2)
```

这次观测到的差异就没有之前那么显著了（图 2.22）。需要记住的是，没有任何一个理论计算保证置换近似计算中预测的零分布一定遵循真实的零分布。比如，两个总体间确实存在差异的时候，有些置换就是不平衡的、包含一些样本能够解释这种差异。这就暗示着，来自置换分析的零分布，相对于真实的零分布会有比较大的尾巴。这也是为什么置换分析得到的 p 值比较小。由于这个原因，当样本量比较小时无法进行置换分析。

需要注意的是，置换检验仍然假设样本之间相互独立并且"可交换"。如果数据包含了一些隐藏结构，那么置换检验得到的零分布就会低估尾巴的大小，因为置换分析会破坏原始数据已存在的结构。

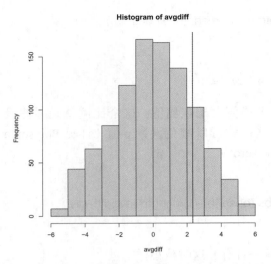

图 2.22   在较小的样本容量下，置换平均值之间的差异直方图
垂直线表示观测到的差异。

2.23   习题

我们将使用以下数据，来演示如何使用置换分析。

```
dir <- "https://raw.githubusercontent.com/genomicsclass/dagdata/master/inst/extdata/"
filename <- "babies.txt"
url <- paste0(dir, filename)
download(url, destfile=filename)
babies <- read.table(filename, header=TRUE)
bwt.nonsmoke <- filter(babies, smoke==0) %>% select(bwt) %>% unlist
bwt.smoke <- filter(babies, smoke==1) %>% select(bwt) %>% unlist
```

1. 生成一个样本量为 10 的随机变量，然后观察差值：

```
N=10
set.seed (1)
nonsmokers <- sample (bwt.nonsmoke, N)
smokers <- sample (bwt.smoke, N)
obs <- mean (smokers) – mean (nonsmokers)
```

问题：这个差值是否显著？这次不使用正态分布或 t 分布近似计算，而改用置换检验：把数据打乱，然后重新计算平均值。我们可以这样生成置换样本：

```
dat <- c (smokers,nonsmokers)
shuffle <- sample (dat)
```

```
smokersstar <- shuffle[1:N]
nonsmokersstar <- shuffle[(N+1):(2*N)]
mean (smokersstar)-mean (nonsmokersstar)
```

最后一个数值就是零分布中的一个观察值。现在，设置种子数为1，重复以上1000次，生成一个零分布。那么，我们观察到的由置换分析产生的 p 值是多少？

2. 重复上题，这次不计算平均数的差值，改为中位数的差值 obs<-median(smokers)-median(nonsmokers)，看看这次的 p 值是多少。

2.24 关联性检验

到目前为止，我们所介绍的生物学统计分析中，遗漏了生命科学大部分内容。特别是，当我们提到数据具有二进制性（binary）、分类性（categorical）和序列性（ordinal）等特点时，更是如此。举一个特别的例子，对于某种疾病的遗传数据，基因型一般有两组（AA/Aa 或 aa），分别对应着病例和对照。这里最重要的统计学问题是：基因型是否与疾病相关。在本例中，我们有两个基因型总体（AA/Aa 和 aa），并对每个总体进行赋值，在这里，疾病的状态可以赋值为 0（健康）和 1（疾病）。因此，我们不能对这样的数据进行 t 检验，为什么呢？因为，这里的数值只有 0（健康）和 1（疾病）。我们很清楚，这种数据是不会呈现正态分布的，因此 t 分布近似计算也不适用于这类分析。这时，如果样本量足够大，我们就可以采用 CLT 策略，否则，我们就只用关联性检验（association test）。

女士品茶　一个很有名的假设检验例子是由 R.A. Fisher[8] 提出的。Fisher 先生的一个朋友声称她有一种特殊能力：她可以鉴别一杯茶是先加奶还是先加茶。Fisher 先生给了她 4 组茶来品尝：先加 / 后加牛奶，后加 / 先加茶，顺序是随机的。假如说，她 4 次可以选对 3 次，那么是否说明她具有这种特殊能力呢？假设检验可以帮助我们判断这种概率是否是随机的。这个例子被称为"女士品茶"实验（Fisher 的朋友也是一位科学家，名字叫 Muriel Bristol[9]）。

我们要问的基本问题是：如果测试者真的在猜测，那么她猜对 3 个或更多的概率是多少？就像之前所做的那样，我们可以在零假设下计算一个概率，即她每次都猜 4 个。如果我们假设这个零假设，那么可以把这个特定的例子想象成从一个带有 4 个绿色（正确答案）和 4 个红色（错误答案）球的瓮中挑选 4 个球。

在零假设前提下，每一个球被选中的机会是一样的。这样就可以利用自由组合的方式计算出选中 3 个球的概率 $C_4^3 \cdot C_4^1 / C_8^4 = 16/70$。而 4 个都选中的概率是 $C_4^4 \cdot C_4^0 / C_8^4 = 1/70$。因此，选中 3 个或更多的概率约是 0.24，这个值就是 p 值，而产生这个 p 值的过程就叫做 Fisher 精确检验（Fisher's exact test），这里用到的分布叫做超几何分布（hypergeometric distribution）。

---

[8] https://en.wikipedia.org/wiki/Ronald_Fisher
[9] https://en.wikipedia.org/wiki/Muriel_Bristol

2×2 表 以上实验数据可以总结为一个 2×2 表：

```
tab <- matrix (c (3,1,1,3),2,2)
rownames (tab) <- c("Poured Before", "Poured After")
colnames (tab) <- c("Guessed before", "Guessed after")
tab
##                 Guessed before     Guessed after
## Poured Before          3                 1
## Poured After           1                 3
```

fisher.test 函数可以运行上面的计算，使用如下：

```
fisher.test (tab,alternative="greater")

##      Fisher's Exact Test for Count Data

## data:  tab
## p-value = 0.2429
## alternative hypothesis: true odds ratio is greater than 1
## 95 percent confidence interval:
##   0.3135693      Inf
## sample estimates:
## odds ratio
##   6.408309
```

卡方检验 全基因组关联研究（GWAS）在生物学中已无处不在。这些研究中使用的主要统计摘要之一是曼哈顿图。曼哈顿图的 y 轴通常代表 p 值的以 10 为底的对数的相反数，这些 p 值是在数百万个单核苷酸多态性（SNP）上应用关联检验获得的。x 轴通常按照染色体进行组织（染色体 1—22、X、Y 等）。这些 p 值的获得方式与在品茶实验上进行的检测类似。然而，在那个例子中，绿球和红球的数量是实验固定的，每个类别的答案数量也是固定的。换句话说就是行的总和和列的总和是固定的。这限定了我们可以用来填充 2×2 表的可能方式，并且还允许我们使用超几何分布。一般来说，情况并非如此。但不管如何，我们还有另一种方法，即卡方检验（chi-square test），如下所述。

假设，我们有 250 个个体，其中一些得病，剩下的健康。在一个隐性等位基因（aa）处，纯合时有 20% 的个体可能患病，而其他（基因型）只有 10%。那么，如果我们重新选取另外 250 个个体，是否还会有这样的结果？

首先，我们利用这一百分比生成一个数据集：

```
disease=factor (c (rep (0,180),rep (1, 20),rep (0, 40),rep (1, 10)),labels=c ("control", "cases"))
genotype=factor (c (rep ("AA/Aa", 200),rep ("aa", 50)),levels=c ("AA/Aa", "aa"))
dat <- data.frame (disease, genotype)
```

```
dat <- dat[sample (nrow (dat)),]      # 打乱它们
head (dat)
         disease      genotype
## 67    control      AA/Aa
## 93    control      AA/Aa
## 143   control      AA/Aa
## 225   control      aa
## 50    control      AA/Aa
## 221   control      aa
```

要创建适当的 2×2 表格，我们将使用 table 函数。此函数将因子中每个级别的频率制成表格。例如：

```
table (genotype)
## genotype
## AA/Aa        aa
## 200          50
table (disease)
## disease
## control     cases
## 220          30
```

如果提供两个因素，它将列出所有可能的对，从而创建 2×2 的表格：

```
tab <- table (genotype,disease)
tab
## disease
## genotype    control    cases
##   AA/Aa       180       20
##   aa          40        10
```

请注意，可以给 table 输入 n 个因子，它将列出所有的 n-tables。

我们用来总结这些结果的典型统计数据是比值比（odds ratio，OR）。在本例中，aa 生病的概率是 10/40，而 AA/Aa 生病的概率是 20/180，再取比值：（10/40）/（20/180）。

```
(tab[2,2]/tab[2,1]) / (tab[1,2]/tab[1,1])
## [1] 2.25
```

计算 p 值时，不会直接用到 OR 值。相反，首先要假设基因型和疾病没有关系（即零假设），然后计算表格中的各个单元格内容间的关系（注意：这里使用的 "cell" 一词是指矩阵或表格中的单元格内容，与生物细胞无关）。在零假设前提下，有 200 个（AA/Aa）个体的组和有 50 个（aa）个体的组会随机与疾病状态进行配对，而且概率是

一样的。如果是这样的话，那么得病的概率是：

```
p=mean (disease=="cases")
p
## [1] 0.12
```

那么期望的表格就成为这样：

```
expected <- rbind (c (1-p,p)*sum (genotype=="AA/Aa"),c(1-p,p)*sum(genotype=="aa"))
dimnames (expected) <- dimnames (tab)
expected
##              disease
## genotype    control    cases
##    AA/Aa        176       24
##    aa            44        6
```

卡方检验使用与独立二进制结果相关的渐近结果（与 CLT 类似）。使用这种近似方法，我们可以计算出偏离预计值到底有多大，p 值的计算如下：

```
chisq.test (tab)$p.value
## [1] 0.08857435
```

大样本，小 p 值　　如前所述，仅仅报告 p 值是不能完全反映实验结果的。许多遗传学分析过分强调了 p 值的重要性，通常会采用较大的样本量来获得较小的 p 值。但是仔细观察结果时，会发现 OR 却没有那么明显，有的刚刚小于 1。在上面提到的疾病例子中，AA/Aa 和 aa 之间的差别对于个体的患病风险意义不大，没有达到实践显著性。因此，该结果对于改变人们的生活方式，从而避免疾病发生的意义不大。

OR 与 p 值之间并没有绝对的对应关系。为了证明，我们重新计算 p 值，保持所有比例相同，但将样本量增加 10，这大大降低了 p 值（正如我们在备择假设下的 t 检验中看到的那样）：

```
tab <- tab*10
chisq.test(tab)$p.value
## [1] 1.219624e-09
```

比值比的置信区间　　计算 OR 的置信区间有些麻烦，不能对它的分布进行近似计算。因为 OR 不是一个比值，而是比值的比值，这样就没有简单的方法（如 CLT）适用于它。

一个可行的办法是采用广义线性模型（generalized linear model），可以对 OR 的对数值进行估计（不估计 OR 本身）。OR 的对数值接近正态分布。下面用 R 代码来进行说明（我们省略了一些理论细节，想了解这些可以参考广义线性模型的相关文献，例如 Wikipedia[10] 或者 McCullagh and Nelder, 1989[11]）：

```
fit <- glm(disease~genotype,family="binomial", data=dat)
coeftab <- summary(fit)$coef
coeftab
## Estimate Std. Error z value Pr(>|z|)
## (Intercept)    −2.1972246    0.2356828    −9.322803    1.133070e−20
## genotypeaa      0.8109302    0.4249074     1.908487    5.632834e−02
```

表格的第二列是 OR 对数值的估计值和标准误。数学理论告诉我们，这个估计值是近似正态分布的。因此，我们可以形成一个置信区间，然后再通过指数运算，获得 OR 的置信区间。

```
ci <- coeftab[2,1]+c(−2,2)*coeftab[2,2]
exp(ci)
## [1] 0.9618616   5.2632310
```

这个置信区间包含了 1，这也与 p 值大于 0.05 相吻合。需要注意的是，p 值的计算方法所采用的近似方式与卡方检验的不一样，所以结果有差别。

2.25　习题

我们已经知道如何利用一个表进行卡方检验计算，这里我们将练习如何从一个数据框（dataframe）中生成一个表格，这样就可以进行关联性检验来看一下两个列对于同一个存在是否有富集（或删除）。

首先，下载 https://studio.edx.org/c4x/HarvardX/PH525.1x/asset/assoctest.csv[12] 文件到 R 工作目录里，然后把它读取到 R 中：

```
d=read.csv("assoctest.csv")
```

1. 这个文件显示的是 72 个个体的等位基因（AA/Aa 或者 aa）以及生病 / 健康的状态。对基因型与疾病之间的关系进行卡方检验（使用 table 和 chisq.test 函数）。看一下这个表格是否可以用肉眼直观看出关联性。χ^2 统计量是多少？

2. 利用 fisher.test 对这个表格进行 Fisher 精确检验。p 值是多少？

---

[10] https://en.wikipedia.org/wiki/Generalized_linear_model
[11] https://books.google.com/books?hl=en&lr=&id=h9kFH2_FfBkC
[12] assoctest.csv

3

探索性数据分析

"图的最大价值在于它会让我们看到永远都预计不到的结果。"——John W. Tukey

生命科学数据里，经常存在偏好性（bias）、系统性错误（systematic error）和不可预知的变异性（unexpected variability）等问题。如果不能发现这些问题，就会导致后续分析发生偏差、得出错误的结果。举个例子，当实验出现问题时，即使再好的数据分析流程，如 R 语言中的 t.test 函数，也很难发现这些问题。但是，这些流程仍会给你一个结果。另外，仅通过报告的结果很难甚至是不可能发现犯错误。

数据作图（graphing data）是发现这些问题的有力工具。我们称这个过程为探索性数据分析（exploratory data analysis，EDA）。许多现有数据分析技术方法学上的重要改进，最初都是通过 EDA 分析而创造出来的。此外，EDA 也会促进许多有意思的生物学发现，而这些发现如果仅仅简单地进行假设性检验是很难获得的。本书中，我们利用探索性分析图来解释我们所作的分析。本章中，我们以身高为例，介绍一些常用 EDA 技术。

我们已经介绍了一些单变量（univariate）数据的 EDA 分析，比如直方图和 QQ 图。这一章，我们对 QQ 图进行更为详细的解释，并对配对数据进行 EDA 和总结性统计分析，还会对常用的一些作图分析进行详细解释。

3.1 分位数 – 分位数图

为了检测某一理论分布，如正态分布，实际上是一个很好的近似，我们可以使用分位数 – 分位数图（quantile quantile plot，QQ 图）。对于某一特定百分位数进行分析，可以更好地理解分位数。一个分布列表的第 p 位的百分位数可以定义为：大于 $p\%$ 位置的数值 q（我们前面定义的累积分布函数的倒数也是如此）。比如，50% 位的百分位数就是中位数。我们计算身高数据的百分位数：

```
library (rafalib)
data (father.son,package="UsingR")     ## CRAN 上的包
x <- father.son$fheight
```

再计算正态分布的百分位数：

```
ps <- (seq(0,99)+0.5)/100
```

```
qs <- quantile(x, ps)
normalqs <- qnorm(ps, mean(x), popsd(x))
plot(normalqs,qs,xlab="Normal percentiles",ylab="Height percentiles")
abline(0,1)       ## x-y 相等线
```

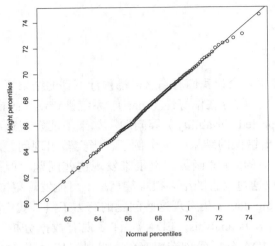

图 3.1　QQ 图的第一个例子

这里我们自己计算理论分位数。

　　请注意，图 3.1 中的这些值十分接近。其实，这个图可以用更为简洁的代码进行绘制（这个图比我们手动做出的图上的点要多，这样我们就可以更清晰地看到尾部行为）。

```
qqnorm (x)
qqline (x)
```

　　但是这里是用 qqnorm 函数和标准的正态分布绘制的图（图 3.2）。因此，这个图的斜率为标准差 popsd(x)，截距为平均值 mean(x)。

　　在上面的例子中，点与线对应得很好。实际上，我们可以对于已知符合正态分布的数据采用蒙特卡洛模拟的方式生成一个类似的图（图 3.3）。

```
n <- 1000
x <- rnorm (n)
qqnorm (x)
qqline(x)
```

　　接下来，我们看看不符合正态分布的数据在 QQ 图（图 3.4）中是什么样。这里我们利用具有不同自由度的 t 分布生成数据。注意，自由度越小，分布图的尾巴就越"胖"。我们把这种尾巴叫做胖尾巴。因为，在绘制经验密度曲线或者直方图时，极端值的密度会明显高于理论曲线。在 QQ 图中就会体现为：左侧低于理论值而右侧高于理论值。这就意味着有更多的极端值偏离了 x 轴的理论值。

```
dfs <- c(3,6,12,30)
mypar(2,2)
for(df in dfs){
 x <- rt(1000,df)
 qqnorm(x,xlab="t quantiles",main=paste0("d.f=",df),ylim=c(-6,6))
 qqline(x)
}
```

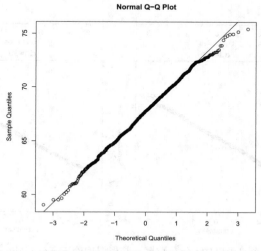

图 3.2 QQ 图的第二个例子

这里用 qqnorm 函数来自动计算理论正态分位数。

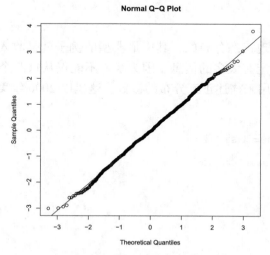

图 3.3 qqnorm 函数示例

用遵循正态分布的值来应用 qqnorm 函数作图。

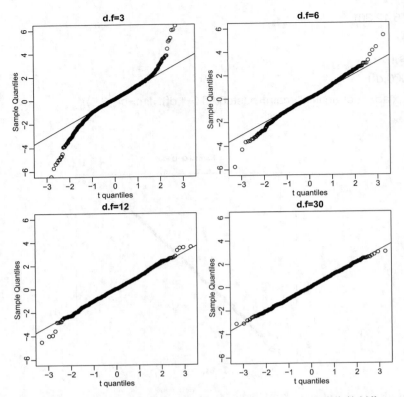

图 3.4 生成 4 个自由度的 t 分布数据，并根据理论正态分布的分位数制作 QQ 图

3.2 箱线图

　　数据不是经常呈现正态分布的，其中最典型的例子就是收入（图 3.5）。这时，平均值和标准差就不一定有太多的信息。因为我们不能仅从这两个参数推断出分布。平均值和标准差主要是用来描述正态分布的参数。这里以 2000 年美国 199 名高管薪酬为例说明。

```
data (exec.pay,package="UsingR")
mypar (1, 2)
hist (exec.pay)
qqnorm (exec.pay)
qqline (exec.pay)
```

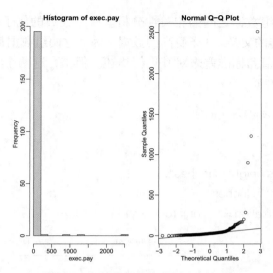

图 3.5 高管薪酬的直方图和 QQ 图

在实践中除了 QQ 图，我们会对 3 个百分位数进行计算：25%、50%（中位数）和 75%。箱线图显示的 3 个值按照中位数 ±1.5 方式排列（75 百分位数 –25 百分位数）。超过这个范围的称为异常值（outlier）并用点表示。

boxplot (exec.pay, ylab="10,000s of dollars",ylim=c(0,400))

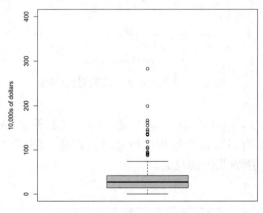

图 3.6 高管薪酬的简单箱线图

本例中我们只显示了一个箱线图（图 3.6）。实际上，箱线图的一个最大好处是，可以在一个图中用多个箱线图展示多组数据的分布。本书中会出现一些多箱线图的例子。

3.3 散点图和相关性

前面两章介绍的图示方法都是针对单变量数据设计的。在生命科学研究里，经常会涉及到两组或多组数据之间的相关性分析。一个经典的例子就是高尔顿（Francis Galton）[1] 用来研究遗传的父亲 / 儿子身高的数据。因为这两组数据都近似遵循正态分布，所以我们可以用平均值和标准差来对其进行描述。但是，这两个参数不能很好地描述这个数据的一个重要性质。

```
data (father.son,package="UsingR")
x=father.son$fheight
y=father.son$sheight
plot (x,y, xlab="Father's height in inches",
    ylab="Son's height in inches",
    main=paste ("correlation =", signif (cor (x,y),2)))
```

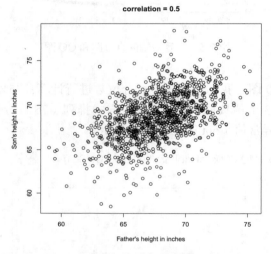

图 3.7　父亲 / 儿子身高的对比绘图

　　通过散点图（图 3.7）可以看到：父亲越高，儿子就越高。利用相关系数（correlation coefficient）可以对这个趋势进行总结，在这个例子中相关系数为 0.5。这样就可以通过父亲的身高预测儿子的身高。

3.4　分层

　　假设我们被要求猜测一个随机挑选的儿子的身高。平均身高 68.7 是整个直方图中占比最多的身高（见直方图）。它可能是我们的预测值。但是，如果知道父亲身高是 72 英寸，我们还能猜测儿子是 68.7 英寸吗？

　　这位父亲的身高高于平均值。具体来说，他比平均身高多了 1.75 倍的标准差。因此，我们也会预测儿子的身高也比平均值高了 1.75 倍的标准差吗？事实证明，这个值

[1] https://en.wikipedia.org/wiki/Francis_Galton

太高了。为了弄清楚这个问题，我们需要看一下，当父亲身高为 72 英寸时所有儿子的身高情况。我们需要对父亲的身高进行分层（stratify），才能看到儿子身高的具体情况。

```
groups <- split (y,round (x))
boxplot (groups)
```

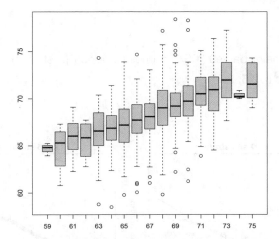

图 3.8 父亲身高分层后得出的儿子身高的箱线图

```
print (mean (y[ round (x) == 72 ]))
## [1] 70.67119
```

　　分层之后的箱线图（图 3.8），可以让我看清楚每一组的分布情况。当父亲身高接近 72 英寸时，儿子的身高平均值为 70.7 英寸。箱线图中间的横线表示中位数，而不是平均值。不同组中的中位数近似排列为一条直线，这条线类似于回归直线，其斜率与相关系数有关，后续内容中我们会学到。

3.5　二元正态分布

　　在生命科学中普遍要用到相关性分析。但是，这一分析手段经常会被用错，或者被错误解释。为了准确解释相关性，我们必须先理解二元正态分布（bivariate normal distribution）。

　　当一对随机变量（X, Y）各自小于 a 和 b 的比例可以近似地这样表达时：

$$\Pr(X<a,\ Y<b) = \int_{-\infty}^{a} \int_{-\infty}^{b} \frac{1}{2\pi\sigma_x\sigma_y\sqrt{1-\rho^2}}$$

$$e^{\frac{1}{2(1-\rho^2)}\left[\left(\frac{x-\mu_x}{\sigma_x}\right)^2 - 2\rho\left(\frac{x-\mu_x}{\sigma_x}\right)\left(\frac{y-\mu_y}{\sigma_y}\right) + \left(\frac{y-\mu_y}{\sigma_y}\right)^2\right]}$$

那么，这一对随机变量近似地符合二元正态分布。

　　这个方程看起来相当复杂，但其背后的概念相当直观。我们还可以这样定义：固

定一个值 x，然后观察所有 $X = x$ 时所有成对的 (X, Y)。在统计学中，通常称它为条件。现在 Y 正以 X 为条件。如果一对随机变量可以用二元正态分布近似，那么我们选取任意 x，Y 以 $X = x$ 为条件时的分布都近似正态。我们从身高实验中，随机挑选4层看看是否是这样（结果见图 3.9）：

```
groups <- split (y,round (x))
mypar (2, 2)
for(i in c (5, 8, 11, 14)){
  qqnorm (groups[[i]],main=paste0 ("X=", names (groups)[i]," strata"),
  ylim=range (y),xlim=c (-2.5, 2.5))
  qqline (groups[[i]])
}
```

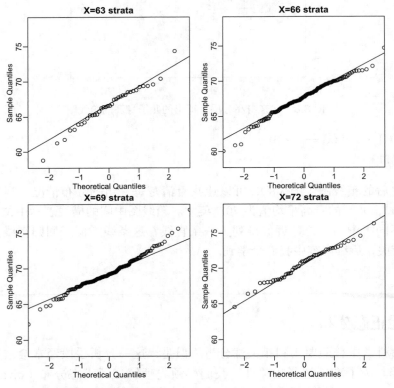

图 3.9 根据父亲身高分4层后，儿子身高的 QQ 图

现在继续回到相关性分析的定义上来。数学统计告诉我们，当一对变量遵循二元正态分布时，对任一给定的数值 x，当 $X = x$ 时，所对应 Y 的平均值为：

$$\mu_Y + \rho \frac{X - \mu_X}{\sigma_X} \sigma_Y$$

注意，这是一条斜率为 $\rho \dfrac{\sigma_Y}{\sigma_x}$ 的直线，被称为回归直线（regression line）。如果标

准差相等，那么斜率就是相关系数 ρ。因此，如果对 X 和 Y 进行标准化处理，那么两组数据的相关性就是回归直线的斜率。

另外一种方式是计算一个预计值 $\hat{Y}$：在 x 处都会有一个偏离平均值的标准差，相应的，可以计算其所对应于 Y 的 ρ 倍标准差：

$$\frac{\hat{Y} - \mu_Y}{\sigma_Y} = \rho \frac{x - \mu_X}{\sigma_X}$$

如果是完全相关，则标准差相等。如果相关性为 0，则根本不用 x。如果相关性大于 0 小于 1，预测值在中间。对于负相关性，我们则向相反的方向进行预测。

为了确认上述近似计算是正确的，下面把每层数据的平均值与 x–y 相等线和回归直线进行比较（结果见图 3.10）：

```
data(father.son, package="UsingR")
x=father.son$fheight
y=father.son$sheight
x=(x−mean(x))/sd(x)
y=(y−mean(y))/sd(y)
means=tapply(y, round(x*4)/4, mean)
fatherheights=as.numeric(names(means))
mypar(1,1)
plot(fatherheights, means, ylab="average of strata of son heights", ylim=range(fatherheights))
abline(0, cor(x,y))
abline(0, 1,col=2)
```

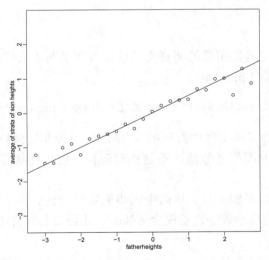

图 3.10 每层中儿子身高的平均值与父亲身高的关系 [①]

[①] 原书中，无 x–y 相等线和相应的代码。——译者注

解释的方差　上面提到的条件分布的标准差可以描述如下：

$$\sqrt{1 - \rho^2}\, \sigma_Y$$

当我们说 X 解释了 Y 的方差的 $\rho^2 \times 100\%$ 时，意思是说：Y 的方差是 σ^2，当以 X 为条件时，就会成为（$1 - \rho^2$）σ_Y^2。要记住一点，解释的方差只有在数据近似二元正态分布时才有意义。

3.6　应该避免的图

本章节基于 Karl W. Broman[2] 的一篇《如何把数据显示得很差劲》（*How to Display Data Badly*）的报告内容写成。在这篇报告里[3]，他描述了 Microsoft Excel 中默认的图形格式是如何"生成既难看懂，又让读者乏味的图表"。这篇报告受到了 H. Wainer 的启发。后者于 1984 年在 *American Statistician* 杂志上发表了一篇文章题为《如何把数据展示得很差劲》的论文。Wainer 博士是第一个阐明导致数据展示差劲的原因的人。Karl Broman 认为 Microsoft Excel 的广泛使用使得数据展示方面有了很大的进步。在这里，我们将就"差劲的图"进行剖析，并用 R 去改善这些图。

通用原则　做图的目的是使数据展示得更准确、更清晰。根据 Karl Broman 的报告，如下的原则就会使数据展示得很差劲：

- 显示尽可能少的信息。
- 模糊你想要表达的内容（图中包含了许多垃圾信息）。
- 使用伪 3D 图表和过多的着色。
- 使用饼图（喜欢彩色和 3D 的饼图）。
- 错误使用标尺。
- 忽略重要图表。

饼图　下面以浏览器使用量的调查文件数据为例说明（采样时期为 2013 年 8 月）。标准的表示方式是饼图（pie chart）：

```
pie(browsers,main="Browser Usage (August 2013)",labels = browsernames)
```

但正如 pie 函数的帮助文件中提到的："饼图是一种非常糟糕的显示数据信息的方式。因为人眼更适宜判断线性数量而不是相对面积。使用柱状图或者点图会是更好的选择。"

要了解这一点，请看图 3.11。从图中很难确定百分比，除非它接近 25%、50% 或 75%。如果换成简单地显示数字，不仅会更清晰，还可以节省打印成本。

```
browers
##    Opera   Safari   Firefox    IE    Chrome
##      1       9        20       26      44
```

[2] http://kbroman.org/
[3] http://kbroman.org/pages/talks.html

如果非要画图，柱状图（bar plot）会比较适合。我们以 10 的倍数来添加水平线，然后重新作图：

```
barplot(browsers, main="Browser Usage (August 2013)", ylim=c(0,55))
abline(h=1:5 * 10)
barplot (browsers, add=TRUE)
```

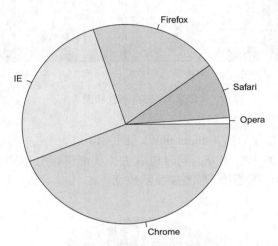

图 3.11 浏览器使用情况的饼图

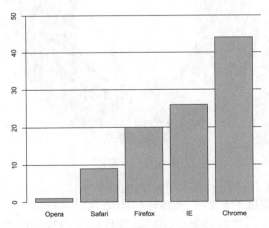

图 3.12 浏览器使用情况柱状图

通过图 3.12 中的水平线，我们很容易看清楚 x 轴上浏览器所对应的使用量百分比。另外，要避免使用 3D 版，它会让你很难看清楚每一种浏览器的百分比（图 3.13）。

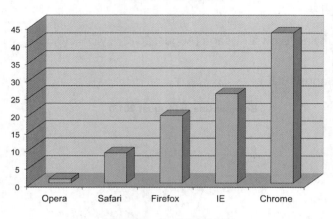

图 3.13   3D 版柱状图

更为糟糕的选择是环形图（donut plot）（图 3.14）。

由于去掉的圆形的中心部分，同时也就去掉了能够区分不同部分面积大小的最直观的提示——角度。不要使用环形图来显示数据。

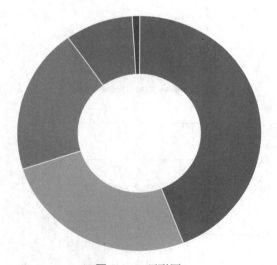

图 3.14   环形图

用柱状图来进行数据的总结   虽然柱状图适合展示百分比，但是不适宜进行组间的比较分析。具体来讲，我们经常会用柱高度代表某组数据的平均值，然后再在顶部加上一个类似天线的形状代表标准误。这里，只是把每组数据中的两个数值进行了展示，再没有更多的信息（图 3.15）。

箱线图（boxplot）可以用来总结数据的更多信息。如果点不是很多，我们甚至可以直接把这些点添加到箱线图上。如果点太多，就只显示箱线图即可。如果有上百万的数据，我们甚至可以在 boxplot 函数中设置参数 range=0 来从图中移除过多的异常值。

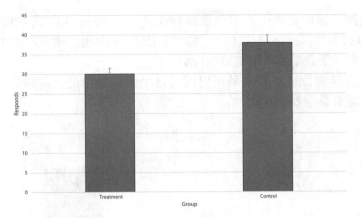

图 3.15 糟糕的柱状图

下面我们把柱状图中的数据用箱线图来重新作图。先下载数据：

```
library(downloader)
filename <- "fig1.RData"
url <- "https://github.com/kbroman/Talk_Graphs/raw/master/R/fig1.RData"
if (!file.exists(filename)) download(url,filename)
load(filename)
```

现在就可以显示点，并生成简单箱线图（图 3.16）：

```
library (rafalib)
mypar ()
dat <- list (Treatment= x,Control= y)
boxplot (dat,xlab="Group", ylab="Response", cex=0)
stripchart (dat,vertical=TRUE, method="jitter", pch=16, add=TRUE, col=1)
```

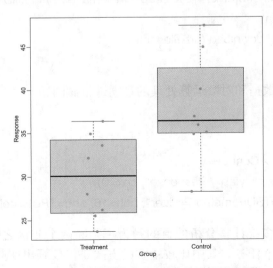

图 3.16 用箱线图展示处理数据和对照数据

通过箱线图，我们看到了更多的数据特征：中心（center）、离散度（spread）、范围（range）和点本身。而在柱状图中，我们只能看到平均值和标准误，而标准误主要由样本量来决定，受数据的离散度影响较小。

如果数据有异常值或者较大的尾巴时，这个问题就会进一步放大。比如图 3.17，从柱状图看，两组数据差别非常大。

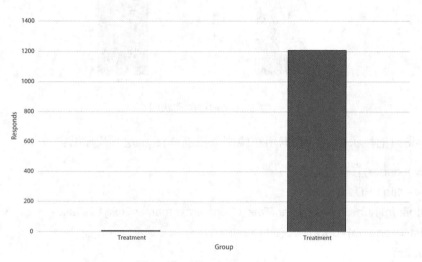

图 3.17　带异常值的柱状图

但是，通过箱线图会发现，这种结果是由于两个异常值造成的。对箱线图进行对数运算处理后，其展示的信息会更好。

首先，下载数据：

```
library (downloader)
url <- "https://github.com/kbroman/Talk_Graphs/raw/master/R/fig3.RData"
filename <- "fig3.RData"
if (!file.exists (filename)) download (url, filename)
load (filename)
```

然后，使用原始数据和对数运算处理的数据进行做图：

```
library (rafalib)
mypar (1,2)
dat <- list (Treatment= x,Control= y)
boxplot (dat,xlab="Group", ylab="Response", cex=0)
stripchart (dat,vertical=TRUE, method="jitter", pch=16, add=TRUE, col=1)
```

展示散点图　许多统计学分析的目的是为了判断两个变量之间的关系。相关性分析和做图可以完成这个任务。其中比较糟糕的方式是仅仅画出回归直线而不画出散点。令人惊讶的是，我们经常会看到类似图 3.18 的结果：

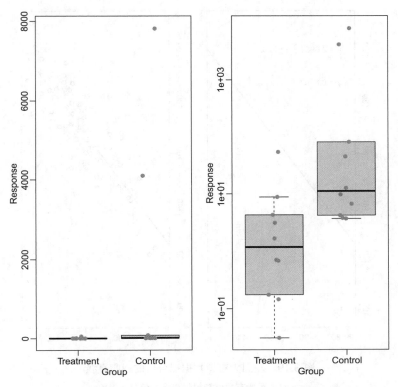

图 3.18 原始数据（左）和对数运算处理后数据（右）的箱线图

首先，下载数据：

```
url <- "https://github.com/kbroman/Talk_Graphs/raw/master/R/fig4.RData"
filename <- "fig4.RData"
if (!file.exists (filename)) download (url, filename)
load (filename)
mypar (1,2)
plot (x,y,lwd=2, type="n")
fit <- lm (y~x)
abline (fit$coef,lwd=2)
b <- round (fit$coef,4)
text (78, 200, paste ("y=", b[1], "+", b[2], "x"), adj=c (0,0.5))
rho <- round (cor (x,y),4)
text (78, 187, expression (paste (rho," = 0.8567")),adj=c (0, 0.5))

plot (x,y,lwd=2)
fit <- lm (y~x)
abline (fit$coef,lwd=2)
```

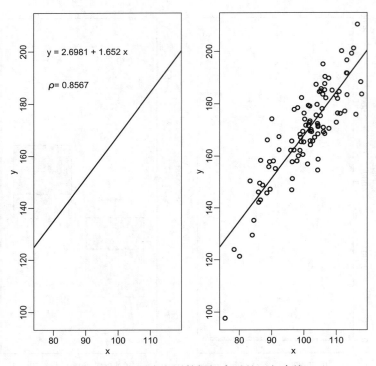

图 3.19 左图为右图数据拟合后的回归直线

展示所有数据能提供更多的信息。

当点比较多时，散点可以通过 2D 的方式分为不同的直方（bin），并对直方中点的数量用不同的颜色表示，这个可以用 hexbin 包 [4] 中的 hexbin 函数完成。

相关系数高并不说明重复性就好 当有新的实验技术被引进时，我们通常都会使用重复样本来绘制散点图（scatter plot）和相关性分析。如果相关性好，则表明技术重复性好，比较可靠。但是，有时相关性往往会被误读。下面这个结果的散点图（图 3.20）来自一个高通量技术的重复样本数据。这个技术同时获得了 12 626 个测量值。

图 3.20 的左图中，原始数据有很好的相关性，但是数据的分布有一个很大的尾巴，并且 95% 的数据小于绿线。右边的是对数尺度的数据。在图 3.20 中，尽管相关性降下来了，但是还是比较接近 1。那么，这就意味着这些数据具有很好的重复性吗？为了验证，第二组数据能否很好的重复了第一组的数据，我们需要进行差异分析。这次，我们将差异值的对数值与平均值进行散点图做图（图 3.21）。

这种图通常被称为 Bland-Altman 图（Bland-Altman plot），而在基因组文献中都称之为 MA 图。M 和 A 分别代表 "minus" 和 "average"，因为图 3.21 的 y 轴代表的是两个样本的对数值的差值（minus），而 x 轴是两个样本的对数值的平均值。在这个图中，通常使用的对数值为以 2 为底的对数，如果两个样本间差值的以 2 为底的对数值接近于 1，那么就有 2 倍的差值。通过这种办法，我们就能将这种变化量与差值进行比较，从而判断这个技术是否稳定，满足我们的需要。

---

[4] https://cran.r−project.org/package=hexbin

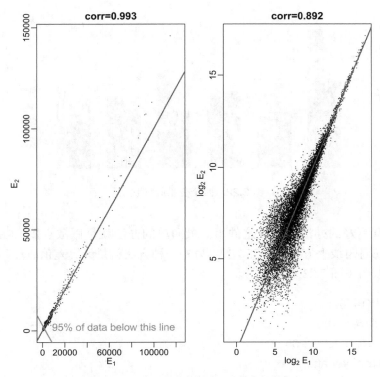

图 3.20 两个重复样本的基因表达数据

左为原始数据，右为对数运算后的数据。

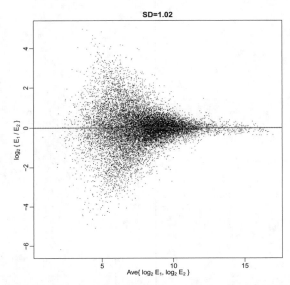

图 3.21 上述相同数据的矩阵代数图表明，尽管相关性较高但数据重复性不是很好

　　成对数据的柱状图　在生物学实验中，经常会涉及到比较成对数据。但数据量比较小而且数据都是成对出现时，比如处理前和处理后小鼠，我们通常会用双色的柱状图（图 3.22）去显示这些数据，这是一件非常不幸的事情。

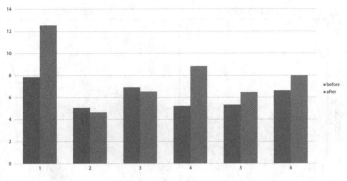

图 3.22　两个变量的柱状图

其实，有更好的办法来完成这件事。最简单的办法就是做散点图，在这里就会发现有多个点在对角线上方（图 3.23 左）。另外一种方法就是计算差值，然后再和处理前的数据做散点图（图 3.23 右）。

```
set.seed (12201970)
before <- runif (6, 5, 8)
after <- rnorm (6, before*1.05, 2)
li <- range (c (before, after))
ymx <- max (abs (after-before))
```

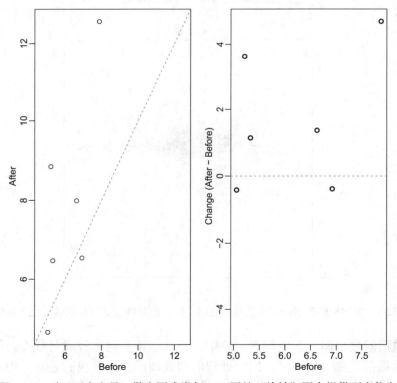

图 3.23　对于两个变量，散点图或类似 MA 图的"旋转"图会提供更多信息

```
mypar (1, 2)
plot (before, after, xlab="Before", ylab="After",
ylim= li, xlim= li)
abline (0, 1, lty=2, col=1)

plot (before, after-before, xlab="Before", ylim=c (-ymx, ymx), ylab="Change (After -
Before)", lwd=2)
abline (h=0, lty=2, col=1)
```

线图（line plot）也是一个不错的选择，尽管不如之前表示的清楚（图 3.24 左）。另外，箱线图也能显示"增加"的变化趋势，但是缺乏配对的信息（图 3.24 右）。

```
z <- rep (c (0, 1), rep (6, 2))
mypar (1, 2)
plot (z, c (before, after),
      xaxt="n", ylab="Response",
      xlab="", xlim=c (-0.5, 1.5))
axis (side=1, at=c (0, 1), c ("Before", "After"))
segments (rep (0, 6), before, rep (1, 6), after, col=1)
boxplot (before,after, names=c ("Before", "After"),ylab="Response")
```

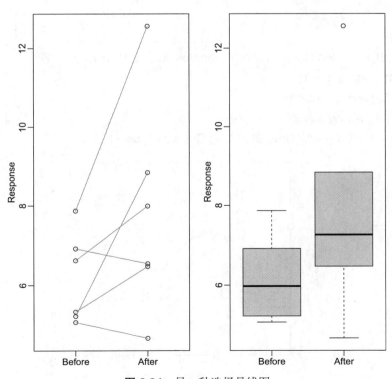

图 3.24 另一种选择是线图

如果我们不关心配对，那么箱线图是合适的。

非必要的 3D 图   图 3.25 显示的是三条线。不知道为什么用了伪 3D 图。为了区分出这三条线吗？但实际上，很难判断曲线上任一给定点的值。

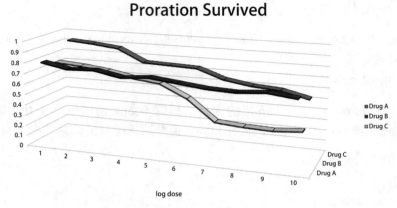

图 3.25   无必要的 3D 图

这个图完全可以简单地使用三色线图（图 3.26）来更清楚地表述结果：

```
## 首先读取数据
url <- "https://github.com/kbroman/Talk_Graphs/raw/master/R/fig8dat.csv"
x <- read.csv (url)
```

```
## 现在作图
plot (x[,1],x[,2],xlab="log Dose", ylab="Proportion survived", ylim=c (0, 1),
      type="l", lwd=2, col=1)
lines (x[,1],x[,3],lwd=2, col=2)
lines (x[,1],x[,4],lwd=2, col=3)
legend (1, 0.4, c ("Drug A", "Drug B", "Drug C"),lwd=2, col=1:3)
```

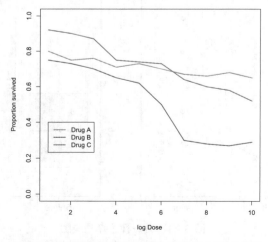

图 3.26   这张图表明使用颜色足以区分这三条线

忽略重要因素　这个例子使用了一组模拟数据，研究了处理（treatment）与对照（control）组之间的剂量效应关系。每一组数据测量了 3 组样品，现在比较处理与对照之间的差别。一般的柱状图如图 3.27 所示：

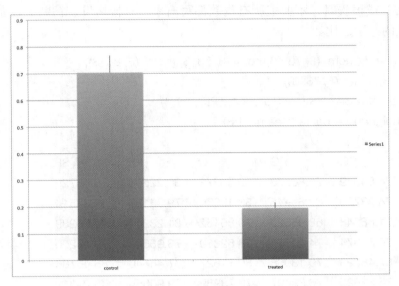

图 3.27　忽视重要的因素

这次使用曲线来表示，不同颜色区别对照和处理，虚线和实线区别原始值与平均值（图 3.28）：

```
plot (x, y1, ylim=c(0,1), type="n", xlab="Dose", ylab="Response")
for(i in 1:3) lines (x, y[,i], col=1, lwd=1, lty=2)
for(i in 1:3) lines(x, z[,i], col=2, lwd=1, lty=2)
lines(x, ym, col=1, lwd=2)
```

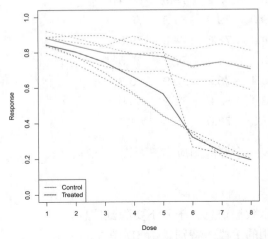

图 3.28　由于"剂量"是一个很重要的参数，所以必须在图中显示出来

```
lines(x, zm, col=2, lwd=2)
legend("bottomleft", lwd=2, col=c(1, 2), c("Control", "Treated"))
```

过多的小数点后的有效位数　默认状态下，R 会返回小数点后多位有效数字，但我们在写文章或报告时，不要把所有位数都写出来。直接拷贝、粘贴 R 中的数值是一个非常糟糕的办法，比如：

```
 heights <- cbind (rnorm (8, 73, 3),rnorm (8, 73, 3),rnorm (8, 80, 3),
rnorm (8, 78, 3),rnorm (8, 78, 3))
colnames (heights) <- c("SG", "PG", "C", "PF", "SF")
rownames (heights) <- paste ("team", 1:8)
heights
```

##	SG	PG	C	PF	SF
## team 1	74.04819	71.86363	79.53273	80.22506	78.48729
## team 2	74.33720	68.69945	83.19370	79.93180	80.38514
## team 3	71.66048	68.95622	79.85152	81.28241	79.58289
## team 4	76.51374	74.40771	78.62860	73.96523	79.03200
## team 5	67.48229	70.13968	80.71627	77.48640	85.46786
## team 6	75.82995	76.39497	78.73989	79.90654	75.27812
## team 7	75.25334	73.37231	82.16955	77.94883	80.92806
## team 8	76.27739	67.28033	77.97946	75.44493	81.39843

当我们提交报告的时候，真的有必要精确到 0.00001 英寸吗？完全可以简单地转换一下：

```
round(heights,1)
```

##	SG	PG	C	PF	SF
## team 1	74.0	71.9	79.5	80.2	8.5
## team 2	74.3	68.7	83.2	79.9	80.4
## team 3	71.7	69.0	79.9	81.3	79.6
## team 4	76.5	74.4	78.6	74.0	79.0
## team 5	67.5	70.1	80.7	77.5	85.5
## team 6	75.8	76.4	78.7	79.9	75.3
## team 7	75.3	73.4	82.2	77.9	80.9
## team 8	76.3	67.3	78.0	75.4	81.4

优秀的数据展示　一个好的图应当符合以下标准：
- 准确、清晰。
- 让数据自己说话。
- 尽可能多地显示数据信息，千万不要隐藏信息。
- 要避免花哨无用的手段（特别是伪 3D 图）。

- 表格中，小数点后有效位数要合理。不要去掉末尾的 0。

拓展阅读：

- ER Tufte (1983) The visual display of quantitative information. Graphics Press.
- ER Tufte (1990) Envisioning information. Graphics Press.
- ER Tufte (1997) Visual explanations. Graphics Press.
- WS Cleveland (1993) Visualizing data. Hobart Press.
- WS Cleveland (1994) The elements of graphing data. CRC Press.
- A Gelman, C Pasarica, R Dodhia (2002) Let's practice what we preach: Turning tables into graphs. The American Statistician 56:121-130.
- NB Robbins (2004) Creating more e_ective graphs. Wiley.
- Nature Methods columns[5]

3.7 相关性分析的误解（高阶）

生命科学中，用相关性来表示可重复性已成为一种普遍的策略，特别是在基因组学研究中更是这样。尽管从语言上讲，相关性与可重复性密切相关，但是在数学表述上，相关性与重复性没有什么必然的联系。这里简单介绍三个主要的问题：

问题一，做相关性分析的两组数据并不符合二元正态分布。如前所述，平均值、标准差和相关性是二维数据分析中经常用到的统计总结参数，对于二元正态分布数据更是这样，因为这 5 个参数（平均值和标准差各是 2 个——译者注）可以充分表述数据的分布状况。但是，有太多的数据其实根本就不是二元正态分布。比如原始基因表达数据的分布会有一个肥大的尾巴。

分析两组数据重复性的通常分析方法，只是简单地计算两组数据的距离：

$$\sqrt{\sum_{i=1}^{n} d_i^2}, \ d_i = x_i - y_i$$

这个值越小，则重复性越好，当这个值等于 0 时，则是完全重复。这个值除以 N 时，就计算可得差值 $d_1, \cdots, d_N$ 的标准差，前提是平均值 d 的平均值为 0。如果 d 是残差，这个值就是均方根误差（root mean squared error, RMSE）。另外，这个值的单位和我们的测量值相同，所以以它为基础还能演绎出更多有意义的值。

问题二，相关性分析检测不到如下情况：由于平均值变化导致的不可重复性。而距离值则能检测到这些差异，我们可以把距离值重新改为如下表述：

$$\frac{1}{n}\sum_{i=1}^{n}(x_i - y_i)^2 = \frac{1}{n}\sum_{i=1}^{n}\left[(x_i - \mu_x) - (y_i - \mu_y) + (\mu_x - \mu_y)\right]^2$$

μ_x 和 μ_y 是对应列表的平均值。这样就可以：

$$\frac{1}{n}\sum_{i=1}^{n}(x_i - y_i)^2 = \frac{1}{n}\sum_{i=1}^{n}(x_i - \mu_x)^2 + \frac{1}{n}\sum_{i=1}^{n}(y_i - \mu_y)^2 + (\mu_x - \mu_y)^2$$

---

[5] http://bang.clearscience.info/?p=546

$$+ \frac{1}{n} \sum_{i=1}^{n} (x_i - \mu_x)(y_i - \mu_y)$$

当两组数据的方差均为 1 时，

$$\frac{1}{n} \sum_{i=1}^{n} (x_i - y_i)^2 = 2 + (\mu_x - \mu_y)^2 - 2\rho$$

这里的 ρ 就是相关系数。这样，我们就可以看到，距离与相关系数之间存在一定的关系。但是，一个重要的差别是，距离里包含了

$$(\mu_x - \mu_y)^2$$

因此，它可以检测到由于大的平均值变化导致的不可重复性。

问题三，相关性系数不能作为可重复性指标的另外一个重要原因是两个变量缺乏一致性。为了说明这个问题，我们用一个公式把一个变量（x）和另外一个变量（$y = x + d$）联系起来，并且看一下两个变量间的偏离情况。在这里，d 的方差越大，那么 $x + d$ 与 x 的可重复性就越差。这时，距离值仅仅依赖于 d 的方差，然后总结出重复性；但是，相关系数仍然依赖于 x 的方差。如果 d 不依赖于 x，则

$$\text{cor}(x, y) = \frac{1}{\sqrt{1 + \dfrac{\text{var}(d)}{\text{var}(x)}}}$$

这个公式意味着，即使相关系数为 1 也不能表明两组数据具有可重复性。比如，当 d 的方差不变时，我们可以通过增加 x 的方差，来提高相关系数，甚至接近于 1，但并不意味着，x 与 y 具有很好的可重复性。

3.8 习题

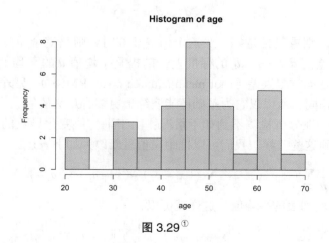

图 3.29[①]

[①] 原书中该图无图题。——译者注

1. 根据直方图 3.29，请计算有多少人处于 35～45 岁之间？

2. R 中自带一个数据集叫做 InsectSprays，这个数据集统计的是不同农药对害虫的影响。生成一个箱线图，然后确定一下哪一种农药的杀虫效果最好（最小的中位数）。

3. 下载并输入如下数据[6]：用 EDA 工具确定哪两列与剩下的其余列之间的差别最大。哪一列正值扭曲的最严重（右侧有一个长尾巴）？

4. 哪一列有负值尾巴（左侧有一个长尾巴）？

5. 从 2002 年纽约马拉松完成者中随机取样，形成一个样本。这个数据存在于 UsingR 包中。加载包，然后加载数据集 nym.2002。

```
library (dplyr)
data (nym.2002, package="UsingR")
```

用箱线图和直方图比较一下女性和男性完成时间。以下哪个表述能更好地描述二者的差别？

（a）男女有一样的分布

（b）大多数的男性比大多数的女性跑的快

（c）男女有类似的右侧尾巴分布，男性向左侧移到了 20 分钟

（d）两个都是正态分布，平均值差了 30 分钟

6. 利用 dplyr 包生成两个数据框：男性（males）和女性（females），分别代表不同性别的数据。对于男性，年龄（age）和完成时间（time）的 Pearson 相关系数是多少？

7. 对于女性，年龄（age）和完成时间（time）的 Pearson 相关系数是多少？

8. 如果我们不做可视化而只依赖相关系数，我们可以推测年龄越大，跑得越慢，而且与性别无关。按照年龄组（20～25，25～30，等等）做一个完成时间的散点图和箱线图。通过分析这些数据，下面哪一个结论最合理？

（a）在 40 岁前，完成时间都比较稳定，之后就会变慢

（b）平均来看，每 5 年就会跑慢 7 分钟

（c）最佳马拉松跑步年龄为 20～25 岁

（d）编程代码从来不会发生错误：一个 5 岁的孩子完成了 2012 纽约马拉松

9. 什么时候用饼图或者环形图？

（a）饥饿的时候

（b）比较百分比的时候

（c）比较两个值，而且这两个值之和为 100% 时

（d）永远都不要用

10. 在科学文献里使用伪 3D 图会：

（a）使得论文变得很潇洒

（b）可以看到数据的三维效果

（c）发现更多的新内容

（d）添麻烦

---

[6] http://courses.edx.org/c4x/HarvardX/PH525.1x/asset/skew.RData

3.9　稳健性总结

在分析生命科学数据时，会经常用到正态分布。但是，由于仪器设备的复杂性、操作过程的不规范等原因，经常会得到错误的数据。比如扫描仪上的一个问题会产生一些异常高的值，PCR 产生非特异条带等等。因此，就会有很多类似的情况，比如 99 个数据是遵从正态分布，但有 1 个点偏大，如图 3.30 所示。

```
set.seed (1)
x=c (rnorm (100, 0, 1))       ## 真实分布
x[23] <- 100       ## 第 23 次测量错误
boxplot (x)
```

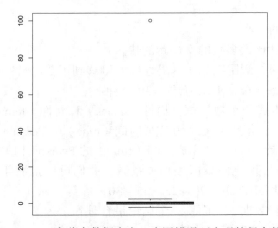

图 3.30　正态分布数据中有一个因错误而出现的很大的值

在统计学里，这一个点就被称为异常值。少量的异常值就可以打乱整体的分析结果。比如，在这个例子中，这一个点严重影响了样本的平均值和方差，平均值严重偏离了 0，而方差也严重偏离了 1。

```
cat ("The average is", mean (x),"and the SD is", sd (x))
## 平均值为 1.108142，标准差为 10.02938
```

中位数　顾名思义，中位数（median）就是位于中间位置的值（数据一半比它大，一半比它小），是一个对异常值比较稳健的（robust）统计总结。这时，可以看到，中位数是接近于 0 的：

```
median (x)
## [1] 0.1684483
```

绝对中位差　绝对中位差（median absolute deviation，MAD）是对标准差的一个稳健总结。它的定义是用样本中的每一个数值与中位数相减，再取绝对值的中位数：

$$1.4826 \times \text{median} \, |X_i - \text{mediam} \, (X_i)|$$

1.4826 是一个缩放因子。因此 MAD 是对标准差的非偏好估计，注意这个值非常接近于 1：

```
mad (x)
## [1] 0.8857141
```

Spearman 相关　之前我们看到相关性对异常值也非常敏感。在这里，我们构建了一个独立的数字列表，但对于相同的条目也犯了类似的错误（结果见图 3.31）：

```
set.seed (1)
x=c (rnorm (100,0,1))      ## 真实分布
x[23] <- 100      ## 第 23 个测量值出错
y=c (rnorm (100,0,1))      ## 真实分布
y[23] <- 84      ## 第 23 个测量值相似错误
library (rafalib)
mypar ()
plot (x,y,main=paste0 ("correlation=", round (cor (x,y),3)),
     pch=21, bg=1, xlim=c (-3, 100),ylim=c (-3, 100))
abline (0,1)
```

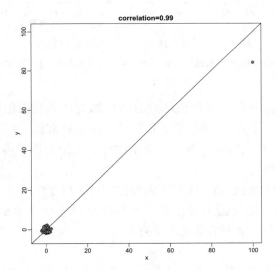

图 3.31　散点图显示出二元正态数据中的一个信号异常值，导致在两维数据中存在一个较大的偏差

而 Spearman 相关分析与中位数和 MAD 思路类似，也利用了分位数。这个思路很简单把每一个数据转化为秩（rank），然后进行相关性分析（结果见图 3.32）：

```
mypar(1,2)
plot(x,y,main=paste0("correlation=",round(cor(x,y),3)),pch=21,bg=1,xlim=c(-3,100),ylim=c(-3,100))
```

```
plot(rank(x),rank(y), main=paste0("correlation=",round(cor(x,y,method="spearman"),3)),
    pch=21,bg=1,xlim=c(-3,100),ylim=c(-3,100))
abline(0,1)
```

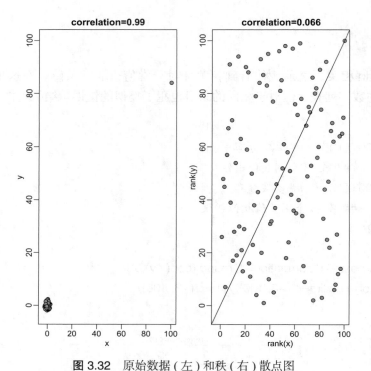

图 3.32　原始数据（左）和秩（右）散点图

Spearman 相关性分析通过考虑秩而不是原始数据来减少异常值的影响。

　　既然这些统计方法对解决异常值如此有效，那为什么我们还要使用非稳健的统计
方法呢？通常情况下，如果已经明确知道数据中存在异常值，那么就推荐用中位数和
MAD 而不使用平均值和标准差。但是，文献中已有大量的例子可以说明，稳健统计参
数要弱于非稳健统计参数。

　　另外，除了中位数和 MAD，还有更多稳健统计要好于二者。

　　对数比的对称性　　比值是不对称的。下面以模拟两个正随机数的比值进行说明，
这两个数值代表基因表达量（结果见图 3.33）。

```
x <- 2^(rnorm (100))
y <- 2^(rnorm (100))
ratios <- x/y
```

　　报告比值或者变化倍数在生物学分析中很常见。比如处理前与处理后的比值。如
果数值大于"1"，则表明处理后表达量升高。如果处理没有影响，则大于 1 和小于 1
的个数差不多。直方图 3.34 显示，处理是有效果的：

```
mypar (1,2)
```

```
hist (ratios)
logratios <- log2 (ratios)
hist (logratios)
```

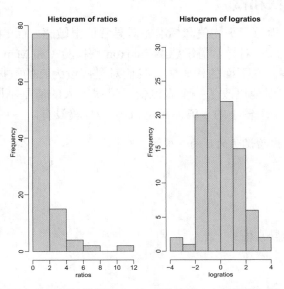

图 3.33 原始数据（左）和对数比值（右）的直方图

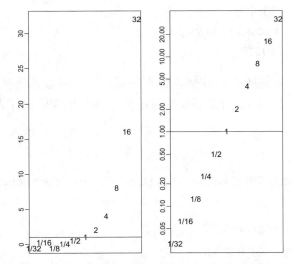

图 3.34 原始数据（左）和对数比值（右）的二次幂的直方图

但问题是，比值的数值并不关于"1"对称，比如 1/32 相比于 32/1 要远远接近 1。如果，使用对数比值，就会解决这个问题，对数比值关于"0"对称：

$$\log(x/y) = \log(x) - \log(y) = -(\log(y) - \log(x)) = \log(y/x)$$

在生命科学研究中经常使用对数转换，这是因为在生命科学里经常用到变化倍数。当我们说的变化倍数为 100 时，100/1 和 1/100 是一样的。但是，1/100 相对于 100/1 更接近于 1，结果就是比值数值不关于"1"对称。

3.10　Wilcoxon 秩和检验

上几节中，我们学习了平均值和标准差对异常值很敏感。而 t 检验正是使用这些参数来进行检验的，所以也对异常值敏感。Wilcoxon 秩检验（和 Mann-Whitney 检验相同）为此提供了解决方案。在下面的代码中，我们对零假设为真的数据执行 t 检验。但是，我们在每个样本中错误地更改了一个观测值，错误输入的值是不同的。在这里，我们看到 t 检验的结果是一个较小的 p 值，而 Wilcoxon 检验没有。

```
set.seed (779)       ## 出于说明的目的，选择 779
N=25
x<– rnorm (N,0,1)
y<– rnorm (N,0,1)
```

然后，对 x 制造异常值：

```
x[1] <– 5
x[2] <– 7
cat ("t–test pval:", t.test (x,y)$p.value)
## t-test pval: 0.04439948
cat ("Wilcox test pval:", wilcox.test (x,y)$p.value)
## Wilcox test pval: 0.1310212
```

基本思想是：（1）将所有的数据整合在一起；（2）将数据转换为秩；（3）将这些数据再返回到各个组中；（4）计算各个组的秩的总和和平均值，并进行检验。

```
library(rafalib)
mypar(1,2)

stripchart(list(x,y),vertical=TRUE,ylim=c(–7,7),ylab="Observations",pch=21,bg=1)
abline(h=0)

xrank <– rank(c(x,y))[seq(along=x)]
yrank <– rank(c(x,y))[–seq(along=y)]

stripchart(list(xrank,yrank),vertical=TRUE,ylab="Ranks",pch=21,bg=1,cex=1.25)

ws <– sapply(x,function(z)rank(c(z,y))[1]–1)
text(rep(1.05,length(ws)),xrank,ws,cex=0.8)

W <– sum(ws)
```

W 是第一组相对于第二组的秩的总和（结果见图 3.35）。基于组合学，我们可以对 W 计算确切的 p 值，这里可以采用 CLT 的方法计算，W 遵循正态分布，计算 Z 值：

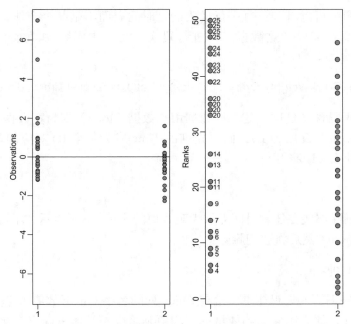

图 3.35 来自含有两个异常值的两个总体的数据

左图显示了原始数据，右图显示了它们的秩。其中的数字就是 W 值。

```
n1 <- length (x);n2 <- length (y)
Z <- (mean (ws)-n2/2)/sqrt (n2*(n1+n2+1)/12/n1)
print (Z)
## [1] 1.523124
```

这里的 Z 值没有大到使得 p 值小于 0.05。整个计算过程可以用 R 函数 wilcox.test 完成。

3.11 习题

在本节习题中，我们将了解稳健统计的一些性质。所使用的数据是 R 自带的生长 0～21 天的鸡的体重。这个数据根据饮食中不同蛋白质含量进行分类（1—4）。在这个过程中我们将接触到一个很重要的函数：reshape。

R 中已自带这个数据集，并可以这样导入：

```
data (ChickWeight)
```

首先，查看随时间变化的所有观察值的权重，并用有颜色的点表示饮食。

```
head (ChickWeight)
plot (ChickWeight$Time, ChickWeight$weight, col=ChickWeight$Diet)
```

首先，从图中可以看到，每一行代表的是时间点而不是某个个体，为了比较不同时间点内的体重，需要把这数据结构进行置换，在 R 中函数 reshape 可以完成这个任务：

```
chick = reshape (ChickWeight, idvar=c ("Chick","Diet"), timevar="Time", direction="wide")
```

这一行的代码含义是这样的：把数据由长数据（long）变为宽数据（wide），这时原先列的 Chick 和 Diet 成为 ID，而原先列的 Time 成为每个 ID 对应的观察值。接着，检查数据集的开头（head）：

```
head(chick)
```

我们还想删除那些在任意时间点缺少观察值的小鸡（NA 表示"不可用"）。下面的代码标识了这些行，然后将它们删除：

```
chick = na.omit (chick)
```

1. 现在看一下第 4 天鸡体重（检查 Chick 列的名字，记下数值），这时如果添加一个异常值 3000 g，那么第 4 天鸡体重的平均值是多少？具体来说就是比较一下添加前后平均值的比值。提示：用 c 添加一个向量数值。

2. 在第 1 题中，我们看到平均值对异常值非常敏感，现在让我们看一下中位数会怎样。同样还是计算比值，这次我们不用平均值而用中位数来进行计算。计算添加异常值前后的数据中位数的比值。

3. 现在，用标准差来做同样的练习，给第 4 天鸡的重量添加一个 3000 g 的值，标准差是如何变化的？计算添加异常值前后的数据标准差的比值。

4. 利用 mad 函数计算上述数据的 MAD。可以注意到，MAD 不受异常值的影响。mad 函数本身包含了换算系数 1.4826，因此 mad 和 sd 函数对于来自正态分布的数据非常相似。计算一下添加前后的 MAD 比值。

5. Pearson 相关性分析比 Spearman 相关性分析更容易受到异常值的影响。Pearson 相关性直接用 cor(x,y) 函数，而 Spearman 相关则要用 cor(x,y,method="spearman") 函数。

通过对第 4 天和第 21 天鸡的体重做图，可以看出一些趋势：第 4 天体重轻的鸡到了第 21 天体重依然很低，反之亦然。

计算第 4 天和第 21 天鸡体重的 Pearson 相关系数，然后第 4 天和第 21 天鸡的体重都添加一个 3000 的异常值后再计算 Pearson 相关系数，并且计算添加前后相关系数的比值。

6. 把第 4 天、饮食 1（Diet1）的鸡体重保存为向量 x，将第 4 天、饮食 4（Diet4）的鸡体重保存为向量 y。然后，对 x 和 y 进行 t 检验，然后进行 Wilcoxon 检验，可使用 R 语言中 t.test(x,y) 和 wilcox.test(x,y) 函数。这时会出现一条警告信息：由于有些约束存在，p 值不能计算，因此只能进行近似计算，这并不影响我们的分析目的。之后，对 x（饮食 1 的鸡）添加一只重 200 g 的鸡，然后再进行 t 检验，这时 p 值是多少呢？可使用以下代码进行检验的 p 值计算：t.test(c(x,200),y)$p.value。

7. 使用 Wilcoxon 检验重复上述分析。Wilcoxon 检验对于异常值是非常稳健的。同时，相较于 t 检验，Wilcoxon 检验对于数据的分布情况假定的内容会更少。

8. 接下来我们将探究 Wilcoxon-Mann-Whitney 检验不利的一面。使用下面代码生成 3 个箱线图，比较 Diet1 和 Diet4 的体重，然后做两个变化的版本：一个增加 10 g 的额外差异，另一个增加 100 g 的额外差异。使用上面定义的 x 和 y，而不是已添加异常值的。

```
library (rafalib)
mypar (1, 3)
boxplot (x,y)
boxplot (x,y+10)
boxplot (x,y+100)
```

y 中所有值添加 10 和添加 100 的 t 检验统计量有什么不同？通过 t.test(x,y)$statistic 函数来观察。取 x 和 $y+10$ 的 t 检验统计量，减去 x 和 $y+100$ 的 t 检验统计量。该值应为正值。

9. 对 x 和 $y+10$ 以及 x 和 $y+100$ 分别计算 Wilcoxon 检验的统计值。由于 Wilcoxon 是对秩进行检验分析，一旦两组数据能够完全分开，那么所有来自 y 的点就会高于来自 x 的点，这时不管两组数据的差距拉大了多少，Wilcoxon 统计值不会发生变化。同样，不管二者的差距拉开的有多大，p 值也会是一个很小的值。这就意味着，在某种情况下，Wilcoxon 检验要弱于 t 检验。实际上，对于小样本量数据，即使差值很大，p 值也不会很小。用 Wilcoxon 检验对 c(1,2,3) 和 c(4,5,6) 进行检验，p 值是多少？

10. 利用 Wilcoxon 检验，计算 c(1,2,3) 与 c(400,500,600) 间比较的 p 值是多少？

4

矩阵代数

本书将尽可能减少数学公式的使用，并且尽可能避免使用数学计算来解释统计的概念。但是，矩阵代数［matrix algebra，或称线性代数（linear algebra）］和其数学符号对于阐述高级分析手段非常重要，这也是本书剩下章节的主要内容。在此之前，非常有必要用单独一个章节来介绍矩阵代数。我们将通过数据分析来介绍矩阵代数，并使用矩阵代数主要应用手段之一——线性模型（linear model）。

在这一章中，我们将使用三个生命科学的例子，分别来自生理学、遗传学和小鼠实验。每个例子都差别较大，但最终，我们都使用同样的统计手段——拟合线性模型（fitting linear model）进行分析。线性模型通常都是通过矩阵代数语言进行教学和描述的。

4.1 启发性的实例

抛物实验　假若你是 16 世纪的伽利略，试图向众人解释什么是降落物体的速率。你的一个助手登上比萨斜塔向下投掷物体，其他几个助手记录物体在不同位置时的时间。现在，让我们用公式模拟其中的一些数据，并且故意引入一些测量误差：

```
set.seed(1)
g <- 9.8      ## 米 / 秒
n <- 25
tt <- seq(0,3.4,len=n)     ## 时间以秒为单位，注意：我们使用 tt，因为 t 是一个基础函数
d <- 56.67−0.5*g*tt^2+rnorm(n,sd=1)     ## 米
```

这时，助手们就会向伽利略呈现如下数据：

```
mypar ()
plot (tt,d,ylab="Distance in meters", xlab="Time in seconds")
```

伽利略在做实验的时候不知道这个方程到底长什么样。但是，通过作图他推断，这些位置连在一起应当是一条抛物线（parabola），因此他用下面这个公式模拟了这个数据（结果见图 4.1）：

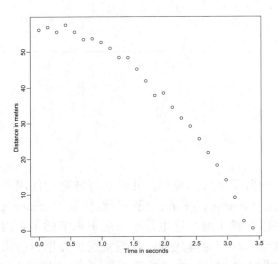

图 4.1　带着测量误差的物体下落距离相对于下落时间的模拟数据

$$Y_i = \beta_0 + \beta_1 x_i + \beta_2 x_i^2 + \varepsilon_i$$
$$i = 1, \ \dots, \ n$$

Y_i 为位置，x_i 为时间，ε_i 为测量误差。这就是一个线性模型，因为这就是一个已知量（x）和未知参数（β）的组合公式，这里已知量为自变量（predictor）或者协变量（covariate）。

父子身高　现在想象你是 19 世纪的高尔顿，开始收集成对父子的身高数据，你推测身高是可以遗传的。下面是你的数据：

```
data (father.son,package="UsingR")
x=father.son$fheight
y=father.son$sheight
```

看起来是这样的：

```
plot(x,y,xlab="Father's height",ylab="Son's height")
```

从图 4.2 的数据可以看出，儿子身高似乎随着父亲的身高增加，呈线性趋势。用公式描述如下：

$$Y_i = \beta_0 + \beta_1 x_i + \varepsilon_i, \qquad i = 1, \ \dots, \ N$$

这是父亲身高（x_i）和儿子身高（Y_i）在第 i 对位置处的线性模型，ε_i 可以解释额外的变异性。在这里，父亲身高为自变量，是一个固定值（不是随机变量），因此用小写字母。这里，测量误差不能完全解释 ε_i 的变异性，因为除了测量误差变量外，其它的如妈妈身高、遗传因素、环境因子等都会是变量。

多个总体中的随机取样　这里，我们继续使用两种不同饮食条件下小鼠体重的例子：高脂肪和正常饮食。每个总体中随机取样 12 个，我们最关心的是饮食是否对体重有影响。以下为数据：

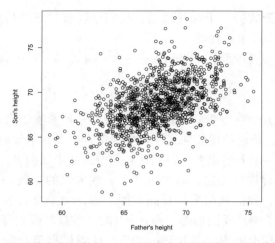

图 4.2 高尔顿的数据——儿子身高与相对应的父亲身高

```
dat <- read.csv(filename)
mypar(1,1)
stripchart(Bodyweight~Diet,data=dat,vertical=TRUE,method="jitter",pch=1,main="Mice
weights")
```

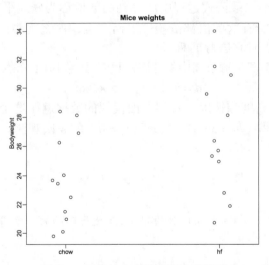

图 4.3 两种饮食条件下的小鼠体重

我们可以比较两个群体间平均体重的差别。我们在前几章中已讲述如何用 t 检验和置信区间来完成这个任务，二者都是基于样本平均值的差。现在，我们用线性模型来做同样的事：

$$Y_i = \beta_0 + \beta_1 x_i + \varepsilon_i$$

其中，β_0 为正常饮食时的平均体重，β_1 为平均值的差值，当小鼠 i 的体重为高脂肪（hf）饮食时 $x_i = 1$，当小鼠 i 的体重为正常（chow）饮食时 $x_i = 0$，ε_i 解释了同样总体小鼠间存在的差异（结果见图 4.3）。

线性模型的通用形式　关于线性模型，我们已经看过三个特别的例子。那么概括以上所有例子的通用模式是这样的：

$$Y_i = \beta_0 + \beta_1 x_{i,1} + \beta_2 x_{i,2} + \cdots + \beta_2 x_{i,p} + \varepsilon_i, \quad i = 1, \cdots, n$$

$$Y_i = \beta_0 + \sum_{j=1}^{p} \beta_j x_{i,j} + \varepsilon_i, \quad i = 1, \cdots, n$$

注意这里我们有 p 个自变量。线性代数提供了一种紧凑语言和数学框架，用来对数据进行计算、推导，从而使得任何线性模型都符合以上框架规范。

参数估计　如果使用上述模型，我们就必须得预估未知的 β。在第一个例子中，我们想要对一个物理过程进行描述，其中包含了一些未知的参数。在第二个例子中，为了更好地理解遗传性，我们利用平均身高数据，估计父亲身高对儿子的遗传性到底有多高。在最后一个例子中，我们想确定当 $\beta_1 \neq 0$ 时，数据间确实存在差异。

在科学研究中，标准的方法是找到一个值，使得模型与数据之间的差距尽可能的最小化。下面这个计算值叫做最小二乘法（least square），在本章中，我们会经常见到这个值：

$$\sum_{i=1}^{n} \left\{ Y_i - \left(\beta_0 + \sum_{j=1}^{P} \beta_j x_{i,j} \right) \right\}^2$$

一旦找到了最小值，这个值就叫做最小二乘估计（least square estimate，LSE），用 $\hat{\beta}$ 表示。在计算这个最小二乘公式过程中所得到的数值称为残差平方和（residual sum of squares，RSS）。由于所有这些值都依赖于 Y 而产生，那么这些值就是随机变量。$\hat{\beta}$ 是随机变量，那么就可以对它进行推断。

重温抛物实验的例子　通过高中物理课，我们已经知道了降落物体的轨迹是这样的：

$$d = h_0 + v_0 t - 0.5 \times 9.8 t^2$$

h_0 和 v_0 是落物的初始高度和速度。我们上面模拟的数据遵循这个等式，并添加了测量误差来模拟从比萨斜塔（$h_0 = 56.67$）扔球（$v_0 = 0$）的 n 次观测。因此，我们使用这个代码来模拟数据：

```
g <- 9.8      ## 米 / 秒
n <- 25
tt <- seq (0, 3.4, len= n)      ## 时间以秒为单位，t 是基础函数，故用 tt
f <- 56.67−0.5*g*tt^2
y <- f + rnorm (n,sd=1)
```

加一条实线代表真实轨迹后，数据是这样的（结果见图 4.4）：

```
plot (tt,y,ylab="Distance in meters", xlab="Time in seconds")
lines (tt,f,col=2)
```

但是，我们正在假装成伽利略，我们不可能知道这个模型中的参数。记录的数据表明是这就是一个抛物线，因此我们将其建模为：

$$Y_i = \beta_0 + \beta_1 x_i + \beta_2 x_i^2 + \varepsilon_i, \quad i = 1, \cdots, n$$

那么如何去发现这个 LSE 呢？

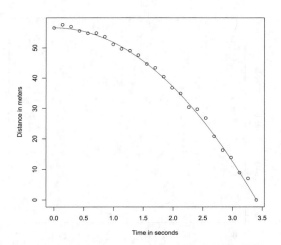

图 4.4 带有测量误差的物体下落距离相对于下落时间的模拟数据的拟合模型

R 的 lm 函数 在 R 中拟合线性模型只要用 lm 函数即可。后面会对这个函数进行详细介绍，我们可以提前预览一下：

```
tt2 <- tt^2
fit <- lm (y~tt+tt2)
summary (fit)$coef
```

	Estimate	Std. Error	t value	Pr(>|t|)
(Intercept)	57.1047803	0.4996845	114.281666	5.119823e−32
tt	−0.4460393	0.6806757	−0.655289	5.190757e−01
tt2	−4.7471698	0.1933701	−24.549662	1.767229e−17

这个函数不但给出了 LSE，还算出了标准误和 p 值。接下来，我们就解释这个函数背后的数学知识。

最小二乘估计 下面让我们写个函数来计算任一向量 β 的 RSS。

```
rss <- function(Beta0,Beta1,Beta2){
  r <- y-(Beta0+Beta1*tt+Beta2*tt^2)
  return (sum (r^2))
}
```

这样，对于任何一个三维向量，我们都会得到一个 RSS 值。当其余两个变量值固定时，就可以对 RSS 与 β_2 进行作图（结果见图 4.5）。

```
Beta2s<- seq (−10, 0, len=100)
plot (Beta2s,sapply (Beta2s,rss,Beta0=55, Beta1=0),ylab="RSS", xlab="Beta2", type="l")
## 让我们加上另外一条曲线来固定另外的对:
Beta2s<- seq (−10, 0, len=100)
lines (Beta2s,sapply (Beta2s,rss,Beta0=65, Beta1=0),col=2)
```

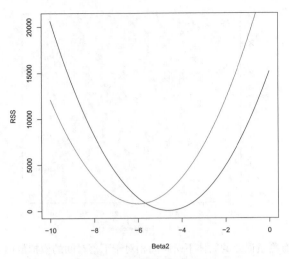

图 4.5　几个参数值的残差平方和

　　这里采用了尝试 – 错误的方式来计算 RSS，但是在这里行不通。因此，可以用微积分的方法来完成：提取偏导数，设置为 0 并求解。当然，如果有更多参数，这个公式就会变得更复杂。线性代数为解决这个问题提供了一种紧凑、通用的计算方式。

　　父子身高的例子（高阶）　在高尔顿对父子身高进行探索性分析时，发现了一些有意思的结果。

　　他注意到，如果他将父子身高对数据制成表格，并遵循表格中具有相同总数的所有 x、y 值，那么，会形成一个椭圆。在上面由高尔顿所作的图 4.6 中，可以看到由三个例子组成的成对的椭圆。这时，我们可以按前述的二元正态分布对该数据建模：

$$\Pr\left(X<a,\ Y<b\right)=\int_{-\infty}^{a}\int_{-\infty}^{b}\frac{1}{2\pi\sigma_x\sigma_y\sqrt{1-\rho^2}}$$

$$\mathrm{e}^{\frac{1}{2(1-\rho^2)}\left[\left(\frac{x-\mu_x}{\sigma_x}\right)^2-2\rho\left(\frac{x-\mu_x}{\sigma_x}\right)\left(\frac{y-\mu_y}{\sigma_y}\right)+\left(\frac{y-\mu_y}{\sigma_y}\right)^2\right]}$$

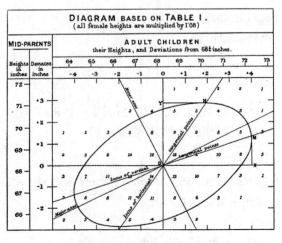

图 4.6　高尔顿图

我们用数学方法来表示一下，如果保持 X 不变（设为 x），Y 遵循正态分布 $\mu_x + \sigma_x \rho \left(\dfrac{x - \mu_x}{\sigma_x} \right)$，标准差为 $\sigma_y \sqrt{1 - \rho^2}$。$\rho$ 代表 Y 和 X 间的相关系数，也就是如果 $X = x$，Y 实际上遵循一个线性模型。在简单线性模型里 β_0 和 β_1 参数可以用 μ_x、μ_y、σ_x、σ_y 和 ρ 来表示。

4.2 习题

在这里，我们加入了一些复习问题。如果您还没有这样做，请先安装 UsingR 包。

install.packages("UsingR")

加载后即可访问高尔顿的父子高度数据：

data("father.son",package="UsingR")

1. 儿子平均身高是多少（不要四舍五入）？

2. 回归的定义特征之一是根据其它变量对一个变量进行分层。在统计学中用"条件"这个词来表示。例如，儿子和父亲身高的线性模型回答了这样一个问题：假设一位父亲的身高是 x 英寸，那么期望他的儿子有多高？对于任意 x，回归直线可以给出答案。

使用 father.son 数据表，我们想知道，如果父亲身高分层在 71 英寸，那么儿子的预期身高是多少？生成一个父亲身高为 71 英寸（可四舍五入）的儿子的身高列表。

如果父亲身高是 71 英寸，儿子身高的平均是多少（不要四舍五入）？提示：父亲的身高使用 round 函数。

3. 当我们可以把统计模型写成参数和已知协变量加上随机误差项的线性组合时，我们说它是线性模型。在以下选择中，Y 代表观察值，时间 t 是协变量，未知参数用 a、b、c、d 代表，测量误差用 ε 表示。当 t 已知时，t 的任何变换也都是已知的。如 $Y = a + bt + \varepsilon$ 和 $Y = a + bf(t) + \varepsilon$ 都是线性模型。以下哪一项不是线性模型？

（a）$Y = a + bt + \varepsilon$

（b）$Y = a + b\cos(t) + \varepsilon$

（c）$Y = a + b^t + \varepsilon$

（d）$Y = a + bt + ct^2 + dt^3 + \varepsilon$

4. 假设每人的身高和体重都遵循线性模型。如果一个人的体重固定为 x，遵循线性模型 $Y = a + bx + \varepsilon$. 以下哪种对 ε 的描述是正确的？

（a）测量误差：刻度不完美造成

（b）个体的随机波动：早上的体重和下午的体重不一样

（c）分析数据时计算机引入的舍入误差

（d）个体差异：相同身高的人体重不同

4.3 矩阵符号

在这里，我们介绍矩阵符号的基础知识。一开始可能看起来过于复杂，但是一旦我们讨论了示例，你就会体会到矩阵符号的强大，它可以求解并进行解释，也可以在 R 中用代码求解。

线性模型语言 线性代数符号（linear algebra notation）实际上就是对线性模型数学表述和计算的简化，而这些都可以用 R 语言完成。我们将讨论这些符号的基础知识并用 R 语言进行实例演示。

所有这些练习的重点在于展示如何用矩阵符号（matrix notation）编写上述的模型，并且如何利用这些符号求解 LSE。我们先从最简单的例子开始，然后再回到我们最初的实例中。

4.4 方程组求解

线性代数最初是为了求解线性方程组孕育而生的，比如：

$$a + b + c = 6$$
$$3a - 2b + c = 2$$
$$2a + b - c = 1$$

线性代数提供了一个非常有用的运算系统（machinery）来求解，对于上面的方程组，如果用矩阵代数符号表示、求解就成为这样：

$$\begin{pmatrix} 1 & 1 & 1 \\ 3 & -2 & 1 \\ 2 & 1 & -1 \end{pmatrix} \begin{pmatrix} a \\ b \\ c \end{pmatrix} = \begin{pmatrix} 6 \\ 2 \\ 1 \end{pmatrix} \Rightarrow \begin{pmatrix} a \\ b \\ c \end{pmatrix} = \begin{pmatrix} 1 & 1 & 1 \\ 3 & -2 & 1 \\ 2 & 1 & -1 \end{pmatrix}^{-1} \begin{pmatrix} 6 \\ 2 \\ 1 \end{pmatrix}$$

这个式子就解释了上面那个式子用到的符号，同时这个式子也让我们知道了统计分析中线性模型符号的含义。

4.5 向量、矩阵和常量

在抛物实验、父子身高实验以及小鼠体重实验中，与这些数据相关的随机变量都显示为 $Y_1, \cdots, Y_n$ 的形式，这就是一种向量。实际上，R 主要对向量进行计算操作。

```
data (father.son,package="UsingR")
y=father.son$fheight
head (y)
## [1] 65.04851   63.25094   64.95532   65.75250   61.13723   63.02254
```

在数学中，可以用一个符号来代表向量，通常使用加粗字体将向量与其元素区分开，比如：

$$Y = \begin{pmatrix} Y_1 \\ Y_2 \\ \vdots \\ Y_N \end{pmatrix}$$

通常情况下，向量都是 $N \times 1$ 而不是 $1 \times N$ 维数据。这样，矩阵与向量就很容易区分，因此有时不用加粗字体就可以知道是否是向量数据。

同样，协变量或自变量也可以用数学符号表示，比如一个包含两个自变量的数据就可以这样表示：

$$X_1 = \begin{pmatrix} x_{1,1} \\ \vdots \\ x_{N,1} \end{pmatrix} \text{ 和 } X_2 = \begin{pmatrix} x_{1,2} \\ \vdots \\ x_{N,2} \end{pmatrix}$$

在抛物实验中，$x_{1,1} = t_i$，$x_{i,1} = t_i^2$，这里 t_i 为第 i 次观测的时间。同时，要记住向量可以理解为维度为 $N \times 1$ 矩阵。

因此，这两个变量就可以用以下方式表示：

$$X = \begin{bmatrix} X_1 X_2 \end{bmatrix} = \begin{pmatrix} x_{1,1} & x_{1,2} \\ & \vdots \\ x_{N,1} & x_{N,2} \end{pmatrix}$$

这个矩阵维度为 $N \times 2$，在 R 中可以很容易构建这样一个矩阵：

```
n <- 25
tt <- seq (0, 3.4, len= n)      ## 时间以秒为单位，t 是一个基础函数，故用 tt
X <- cbind (X1=tt,X2=tt^2)
head (X)
##              X1             X2
## [1,] 0.0000000      0.00000000
## [2,] 0.1416667      0.02006944
## [3,] 0.2833333      0.08027778
## [4,] 0.4250000      0.18062500
## [5,] 0.5666667      0.32111111
## [6,] 0.7083333      0.50173611
dim (X)
## [1] 25   2
```

然后，在此基础上可以使用 $N \times p$ 的矩阵表示任意数量的协变量：

$$X = \begin{pmatrix} x_{1,1} & \cdots & x_{1,p} \\ x_{2,1} & \cdots & x_{2,p} \\ & \vdots & \\ x_{N,1} & \cdots & x_{N,p} \end{pmatrix}$$

举个例子，如何在 R 中使用 matrix 而不是 cbind 创建一个矩阵：

```
N <- 100 ; p <- 5
 X <- matrix (1:(N*p),N,p)
head (X)
##        [,1]      [,2]      [,3]      [,4]      [,5]
## [1,]    1       101       201       301       401
## [2,]    2       102       202       302       402
## [3,]    3       103       203       303       403
## [4,]    4       104       204       304       404
## [5,]    5       105       205       305       405
## [6,]    6       106       206       306       406
dim (X)
## [1] 100   5
```

默认状态下，矩阵按列填充，但是也可以在 matrix 函数中设置参数 byrow=TRUE，从而实现按行填充：

```
N <- 100 ; p <- 5
 X <- matrix (1:(N*p),N,p,byrow=TRUE)
head (X)
##        [,1]  [,2]  [,3]  [,4]  [,5]
## [1,]    1     2     3     4     5
## [2,]    6     7     8     9    10
## [3,]   11    12    13    14    15
## [4,]   16    17    18    19    20
## [5,]   21    22    23    24    25
## [6,]   26    27    28    29    30
```

最后，我们说一下常量。常量就是一个固定数值，是用来区分向量和矩阵的，通常用小写但不加粗的字母来表示，在下一节将会理解为什么要做这种区分。

4.6 习题

1. R 语言中我们会用到向量和矩阵，用 c 函数生成一个向量。

```
c(1,5,3,4)
```

也可以用其它函数生成，如：

```
rnorm(10)
```

可以使用 rbind、cbind 或 matrix 等函数将向量转换为矩阵。从向量 1:1000 创建矩阵，如下所示：

X = matrix(1:1000,100,10)

第 25 行第 3 列的元素是什么？

2. 用 cbind 函数生成一个 10×5 的阵列，第 1 列 x=1:10，第 2 列到第 5 列分别是 2*x、3*x、4*x 和 5*x。第 7 行的元素和是多少？

3. 以下哪一项能产生第 3 列乘以 3 得出的阵列？

（a）matrix(1:60,20,3)

（b）matrix(1:60,20,3,byrow=TRUE)

（c）x=11:20; rbind(x,2*x,3*x)

（d）x=1:40; matrix(3*x,20,2)

4.7　矩阵运算

前面几节，我们通过以下方程组实例介绍了矩阵代数：

$$a + b + c = 6$$
$$3a - 2b + c = 2$$
$$2a + b - c = 1$$

这些方程组可以用矩阵代数表示为：

$$\begin{pmatrix} 1 & 1 & 1 \\ 3 & -2 & 1 \\ 2 & 1 & -1 \end{pmatrix} \begin{pmatrix} a \\ b \\ c \end{pmatrix} = \begin{pmatrix} 6 \\ 2 \\ 1 \end{pmatrix} \Rightarrow \begin{pmatrix} a \\ b \\ c \end{pmatrix} = \begin{pmatrix} 1 & 1 & 1 \\ 3 & -2 & 1 \\ 2 & 1 & -1 \end{pmatrix}^{-1} \begin{pmatrix} 6 \\ 2 \\ 1 \end{pmatrix}$$

有了矩阵符号，就可以利用它们进行数学运算。比如，上面的例子实际上已经进行了矩阵乘法运算，也出现了一个符号代表逆矩阵（inverse of matrix）。下面，我们将通过具体的实例来讲解矩阵运算。

矩阵与常数的乘法　先从最简单的运算开始：常数乘法。如果 a 是一个常数，X 是一个矩阵，那么：

$$X = \begin{pmatrix} x_{1,1} & \cdots & x_{1,p} \\ x_{2,1} & \cdots & x_{2,p} \\ & \vdots & \\ x_{N,1} & \cdots & x_{N,p} \end{pmatrix} \Rightarrow aX = \begin{pmatrix} ax_{1,1} & \cdots & ax_{1,p} \\ ax_{2,1} & \cdots & ax_{2,p} \\ & \vdots & \\ ax_{N,1} & \cdots & ax_{N,p} \end{pmatrix}$$

R 语言遵守同样的规则，并使用 * 作为相乘符号：

```
X <- matrix (1 :12, 4, 3)
print (X)
##      [,1]  [,2]  [,3]
## [1,]  1    5     9
## [2,]  2    6    10
```

```
## [3,]    3    7    11
## [4,]    4    8    12
a <- 2
print (a*X)
##        [,1]  [,2]  [,3]
## [1,]    2    10    18
## [2,]    4    12    20
## [3,]    6    14    22
## [4,]    8    16    24
```

转置   转置（transpose）就是将列变成行的运算，由符号 T 表示。专业的定义是：如果 X 是如上定义的，则它的转置为 $p \times N$ 阶：

$$X = \begin{pmatrix} x_{1,1} \cdots x_{1,p} \\ x_{2,1} \cdots x_{2,p} \\ \vdots \\ x_{N,1} \cdots x_{N,p} \end{pmatrix} \Rightarrow X^{\mathrm{T}} = \begin{pmatrix} x_{1,1} \cdots x_{p,1} \\ x_{1,2} \cdots x_{p,2} \\ \vdots \\ x_{1,N} \cdots x_{p,N} \end{pmatrix}$$

在 R 中只需要用函数 t 就可以完成：

```
X <- matrix(1:12,4,3)
X
##        [,1]  [,2]  [,3]
## [1,]    1    5    9
## [2,]    2    6    10
## [3,]    3    7    11
## [4,]    4    8    12
t(X)
##        [,1]  [,2]  [,3]  [,4]
## [1,]    1    2    3    4
## [2,]    5    6    7    8
## [3,]    9    10   11   12
```

矩阵的乘法运算   还是从最开始的方程组例子开始：

$$a + b + c = 6$$
$$3a - 2b + c = 2$$
$$2a + b - c = 1$$

矩阵乘法运算就是用第一个矩阵的行乘以第二个矩阵的列。由于第二个矩阵只有一列，乘法运算如下：

$$\begin{pmatrix} 1 & 1 & 1 \\ 3 & -2 & 1 \\ 2 & 1 & -1 \end{pmatrix} \begin{pmatrix} a \\ b \\ c \end{pmatrix} = \begin{pmatrix} a + b + c \\ 3a - 2b + c \\ 2a + b - c \end{pmatrix}$$

这是一个简单的例子，我们可以检查一下 abc=c(3,2,1) 是否是解：

```
X <- matrix (c (1, 3, 2, 1, -2, 1, 1, 1, -1), 3, 3)
abc <- c (3, 2, 1)      # 例子
rbind (sum (X[1,]*abc), sum (X[2,]*abc), sum (X[3,]*abc))
##         [,1]
## [1,]    6
## [2,]    6
## [3,]    7
```

我们可以用 %*% 符号来完成矩阵乘法运算：

```
X%*%abc
##         [,1]
## [1,]    6
## [2,]    6
## [3,]    7
```

由结果可知，c(3,2,1) 不是所要的解，因为我们想得到的结果是 c(6,2,1)。

为了得到正确的解，必须要对矩阵进行求逆，后面在介绍逆矩阵时，会详细解释。矩阵 A 和 X 乘法运算的通用公式如下：

$$AX = \begin{pmatrix} a_{1,1} & a_{1,2} & \cdots & a_{1,N} \\ a_{2,1} & a_{2,2} & \cdots & a_{2,N} \\ & & \vdots & \\ a_{M,1} & a_{M,2} & \cdots & a_{M,N} \end{pmatrix} \begin{pmatrix} x_{1,1} & \cdots & x_{1,p} \\ x_{2,1} & \cdots & x_{2,p} \\ & \vdots & \\ x_{N,1} & \cdots & x_{N,p} \end{pmatrix}$$

$$= \begin{pmatrix} \sum_{i=1}^{N} a_{1,i} x_{i,1} & \cdots & \sum_{i=1}^{N} a_{1,i} x_{i,p} \\ & \vdots & \\ \sum_{i=1}^{N} a_{M,i} x_{i,1} & \cdots & \sum_{i=1}^{N} a_{M,i} x_{i,p} \end{pmatrix}$$

只有当第一个矩阵的列数等于第二个矩阵的行数时，两个矩阵才能进行相乘。最后矩阵的行数等于 A 的行数，列数等于 X 的列数。当你学完下面的例子后，你可能需要回来重读上面内容。

单位矩阵 单位矩阵有点类似于数字 1：其它任何矩阵与这个矩阵相乘，最后还是原来的矩阵，类似如下结构：

$$I = \begin{pmatrix} 1 & 0 & 0 & \cdots & 0 & 0 \\ 0 & 1 & 0 & \cdots & 0 & 0 \\ 0 & 0 & 1 & \cdots & 0 & 0 \\ \vdots & \vdots & \vdots & \ddots & \vdots & \vdots \\ 0 & 0 & 0 & \cdots & 1 & 0 \\ 0 & 0 & 0 & \cdots & 0 & 1 \end{pmatrix}$$

按照这种定义，单位矩阵就是行列数相等（也可以称为方阵）、对角线为 1 的方阵。如果按照以上的矩阵相乘原则，可以得出以下算式：

$$\boldsymbol{XI} = \begin{pmatrix} x_{1,1} & \cdots & x_{1,p} \\ x_{2,1} & \cdots & x_{2,p} \\ & \vdots & \\ x_{N,1} & \cdots & x_{N,p} \end{pmatrix} \begin{pmatrix} 1 & 0 & 0 & \cdots & 0 & 0 \\ 0 & 1 & 0 & \cdots & 0 & 0 \\ 0 & 0 & 1 & \cdots & 0 & 0 \\ \vdots & \vdots & \vdots & \ddots & \vdots & \vdots \\ 0 & 0 & 0 & \cdots & 1 & 0 \\ 0 & 0 & 0 & \cdots & 0 & 1 \end{pmatrix} = \begin{pmatrix} x_{1,1} & \cdots & x_{1,p} \\ x_{2,1} & \cdots & x_{2,p} \\ & \vdots & \\ x_{N,1} & \cdots & x_{N,p} \end{pmatrix}$$

在 R 中利用函数 diag 可以构建单位矩阵：

```
n<- 5     # 取维度
diag(n)
##      [,1]  [,2]  [,3]  [,4]  [,5]
## [1,]  1    0    0    0    0
## [2,]  0    1    0    0    0
## [3,]  0    0    1    0    0
## [4,]  0    0    0    1    0
## [5,]  0    0    0    0    1
```

逆矩阵　矩阵 $\boldsymbol{X}$ 的逆矩阵标注为 $\boldsymbol{X}^{-1}$，它有一个特性是二者相乘后得到单位矩阵，$\boldsymbol{X}^{-1}\boldsymbol{X} = \boldsymbol{I}$。当然，并不是所有的矩阵都有逆矩阵。仅由 1 组成的 2×2 的矩阵是没有逆矩阵的。

在进行线性模型计算时，逆矩阵计算非常有用。R 函数 solve 可以进行逆矩阵计算。我们用它来解线性方程。

```
X <- matrix(c(1,3,2,1,-2,1,1,1,-1),3,3)
y <- matrix(c(6,2,1),3,1)
solve (X)%*%y     # 等于 solve(X,y)
##       [,1]
## [1,]   1
## [2,]   2
## [3,]   3
```

请谨慎使用 solve 函数，因为它通常在数值上不稳定。我们将在 QR 因式分解部分对此进行更详细的解释。

4.8　习题

1. 假定 $\boldsymbol{X}$ 是一个矩阵，以下哪个与 $\boldsymbol{X}$ 不一致？

（a）t(t(X))

（b）X %*% matrix(1, ncol(X))

（c）X*1

（d）X%*%diag(ncol(X))

2. 用 R 来解以下方程。

$$3a + 4b - 5c + d = 10$$
$$2a + 2b + 2c - d = 5$$
$$a - b + 5c - 5d = 7$$
$$5a + d = 4$$

c 是多少？

3. 用 R 生成以下两个矩阵。

a <- matrix(1:12, nrow=4)

b <- matrix(1:15, nrow=3)

注意 a 和 b 的维度。在以下的问题中，用 R 语言中 %*% 进行两个矩阵相乘。a 和 b 相乘后所得矩阵的第 3 行第 2 列的值是多少？

4. 将矩阵 a 的第 3 行与 b 的第 2 列相乘，使用 * 进行向量的逐元素相乘。

结果向量中元素的总和是多少？

4.9　具体实例

下面我们将讲述如何利用矩阵函数来进行数据分析。先从一些简单例子开始，然后最终到达主要例子：如何用矩阵代数的符号写出线性模型并且解决最小二乘法问题。

平均值　为了计算数据的平均值和方差我们采用如下公式：

平均值：

$$\overline{Y} = \frac{1}{N} Y_i$$

方差：

$$\text{var}(Y) = \frac{1}{N} \sum_{i=1}^{N} (Y_i - \overline{Y})^2$$

我们可以用矩阵乘法运算来计算以上数值，首先，要定义一个 $N \times 1$ 的矩阵，并且所有数值都是 1：

$$A = \begin{pmatrix} 1 \\ 1 \\ \vdots \\ 1 \end{pmatrix}$$

因此，

$$\frac{1}{N} A^{\mathrm{T}} Y = \frac{1}{N} (1, 1, \cdots, 1) \begin{pmatrix} Y_1 \\ Y_2 \\ \vdots \\ Y_N \end{pmatrix} = \frac{1}{N} \sum_{i=1}^{N} Y_i = \overline{Y}$$

注意，这里使用常数 $\frac{1}{N}$ 进行的矩阵乘法运算，在 R 中矩阵乘法运算符是 %*%：

```
data (father.son,package="UsingR")
y <- father.son$sheight
print (mean (y))
##[1] 68.68407
N <- length(y)
Y <- matrix(Y, N, 1)
A <- matrix(1, N, 1)
barY=+(A)%*%Y/N
print (barY)
##          [,1]
## [1,]  68.68407
```

方差　在后续章节中会发现，在统计学中，矩阵转置然后与另外一个矩阵进行乘法运算是一个经常用到的运算方法。实际上，在 R 中有一个专门的函数用于运行这种运算 [1]：

```
barY=crossprod(A,Y)/N
print(barY)
##          [,1]
## [1,]    68.68407
```

方差计算用矩阵代数表示：

$$r \equiv \begin{pmatrix} Y_1 - \overline{Y} \\ \vdots \\ Y_N - \overline{Y} \end{pmatrix}, \quad \frac{1}{N} r^{\mathrm{T}} r = \frac{1}{N} \sum_{i=1}^{N} (Y_i - \overline{Y})^2$$

R 函数 crossprod 中如果只有一个矩阵，那就相当于计算：$r^{\mathrm{T}} r$

因此方差计算如下：

```
r <- y-barY
crossprod (r)/N
##          [,1]
## [1,]    7.915196
```

---

[1] crossprod (A,Y) 就相当于 t(A)%*%Y。——译者注

这个值和普通算法是一样的：

library (rafalib)

popvar (y)

[1,] 7.915196

线性模型　现在开始应用矩阵代数。继续看父子身高的例子：

我们可以对其中的变量这样定义矩阵：

$$Y_i = \beta_0 + \beta_1 x_i + \varepsilon_i, \quad i = 1, \cdots, N$$

儿子身高：

$$\boldsymbol{Y} = \begin{pmatrix} Y_1 \\ Y_2 \\ \vdots \\ Y_N \end{pmatrix}$$

父亲身高：

$$\boldsymbol{X} = \begin{pmatrix} 1 & x_1 \\ 1 & x_2 \\ & \vdots \\ 1 & x_N \end{pmatrix}$$

估计参数：

$$\boldsymbol{\beta} = \begin{pmatrix} \beta_0 \\ \beta_1 \end{pmatrix}$$

变异值：

$$\boldsymbol{\varepsilon} = \begin{pmatrix} \varepsilon_1 \\ \varepsilon_2 \\ \vdots \\ \varepsilon_N \end{pmatrix}$$

即

$$\boldsymbol{Y} = \begin{pmatrix} Y_1 \\ Y_2 \\ \vdots \\ Y_N \end{pmatrix}, \quad \boldsymbol{X} = \begin{pmatrix} 1 & x_1 \\ 1 & x_2 \\ & \vdots \\ 1 & x_N \end{pmatrix}, \quad \boldsymbol{\beta} = \begin{pmatrix} \beta_0 \\ \beta_1 \end{pmatrix}, \quad \boldsymbol{\varepsilon} = \begin{pmatrix} \varepsilon_1 \\ \varepsilon_2 \\ \vdots \\ \varepsilon_N \end{pmatrix}$$

用线性模型表示：

$$Y_i = \beta_0 + \beta_1 x_i + \varepsilon_i, \quad i = 1, \cdots, N$$

矩阵表示：

$$\begin{pmatrix} Y_1 \\ Y_2 \\ \vdots \\ Y_N \end{pmatrix} = \begin{pmatrix} 1 & x_1 \\ 1 & x_2 \\ & \vdots \\ 1 & x_N \end{pmatrix} \begin{pmatrix} \beta_0 \\ \beta_1 \end{pmatrix} + \begin{pmatrix} \varepsilon_1 \\ \varepsilon_2 \\ \vdots \\ \varepsilon_N \end{pmatrix}$$

简写成：

$$Y = X\boldsymbol{\beta} + \boldsymbol{\varepsilon}$$

这时，最小二乘方程就可以简单地表示为：

$$(Y - X\boldsymbol{\beta})^{\mathrm{T}}(Y - X\boldsymbol{\beta})$$

有了这个公式，接下来就可以利用微积分的方法求解上面这个公式中 $\boldsymbol{\beta}$ 的最小值，即 $\hat{\boldsymbol{\beta}}$。

利用微积分求解最小值（高阶） 在矩阵运算中，有一系列的原理让我们可以进行偏微分方程计算。将导数等于 0，就可以求解 $\boldsymbol{\beta}$ 从而得到答案。现在唯一需要的就是上述公式的导数：

$$2X^{\mathrm{T}}(Y - X\hat{\boldsymbol{\beta}}) = 0$$
$$X^{\mathrm{T}}X\hat{\boldsymbol{\beta}} = X^{\mathrm{T}}Y$$
$$\hat{\boldsymbol{\beta}} = (X^{\mathrm{T}}X)^{-1}X^{\mathrm{T}}Y$$

我们得到解 $\hat{\boldsymbol{\beta}}$，通常会在 $\boldsymbol{\beta}$ 上放一个帽子，因为 $\hat{\boldsymbol{\beta}}$ 是产生数据的真实 $\boldsymbol{\beta}$ 的一个估计值。

记住最小二乘法类似于一个平方（用它自己进行乘法），这个方程和 $f^2(x)$ 的导数 $2f(x)f'(x)$ 相似。

用 R 计算 LSE（$\hat{\boldsymbol{\beta}}$） 让我们看看在 R 中如何进行计算：

```
data (father.son,package="UsingR")
x=father.son$fheight
y=father.son$sheight
X <- cbind (1, x)
betahat <- solve (t (X)%*% X)%*% t(X)%*% y
### 或者
betahat <- solve (crossprod (X)) %*% crossprod (X, y)
```

下面根据计算到的 $\hat{\boldsymbol{\beta}}$ 来计算任一 x 值所对应的 $\hat{\boldsymbol{\beta}}_0 + \hat{\boldsymbol{\beta}}_1 x$ 结果（图 4.7）：

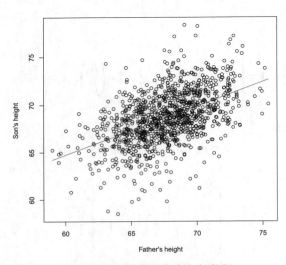

图 4.7 用回归线拟合高尔顿数据

```
newx <- seq (min (x),max (x),len=100)
X <- cbind (1, newx)
fitted <- X%*%betahat
plot (x, y, xlab="Father's height", ylab="Son's height")
lines (newx, fitted, col=2)
```

这个 $\hat{\boldsymbol{\beta}} = (\boldsymbol{X}^{\mathrm{T}}\boldsymbol{X})^{-1}\boldsymbol{X}^{\mathrm{T}}\boldsymbol{Y}$ 是在数据分析中最常用的结果。这个方法的一个优势是我们可以在多个场合下应用它，比如之前的抛物实验：

```
set.seed(1)
g <- 9.8      # 米 / 秒
n <- 25
tt <- seq(0,3.4,len=n)      # 时间以秒为单位，t 是一个基础函数，故用 tt
d <- 56.67-0.5*g*tt^2 + rnorm(n,sd=1)
```

注意，我们用到的 R 代码几乎是一模一样（结果见图 4.8）：

```
X <- cbind (1, tt,tt^2)
y <- d
betahat <- solve (crossprod (X))%*%crossprod (X,y)
newtt <- seq (min (tt), max (tt), len=100)
X <- cbind (1, newtt, newtt^2)
fitted <- X%*%betahat
plot(tt,y,xlab="Time",ylab="Height")
lines(newtt,fitted,col=2)
```

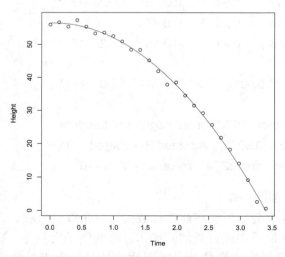

图 4.8　带有测量误差的物体下落距离相对于下落时间的模拟数据的拟合抛物线

最后的估计值是我们预期的值：

```
betahat
##                  [,1]
##        56.5317368
## tt      0.5013565
##       −5.0386455
```

比萨斜塔高约 56 m。由于我们只是放下物体，因此没有初始速度，重力常数的一半是 9.8/2 = 4.9（m/s^2）。

lm 函数　R 中有一个非常方便的函数可以拟合线性模型，我们会在后续的章节中了解更多的细节，我们在这里提前介绍一些内容：

```
X <- cbind(tt,tt^2)
fit=lm(y~X)
summary(fit)
##
## Call:
## lm(formula = y ~ X)
##
## Residuals:
##      Min       1Q    Median      3Q       Max
##   −2.5295  −0.4882   0.2537   0.6560    1.5455
##
## Coefficients:
##               Estimate  Std. Error  t value     Pr(>|t|)
## (Intercept)   56.5317     0.5451    103.701     <2e−16 ***
## Xtt            0.5014     0.7426      0.675      0.507
## X             −5.0386     0.2110    −23.884     <2e−16 ***
## ---
## Signif. codes:  0 '***' 0.001 '**' 0.01 '*' 0.05 '.' 0.1 ' ' 1
##
## Residual standard error: 0.9822 on 22 degrees of freedom
## Multiple R−squared:  0.9973,  Adjusted R−squared:  0.997
## F−statistic: 4025 on 2 and 22 DF,  p−value: < 2.2e−16
```

得到的结果和上面的一样。

小结　我们已经学会如何利用线性代数去写一个线性方程，在后续章节中，我们将会继续在一些实际例子中进行类似的操作，这些例子大多是一些设计好的实验；我们也学会了如何计算最小二乘估计，需要注意的是，由于 Y 是一个随机变量，所以 LSE 也是一个随机变量，在后续章节中，我们将讲解如何计算这个随机变量的标准误，并利用它进行统计推断。

4.10   习题

1. 我们要分析一组 4 个样本的数据。前两个样本来自处理组 A，后两个样品来自处理组 B。这种设计可以用模型矩阵来表示。

```
X <- matrix(c(1,1,1,1,0,0,1,1),nrow=4)
rownames(X) <-c ("a","a","b","b")
X
##     [,1]   [,2]
## a    1      0
## a    1      0
## b    1      1
## b    1      1
```

假设线性模型的拟合参数为：

```
beta <- c(5, 2)
```

使用 R 中的矩阵乘法运算符 %*% 回答以下问题：
A 组的拟合值是多少（拟合的 Y 值）？
2. B 组的拟合值是多少（拟合的 Y 值）？
3. 假设现在我们将两个处理组 B、C 与对照组 A 进行比较，每个处理组有两个样本。该设计可用如下模型矩阵表示：

```
X <- matrix(c(1,1,1,1,1,1,0,0,1,1,0,0,0,0,0,0,1,1),nrow=6)
rownames(X) <-c ("a", "a", "b", "b", "c", "c")
X
```

假设线性模型的拟合参数为：

```
beta <- c(10,3,-3)
```

B 组的拟合值是多少？
4. C 组的拟合值是多少？

5

线性模型

在数据分析中使用的许多模型都可以使用矩阵代数来表示。我们将这些类型的模型称为线性模型（linear model）。这里的"线性"不是指线条，而是指线性组合。这种表示方法很方便，可以更简洁地编写模型，同时还能利用矩阵代数数学进行计算。在本章中，我们将详细描述如何使用矩阵代数来表示和拟合。

在本书中，我们关注代表二分类组的线性模型，例如处理组与对照组。饮食对小鼠体重的影响就是这种线性模型的一个例子。在这里，我们继续关注二分变量，但是描述的模型稍微复杂一些。

在学习线性模型时，需要记住我们仍在使用随机变量。这意味着使用线性模型获得的估计也是随机变量。虽然背后数学知识更复杂，但在前几章中学到的概念在这里仍然适用。下面从一些习题开始，在线性模型的背景下回顾随机变量的概念。

5.1 习题

估计值的标准误是指，估计值（随机变量）抽样分布（sampling distribution）的标准差。在前面章节中，已经知道一个总体的平均值会随着总体抽样的情况而变化：如果反复从总体中抽样并且每次抽样都估计一个平均值，那么这些平均值的估计值就形成一个估计值的抽样分布。当我们计算这些估计值的标准差时，就是在计算平均估计值的标准误。

线性模型可以描述为：

$$Y_i = \beta_0 + \beta_1 x_i + \varepsilon_i, \quad i = 1, \cdots, n$$

ε_i 可以认为是一个随机变量，每次重新抽样时，都会有不同的 ε_i。这也就意味着，在不同实验中，ε_i 代表不同的含义，可以是测量误差、个体间的差异等等。

如果我们把一个实验重新做许多遍，每次估计一个线性模型 $\hat{\beta}$，$\hat{\beta}$ 的分布就称之为估计的抽样分布。如果重复（抽样）实验，就会得到许多估计值，计算这些估计值的标准差，这个值（标准差）就称之为估计的标准误。但是，我们不可能、也没必要对（总体的）所有个体进行抽样，所以多次重复实验过程中的"抽样"可以认为是观察值的新误差。

1. 我们在上一章中已经讲述了，如何利用矩阵函数来计算 LSE。这个估计值是一个随机变量，因为这个值是由数据的线性组合运算而来。由于这个估计值非常有用，我们也需要对其进行标准误计算。在这里，我们首先复习一下线性模型背景下的标准误。为了阐述清楚，我们先用蒙特卡洛模拟生成一个抛物实验数据集。在这个例子中，我们将重复生成数据，并对每次结果的二次方值计算估计值。

```
g = 9.8
h0 = 56.67
v0 = 0
n = 25
tt = seq(0,3.4,len= n)
y = h0 + v0*tt – 0.5*g*tt^2 + rnorm (n,sd=1)
```

现在，假设我们并不知道 h0、v0 和 –0.5*g，要利用回归的方式去估计这些值。我们可以写一个线性模型：

$$y = \beta_0 + \beta_1 t + \beta_2 t^2 + \varepsilon$$

然后通过这个公式获得 LSE，这里 $g = -2\beta_2$。

用 R 计算 LSE：

```
X = cbind (1, tt,tt^2)
A = solve (crossprod (X))%*%t (X)
```

假设 A 的值已固定，那么下列哪个是重力加速度 g 的 LSE？（提示：试一下 R 代码。）

（a）9.8

（b）A %*% y

（c）-2*(A %*% y) [3]

（d）A[3,3]

2. 在上述代码中，函数 rnorm 引入随机性，这就意味着每一次重复取样最后预估的 g 值都会不同。

继续使用上述代码，这次用函数 replicated 生成 100 000 次蒙特卡洛模拟的数据，根据这个数据计算 g 的预估值（记住要乘以 –2）

这个预估值的标准误是多少？

3. 在父子身高的例子中，我们已经进行了随机模拟，因为每一对父子的体重都是随机取样的结果。为了阐述的方便，我们现在把这个数据看做一个总体：

```
library (UsingR)
x = father.son$fheight
y = father.son$sheight
n = length (y)
```

现在按照样本量 50 来对总体进行蒙特卡洛模拟取样：

```
N = 50
 index = sample (n,N)

sampledat = father.son[index,]
```

```
x = sampledat$fheight
y = sampledat$sheight
betahat = lm (y~x)$coef
```

使用函数 replicate 进行 10 000 次随机取样。

斜率预估的标准误是多少？也就是，从众多随机取样中获得观察值然后计算这些预估值的标准差。

4. 在本章的后半部分会介绍一个新概念：协方差。两列数字 $X = x_1, \cdots, x_n$ 和 $Y = y_1, \cdots, y_n$ 的协方差就是：

```
n <- 100
Y <- rnorm (n)
X <- rnorm (n)
mean ((Y−mean (Y))*(X−mean (X)))
```

下面哪一个数字更接近于父子身高的协方差？

（a）0

（b）-4

（c）4

（d）0.5

5.2 设计矩阵

下面，我们将介绍如何用 R 函数 formula 和 model.matrix 对多种线性模型生成设计矩阵 [design matrix，也称模型矩阵（model matrix ）]，比如在小鼠饮食的例子中，这个模型可以写成这样：

$$Y_i = \beta_0 + \beta_1 x_i + \varepsilon_i, \quad i = 1, \cdots, N$$

Y_i 代表第 i 个小鼠的体重，只有当第 i 个小鼠高脂肪饮食时 x_i 才等于 1，N 为获得不同测量值的单独整体，称为试验单元（experimental unit），在这个例子中试验单元就是小鼠。

在本章中我们将集中关注这类变量，称之为指示变量（indicator variable）。因为它们只是简单指示试验单元是否具有某种特征而已。如前所述，这类变量可以用矩阵表示：

$$\boldsymbol{Y} = \begin{pmatrix} Y_1 \\ Y_2 \\ \vdots \\ Y_N \end{pmatrix}, \quad \boldsymbol{X} = \begin{pmatrix} 1 & x_1 \\ 1 & x_2 \\ & \vdots \\ 1 & x_N \end{pmatrix}, \quad \boldsymbol{\beta} = \begin{pmatrix} \beta_0 \\ \beta_1 \end{pmatrix}, \quad \boldsymbol{\varepsilon} = \begin{pmatrix} \varepsilon_1 \\ \varepsilon_2 \\ \vdots \\ \varepsilon_N \end{pmatrix}$$

写成公式即为

$$\begin{pmatrix} Y_1 \\ Y_2 \\ \vdots \\ Y_N \end{pmatrix} = \begin{pmatrix} 1 & x_1 \\ 1 & x_2 \\ \vdots \\ 1 & x_N \end{pmatrix} \begin{pmatrix} \beta_0 \\ \beta_1 \end{pmatrix} + \begin{pmatrix} \varepsilon_1 \\ \varepsilon_2 \\ \vdots \\ \varepsilon_N \end{pmatrix}$$

简写成：

$$Y = X\beta + \varepsilon$$

这里的 X 即为设计矩阵。

一旦设计矩阵确定，就可以着手寻找最小二乘估计。我们把这个过程称为拟合模型（fitting the model），在 R 中拟合线性模型，我们可以直接使用 lm 函数。在本章中，我们将使用 model.matrix 函数，该函数被 lm 函数内部使用。这个可以帮助我们将 R 函数 formula 与矩阵 X 联系起来，因此也能帮助我们很好的理解 lm 输出的结果。

设计的选择   在线性模型中，设计矩阵的选择是非常关键的一步，因为这一步不但解码模型中哪个系数将被拟合，而且说明了样本间的相互关联关系。设计选择通常会犯的错误是，直接描述在实验中包括了哪些样本。但事实并非如此。每个样本的基本信息（比如对照、处理、实验批次等）并不代表就是一个"正确"的设计矩阵。在设计矩阵中，不仅仅提供这些信息，更重要的是应当对变量 X 如何解释观察值 Y 进行多种假设和推测，对此，研究者必须做出决断。

我们这里举的例子，就是用线性模型比较两组不同的样本。我们最终设计好的矩阵至少要包括两列：包含整列数字"1"的截距（intercept）列和指明样本分组的第二列。在这个例子中，两个系数在线性模型中被拟合：截距和第二组系数。截距代表了第一组数据的总体平均值，第二组系数指的是两组数据所代表的总体平均值的差值。后一个系数是我们在做统计分析时最关心的：两组间是否确实存在差异。

我们使用两个元素用 R 来编码设计这个实验。首先要使用波浪符"~"，这个符号的意思是，想用波浪符右边的变量对观察值进行建模。然后放置一个变量的名字，这个名字会告诉我们什么样本在什么样的分组里。

下面看一个例子。假设有两组数据——对照和高脂肪饮食，每组数据中各有两个样本。为了方便起见，两组数据分别命名为"1"和"2"，即"1"代表对照，"2"代表高脂肪，这时，我们就得告诉 R 这里的"1"和"2"不是数字而是因子的不同水平。然后就可以用"~group"的范式来告诉 R，对变量 group 建模。

```
group <- factor (c (1, 1, 2, 2))
model.matrix (~ group)
##   (Intercept)      group2
## 1          1           0
## 2          1           0

## 3          1           1
## 4          1           1
## attr(,"assign")
## [1] 0   1
```

```
## attr(,"contrasts")
## attr(,"contrasts")$group
## [1] "contr.treatment"
```

（不用关心 attr 所指示的内容，这些信息基本不会用到。）

那么 formula 函数什么意思呢？这个函数不一定需要，如果加上这个函数，就表示，~ 所指的是一个公式：

```
model.matrix(formula(~ group))
##   (Intercept)   group2
## 1           1        0
## 2           1        0
## 3           1        1
## 4           1        1
## attr(,"assign")
## [1] 0   1
## attr(,"contrasts")
## attr(,"contrasts")$group
## [1] "contr.treatment"
```

如果不告诉 R，group 被解释为因子又会发生什么呢？

```
group <- c (1, 1, 2, 2)
model.matrix (~ group)
##   (Intercept)   group
## 1           1       1
## 2           1       1
## 3           1       2
## 4           1       2
## attr(,"assign")
## [1] 0   1
```

这个不是我们想要的设计矩阵。为什么会是这样呢？因为，这里提供了一组数字变量（numeric variable）而不是像 formula 或 model.matrix 函数那样给出的是指示（indicator），这里没有指明这些数字属于哪一组。实际上，我们希望第二组只有数字"0"和"1"即可，这就表明了它们的身份属性。

关于"因子"，就是某个类别的名称，与函数 model.matrix 和 lm 无关。其中的关键是顺序。比如：

```
group <- factor (c ("control", "control", "highfat", "highfat"))
model.matrix (~ group)
```

```
##      (Intercept)     grouphighfat
## 1            1             0
## 2            1             0
## 3            1             1
## 4            1             1
## attr(,"assign")
## [1] 0   1
## attr(,"contrasts")
## attr(,"contrasts")$group
## [1] "contr.treatment"
```

这个矩阵和第一个用"1""2"来构建的效果是一样的。

多组数据　使用同样的公式，我们来构建多组数据的矩阵，比如我们又有了第三种饮食习惯：

```
group <- factor (c (1, 1, 2, 2, 3, 3))
model.matrix (~ group)
##      (Intercept)    group2    group3
## 1            1          0         0
## 2            1          0         0
## 3            1          1         0
## 4            1          1         0
## 5            1          0         1
## 6            1          0         1
## attr(,"assign")
## [1] 0   1   1
## attr(,"contrasts")
## attr(,"contrasts")$group
## [1] "contr.treatment"
```

我们会看到又有了第三列，这里显示哪个样本属于第三组数据。

也可以在设计矩阵的时候使用"+0"的公式：

```
group <- factor (c (1,1,2,2,3,3))
model.matrix (~ group + 0)
##      group1    group2    group3
## 1       1         0         0
## 2       1         0         0
## 3       0         1         0
## 4       0         1         0
## 5       0         0         1
## 6       0         0         1
```

```
## attr(,"assign")
## [1] 1  1  1
## attr(,"contrasts")
## attr(,"contrasts")$group
## [1] "contr.treatment"
```

这样，就把每一列的数据系数都表示出来，后面会对此方式进行深度探讨。

多组变量 我们已经对一个变量（饮食习惯）进行了简单的矩阵设计。但在生命科学研究中，经常会进行多组变量的实验。比如，除了研究饮食对体重的影响，我们还会关心性别对体重有影响。这样，我们就至少会有 4 组数据：

```
diet <- factor (c (1, 1, 1, 1, 2, 2, 2, 2))
sex <- factor (c ("f", "f", "m", "m", "f", "f", "m", "m"))
table (diet,sex)
##   sex
## diet  f   m
##   1    2   2
##   2    2   2
```

如果饮食对体重的影响与性别无关，那么线性模型就是这样的：

$$Y_i = \beta_0 + \beta_1 x_{i,1} + \beta_2 x_{i,2} + \varepsilon_i$$

为了拟合这个模型，R 使用"+"符号来完成两个变量的矩阵设计：

```
diet <- factor (c (1, 1, 1, 1, 2, 2, 2, 2))
sex <- factor (c ("f", "f", "m", "m", "f", "f", "m", "m"))
model.matrix (~ diet + sex)
##   (Intercept)  diet2  sexm
## 1      1         0      0
## 2      1         0      0
## 3      1         0      1
## 4      1         0      1
## 5      1         1      0
## 6      1         1      0
## 7      1         1      1
## 8      1         1      1

## attr(,"assign")
## [1] 0  1  2
## attr(,"contrasts")
## attr(,"contrasts")$diet
## [1] "contr.treatment"
```

```
##
## attr(,"contrasts")$sex
## [1] "contr.treatment"
```

这个矩阵包括了截距、饮食方式（diet）和性别（sex）。我们可以说，这个线性模型可以解释组（group）和条件（condition）的差别。但是，正如我们上面提到的一样，这个模型假设饮食的影响对于雄性和雌性是一样的。这被称之为加性效应（additive effect）。在这种情况下，对于任一变量，我们只需要简单叠加即可不用考虑另一个变量的情况。但是，这里也存在另外的可能，即不同组合条件之间存在着相互作用的可能性。我们会在后面的代码中考虑这个情况。

相互作用的变量矩阵可以按照以下模式写：

```
model.matrix (~ diet + sex + diet:sex)
```

   或

```
model.matrix (~ diet*sex)
##    (Intercept)   diet2   sexm    diet2:sexm
## 1           1       0       0             0
## 2           1       0       0             0
## 3           1       0       1             0
## 4           1       0       1             0
## 5           1       1       0             0
## 6           1       1       0             0
## 7           1       1       1             1
## 8           1       1       1             1
## attr(,"assign")
## [1]  0   1   2   3
## attr(,"contrasts")
## attr(,"contrasts")$diet
## [1] "contr.treatment"
##
## attr(,"contrasts")$sex
## [1] "contr.treatment"
```

重新分级　矩阵中因子的参考级别（reference level）就是对照组别。默认状态下，是按照字母（数字）顺序排列，第一级别的就是参考级别。但是，我们也可以用 relevel 函数指定组 2 为参考组：

```
group <- factor (c (1, 1, 2, 2))
group <- relevel (group, "2")
model.matrix (~ group)
```

```
##   (Intercept)   group1
## 1            1        1
## 2            1        1
## 3            1        0
## 4            1        0
## attr(,"assign")
## [1] 0   1
## attr(,"contrasts")
## attr(,"contrasts")$group
## [1] "contr.treatment"
```

或在 factor 函数中明确地提供级别:

```
group <- factor (group, levels=c ("1", "2"))
model.matrix (~ group)
##   (Intercept)   group2
## 1            1        0
## 2            1        0
## 3            1        1
## 4            1        1
## attr(,"assign")
## [1] 0   1
## attr(,"contrasts")
## attr(,"contrasts")$group
## [1] "contr.treatment"
```

函数 model.matrix 从哪里寻找数据? 函数 model.matrix 是从 R 的全域环境里寻找变量数值的, 除非这些数值是由 data 参数直接提供的数值。

```
group <- 1:4
model.matrix(~ group, data=data.frame(group=5:8))
##   (Intercept)   group
## 1            1       5
## 2            1       6
## 3            1       7

## 4            1       8
## attr(,"assign")
## [1] 0   1
```

注意 R 全局环境变量组是如何被忽略的。

连续变量 在本章中, 我们主要关注的是指示值的建模。但是, 在有些设计中,我们感兴趣的是在设计公式中使用数值变量，而不是首先把这些数值转变为因子。比如，在抛物实验中，时间是一个连续变量，那么时间的平方也是一个连续变量：

```
tt <- seq (0, 3.4, len=4)
model.matrix (~ tt + I (tt^2))
##    (Intercept)         tt        I(tt^2)
## 1            1   0.000000   0.000000
## 2            1   1.133333   1.284444
## 3            1   2.266667   5.137778
## 4            1   3.400000  11.560000
## attr(,"assign")
## [1] 0   1   2
```

这里的函数 I 是必须的，它的作用是指出某一个变量的数学转换公式。有关更多详细信息，请通过键入 ?I 来查看 I 函数的帮助页。

在生命科学研究中，我们经常关注某一处理的剂量效应，我们想从中找到某一观察结果与处理量（如 0、10、20 mg）之间的特定关系。

通过连续数据（continuous data）作为变量得出的假设往往不如指示作为变量得出的结论容易解释和理解。但是，指示变量只能简单地比较两组数据平均值的差别，而连续变量却能给出产出变量（outcome variable）和预测变量（predictor variable）之间精确的关系。

比如抛物实验，我们可以得出地心引力作为模型的支持理论。而父子身高实验，由于符合二元正态分布，在某种条件下，二者符合线性关系。但是，有时候也会发现有些连续变量在没有进行"校对"的条件下，也采用了线性模型，比如年龄。对此，我们强烈建议不要这样做，除非这些数据确实符合某种模型。

5.3　习题

假设我们有一组实验是这样设计的：在 3 种不同的天数内，我们分别进行了两个处理和两个对照实验。然后，测量了某种产出结果，我们想测试处理及不同的天数的影响（也许实验室的温度也会影响的实验仪器的准确性）。假设，每一天的处理效果都一样（即处理条件和天数之间没有相互作用）。那么，我们就会用 R 定义因子天数（day）和条件（condition）。

condition/day	A	B	C
treatment	2	2	2
control	2	2	2

1. 假设只定义了以上因子，那么下面哪个 R 公式可以产生预计的设计矩阵（模型

矩阵），从而可以进行条件因子（处理与对照），以及处理天数影响的研究？

（a）~day + condition

（b）~condition ~day

（c）~A + B +C + control + treated

（d）~B + C + treated

要记住，符号"~"和名称可以在一个模型中指示两个变量，比如我们可以设计一个矩阵包括处理条件的所有级别以及天数的所有级别。但在设计公式中，是不会涉及级别的。

小鼠饮食的例子　我们用小鼠饮食的例子来说明如何使用线性模型分析数据，而不是直接简单地使用 t 检验。通过展示，会发现这两种方法基本上是一样的。

我们首先读入数据并创建一个快速条形图：

```
dat <- read.csv("femaleMiceWeights.csv")      ## 文件先前已下载
stripchart (dat$Bodyweight ~ dat$Diet, vertical=TRUE, method="jitter",
            main="Bodyweight over Diet")
```

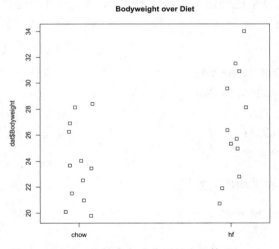

图 5.1　按饮食方式分层的小鼠体重

由图 5.1 可见，高脂肪饮食的小鼠平均体重明显高于正常饮食的小鼠，虽然两组之间还是有些重叠。

为了达到这目的，我们使用公式"~diet"设计一个矩阵 **X**。在第二列中，出现了许多"1"，这是由饮食方式（Diet）的级别水平决定的，也就是它是第二级水平，不是参考水平。

```
levels (dat$Diet)
## [1] "chow" "hf"
X <- model.matrix (~ Diet, data= dat)
head(X)
```

```
##     (Intercept)   Diethf
## 1            1        0
## 2            1        0
## 3            1        0
## 4            1        0
## 5            1        0
## 6            1        0
```

5.4   函数 lm() 背后的数学运算

在我们使用 lm() 运行线性建模分析前，我们应当知道在这个函数内部到底发生了什么事情。在函数 lm() 中，将会设计矩阵 X 并且计算 β，并找出其平方和的最小值，公式如下：

$$\hat{\boldsymbol{\beta}} = (\boldsymbol{X}^{\mathrm{T}}\boldsymbol{X})^{-1}\boldsymbol{X}^{\mathrm{T}}\boldsymbol{Y}$$

我们可以使用已经学过的矩阵乘法运算符 %*%、矩阵求逆函数 solve 以及矩阵转置函数 t 来进行运算：

```
Y <- dat$Bodyweight
X <- model.matrix (~Diet, data= dat)
solve (t (X) %*% X) %*% t (X) %*% Y
##                    [,1]
## (Intercept)   23.813333
## Diethf         3.020833
```

对照组的平均值和平均值的差值：

```
s <- split (dat$Bodyweight, dat$Diet)
mean (s[["chow" ]])
## [1] 23.81333
mean (s[["hf" ]]) – mean (s[["chow" ]])
## [1] 3.020833
```

最后，用 lm 函数运行一下线性模型分析：

```
fit <- lm (Bodyweight ~Diet, data= dat)
summary (fit)
##
## Call:
## lm(formula = Bodyweight ~Diet, data = dat)
##
```

```
## Residuals:
##        Min       1Q    Median       3Q      Max
##    -6.1042   -2.4358   -0.4138   2.8335   7.1858
##
## Coefficients:
##                 Estimate   Std. Error   t value   Pr(>|t|)
## (Intercept)       23.813        1.039    22.912    <2e-16 ***
##  Diethf            3.021        1.470     2.055     0.0519.
## ---
## Signif. codes:  0 '***' 0.001 '**' 0.01 '*' 0.05 '.' 0.1 ' ' 1
##
## Residual standard error: 3.6 on 22 degrees of freedom
## Multiple R-squared: 0.1611, Adjusted R-squared: 0.1229
## F-statistic: 4.224 on 1 and 22 DF,  p-value: 0.05192
```

```
(coefs <- coef(fit))
##   (Intercept)        Diethf
##     23.813333      3.020833
```

查看系数　图 5.2 用不同颜色的箭头标识了不同系数的含义（代码未显示）：

上一节的分析中我们用了之前的例子，这个简单线性模型与之前给出的结果是一致的（如 t 统计值和 p 值），对于 t 检验也是这样。两组数据间的 t 检验假设两个总体的标准差是一样的。这个体现在线性模型中就是误差 ε 都是同样分布。

尽管这个例子显示线性模型等同于 t 检验，但是我们在后续章节中分析更复杂的矩阵设计时，会发现线性模型的用处更广泛。下面的例子给出的是两组一致的例子：

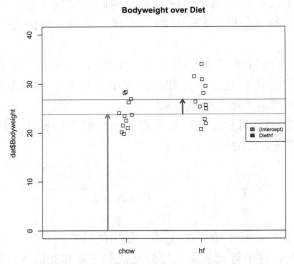

图 5.2　用箭头表示体重数据的线性模型系数估计值

线性模型给出的结果:

```
summary(fit)$coefficients
##                  Estimate Std.         Error          t value           Pr(>|t|)
## (Intercept)      23.813333      1.039353      22.911684      7.642256e−17
## Diethf            3.020833      1.469867       2.055174      5.192480e−02
```

用 t 统计量得到一致结果:

```
ttest <− t.test (s[["hf" ]], s[["chow" ]], var.equal=TRUE)
summary (fit)$coefficients[2, 3 ]
## [1] 2.055174
ttest$statistic
## t
## 2.055174
```

5.5   习题

函数 lm 可以用来对简单的线性模型(比如两组数据)进行拟合分析。在这里,利用线性模型进行检验分析和用同样变量假设进行 t 检验是同样的效果。但实际上,线性模型要比 t 检验的应用范围广泛的多(比如混淆变量、项目对比检验、相互作用检验、多变量同时检验等)。

本节习题中,我们将复习一下为什么会有一样的检验统计和 p 值,这背后的数学机制是什么。

我们已经知道,t 统计量的分子就是不同组平均值的差,因此我们必须看到分母也应当是一样的。由于我们计算的标准误是在相同假设前提(相同的方差)下对相同数量(差值)进行的,所以分母也是一样的。在这一节中,我们将用公式来演示一下这些直觉。

在线性模型中,我们看到了如何使用设计矩阵 X 和利用残差计算得来的 σ^2 来计算这个标准误。σ^2 的估计值是残差平方和除以 $N-p$,其中 N 是样本总数,p 是参数的个数(截距和一个组的指示,所以这里 $p=2$)。

在 t 检验中,t 值的分母是差值的标准误。如果我们假设两组的方差相等,则差值标准误的 t 检验公式是方差的平方根:

$$\frac{1}{\frac{1}{N_x}+\frac{1}{N_y}}\frac{\sum_{i=1}^{N_x}(X_i-\mu_x)^2+\sum_{i=1}^{N_y}(Y_i-\mu_y)^2}{N_x+N_y-2}$$

这里 N_x 是第一组中的样本数,N_y 是第二组中的样本数。

如果我们仔细看,这个等式的第二部分是残差平方和除以 $N-2$。

剩下要显示的是 $(X^TX)^{-1}$ 的第 2 行第 2 列中的元素是 $\left(\dfrac{1}{N_x}+\dfrac{1}{N_y}\right)$.

1. 你可以使用 model.matrix 为两组比较制作设计矩阵 X，或简单地：

X <- cbind(rep(1,Nx + Ny),rep(c(0,1),c(Nx, Ny)))

为了比较两组，其中第一组有 $N_x = 5$ 个样本，第二组有 $N_y = 7$ 个样本，X^TX 的第 1 行第 1 列中的元素是什么？

2. X^TX 中其它元素都是一样的。这个值是多少？

现在我们只需要将矩阵求逆即可得到 $(X^TX)^{-1}$。2×2 矩阵的矩阵求逆公式如下：

$$\begin{pmatrix} a & b \\ c & d \end{pmatrix}^{-1} = \frac{1}{ad-bc}\begin{pmatrix} d & -b \\ -c & a \end{pmatrix}$$

逆矩阵中的第 2 行第 2 列的元素是用于计算线性模型第二个系数的标准误的元素，值为 $a/(ad-bc)$。对于两组比较，我们看到 $a = N_x + N_y$ 和 $b = c = d = N_y$。因此，这个元素是：

$$\frac{N_x + N_y}{(N_x + N_y)N_y - N_yN_y}$$

简化后为：

$$\frac{N_x + N_y}{N_yN_y} = \frac{1}{N_x} + \frac{1}{N_y}$$

5.6 标准误

我们从前几章中已经知道，如何利用矩阵代数来寻找最小二乘估计。这些估计值都是随机变量，因为它们都是数据的线性组合。要想利用这些估计值，就需要计算它们的标准误。线性代数提供了强有力的工具来完成这个任务，这里我们提供几个例子。

抛物实验　充分理解随机性源于何处，对进行统计分析是非常有用的。在抛物实验中，随机性是由测量误差导致的。每进行一次实验，就会导致一次新的测量误差。这就暗示，所测得的数据都是随机变换的，这也反过来表明，估计值也将会发生随机的变化。比如引力常数，每进行一次实验，就会得出不同的结果。尽管这个常数是固定值，但我们的估计值却一直在变化。为了说明，我们进行一次蒙特卡洛模拟。这次，我们将重复产生数据，每次都计算一下二次方程的估计值。

set.seed (1)

B <- 10000

h0 <- 56.67

v0 <- 0

g <- 9.8   ## 米 / 秒

n <- 25

```
tt <- seq (0, 3.4, len=n)      ## 时间以秒为单位，t 是基础函数，故用 tt
X <- cbind (1, tt, tt^2)
##create X' X^-1 X'
A <- solve (crossprod (X)) %*% t (X)
betahat <- replicate (B,{
    y <- h0+v0*tt−0.5*g*tt^2 + rnorm (n,sd=1)
    betahats <- A%*%y
    return (betahats[3 ])
})
head (betahat)
## [1] −5.038646   −4.894362   −5.143756   −5.220960   −5.063322   −4.777521
```

由上可见，每一次计算的结果都不一样，表明 $\hat{\beta}$ 就是一个随机变量，因此它也会有一个分布：

```
library (rafalib)
mypar (1, 2)
hist (betahat)
qqnorm (betahat)
qqline (betahat)
```

在我们的模拟过程中，$\hat{\beta}$ 是一个线性组合数据，呈现正态分布（图 5.3 左），所以在 QQ 图（图 5.3 右）中看到了确实是这样。另外，通过图 5.3 的蒙特卡洛模拟也可以看到，分布的平均值大概是 −5.0 g。

```
round (mean (betahat),1)
## [1] −4.9
```

但是在估计时不会观察到这个确切的值，估计值的标准误大约是：

```
sd (betahat)
## [1] 0.2129976
```

接下来，我们将展示如何在不使用蒙特卡洛模拟的情况下计算标准误。这是因为在实践中不知道错误是如何产生的，所以也就不能使用蒙特卡洛方法。

父子身高实验　在这个例子中，随机性来自于父子成对身高抽样的随机性。为了方便解释，我们假设获得了父子身高的总体：

```
data (father.son,package="UsingR")
x <- father.son$fheight
y <- father.son$sheight
n <- length (y)
```

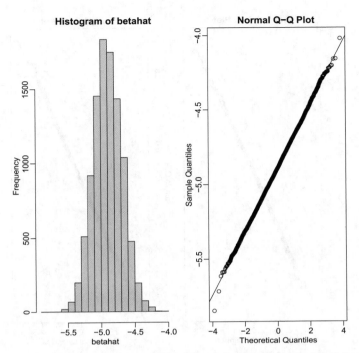

图 5.3 从蒙特卡洛模拟的抛物数据中获得的回归系数估计值分布
左边是直方图，右边是利用抽样分位数和正态分布理论分位数绘制的 QQ 图。

现在开始蒙特卡洛模拟，每次取样 50，取样 1000 次，然后计算 LSE：可以看到，这时估计值有两列

```
N <- 50
B <- 1000
betahat <- replicate(B,{
    index <- sample(n,N)
    sampledat <- father.son[index,]
    x <- sampledat$fheight
    y <- sampledat$sheight
    lm(y~x)$coef
    })
betahat <- t(betahat)    # 有两列的估计值
```

利用 QQ 图可以看一下这些估计值是否符合正态分布（结果见图 5.4）：

```
mypar (1, 2)
qqnorm (betahat[,1])
qqline (betahat[,1])
qqnorm (betahat[,2])
qqline (betahat[,2])
```

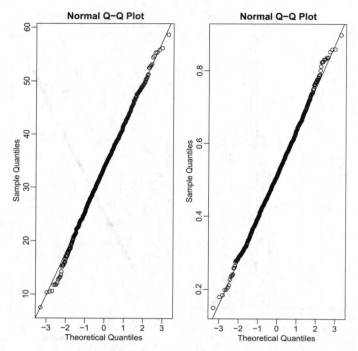

图 5.4　从蒙特卡洛模拟的父子身高数据中获得的回归系数估计值分布
左边是直方图，右边是利用抽样分位数和正态分布理论分位数绘制的 QQ 图。

可以看到两个估计值呈负相关：

```
cor (betahat[,1 ],betahat[,2 ])
## [1] −0.9992293
```

当我们计算估计值的线性组合时，我们应当知道这些信息以便恰当地计算这些线性组合的标准误。

在下一节中，我们将描述方差 – 协方差矩阵（variance-covariance matrix）。两个随机变量的协方差定义如下：

```
mean ((betahat[,1]−mean (betahat[,1]))*(betahat[,2]−mean(betahat[,2])))
## [1] −1.035291
```

协方差就是相关系数乘以每个随机变量的标准差。

$$\text{Corr}(X,\ Y) = \frac{\text{Cov}(X,\ Y)}{\sigma_X \sigma_Y}$$

这个值在实践中没有什么实际的用处。但是，它对于数学推理非常有用。在下一节中，我们会看到，矩阵代数可以用于计算线性模型估计值的标准误。

方差 – 协方差矩阵　第一步需要先定义方差 – 协方差矩阵——Σ。对于随机变量 Y，我们对 Σ 矩阵的定义如下：

$$\Sigma_{i,j} \equiv \text{Cov}(Y_i, Y_j)$$

当 $i = j$ 时，协方差等于方差，当两个变量间互不相关时，协方差等于 0。来自某总体的观察值 Y_j 组成一个向量 Y，假设每次观察值之间互相独立，并且所有的 Y_i 方差 σ^2 一样，那么方差 – 协方差矩阵只能有两种形式：

$$\text{Cov}(Y_i, Y_j) = \text{var}(Y_i) = \sigma^2$$
$$\text{Cov}(Y_i, Y_j) = 0, \quad \text{当 } i \neq j \text{ 时}$$

暗示，$\Sigma = \sigma^2 I$，I 代表单位矩阵。

稍后，我们将看到一个案例，具体来说线性模型的系数估计值 $\hat{\beta}$，在 Σ 的非对角元素中有非零元素。这些对角线元素不等于 σ^2。

线性组合的方差 线性代数的一个最大好处是，Y 的线性组合 AY 的方差 – 协方差矩阵可以按照以下公式计算：

$$\text{var}(AY) = A \, \text{var}(Y)A^{\text{T}}$$

如果 Y_1 和 Y_2 互相独立，并且它们的方差都是 σ^2，那么：

$$\text{var}\{Y_1 + Y_2\} = \text{var}\left\{ (1 \ \ 1) \begin{pmatrix} Y_1 \\ Y_2 \end{pmatrix} \right\}$$
$$= (1 \ \ 1) \, \sigma^2 I \begin{pmatrix} 1 \\ 1 \end{pmatrix} = 2\sigma^2$$

接下来就可以用这个结果获得 LSE 的标准误。

LSE 的标准误（高阶） 首先需要注意的是，$\hat{\beta}$ 是一个 Y 线性组合：AY，这里的 $A = (X^{\text{T}}X)^{-1}X^{\text{T}}$，这样我们就可以用以上公式来推导估计值的方差：

$$\text{var}(\hat{\beta}) = \text{var}((X^{\text{T}}X)^{-1}X^{\text{T}}Y) =$$
$$(X^{\text{T}}X)^{-1}X^{\text{T}} \, \text{var}(Y)((X^{\text{T}}X)^{-1}X^{\text{T}})^{\text{T}} =$$
$$(X^{\text{T}}X)^{-1}X^{\text{T}}\sigma^2 I((X^{\text{T}}X)^{-1}X^{\text{T}})^{\text{T}} =$$
$$\sigma^2(X^{\text{T}}X)^{-1}X^{\text{T}}X(X^{\text{T}}X)^{-1} =$$
$$\sigma^2(X^{\text{T}}X)^{-1}$$

这个矩阵取对角线然后再求平方根就是估计值的标准误。

估计标准差 为了在实践中应用以上公式，我们需要估计标准差 σ^2。之前我们已经从随机取样中估计了标准误，但是 Y 的标准差不是 σ，因为 Y 包含了由模型确定分量引起的变异性——$X\beta$。对此采取的措施是取残值。

残值的形式是这样的：

$$r \equiv \hat{\varepsilon} = Y - X\hat{\beta}$$

r 和 $\hat{\varepsilon}$ 符号都是代表的残值。

利用类似的方法，我们就可以对单变量的情况进行估计：

$$s^2 \equiv \hat{\sigma}^2 = \frac{1}{N-p}r^{\text{T}}r = \frac{1}{N-p}\sum_{i=1}^{N} r_i^2$$

这里，N 指的是样本量，p 指的是 X 的列数或者参数量（包括截距项 β_0）。之所以除以 $N-p$，是因为根据数学原理，这样会得到更好的（没有偏好性的）估计值。

下面用 R 进行一下这个操作，看看是否能够得到与蒙特卡洛模拟一样的值：

```
n <- nrow (father.son)
N <- 50
index <- sample (n,N)
sampledat <- father.son[index,]
x <- sampledat$fheight
y <- sampledat$sheight
X <- model.matrix (~x)
N <- nrow (X)
p <- ncol (X)
XtXinv <- solve (crossprod (X))
resid <- y–X %*% XtXinv %*% crossprod (X,y)
s <- sqrt (sum (resid^2)/(N–p))
ses <- sqrt (diag (XtXinv))*s
```

和 lm() 函数的结果比较一下：

```
summary (lm (y~x))$coef[,2 ]
## (Intercept)         x
## 8.3899781   0.1240767
ses
## (Intercept)               x
## 8.3899781     0.1240767
```

两者的结果是一样的，因为它们做了同样的事。也请注意，我们近似了蒙特卡洛模拟的结果。

```
apply (betahat,2, sd)
## (Intercept)         x
## 8.3899781   0.1240767
```

估计值的线性组合　在统计分析中，我们经常会计算估计值线性组合的标准差，如 $\hat{\beta}_2 - \hat{\beta}_1$。下面就是 $\hat{\beta}$ 的一个线性组合：

$$\hat{\beta}_2 - \hat{\beta}_1 = \begin{pmatrix} 0 & -1 & 1 & 0 & \cdots & 0 \end{pmatrix} \begin{pmatrix} \hat{\beta}_0 \\ \hat{\beta}_1 \\ \hat{\beta}_2 \\ \vdots \\ \hat{\beta}_P \end{pmatrix}$$

利用上述公式，就可以计算的方差－协方差矩阵。

CTL 和 t 分布　通过上一节的训练，我们可以获得估计值的标准误。但是在第一章的学习中我们已经知道，在进行统计推断时需要知道随机变量的分布情况。计算标准误的原因在于 CTL 可以在线性模型中应用。如果 N 足够大，那么 LSE 就遵循平均值为 $\boldsymbol{\beta}$、标准误为上述计算值的正态分布。当样本量比较小时，如果 ε 遵循正态分布，

那么 $\hat{\beta} - \beta$ 就遵循 t 分布。在此，不再推导这个定义，但是这个定义非常重要！这是我们计算线性模型的 p 值和置信区间的基础。

代码和数学比较 通常情况下，在书写线性模型时，要么假设 X 的值是固定的，要么就设定一个固定的条件（处理）。因此，$X\beta$ 就没有方差，因为 X 被认为是固定值。这也就是写成 $\text{var}(Y_i) = \text{var}(\varepsilon_i) = \sigma^2$ 的原因。这在实践操作中会产生一些困惑，比如计算如下内容：

```
x = father.son$fheight
beta = c (34, 0.5)
var (beta[1]+beta[2]*x)
## [1] 1.883576
```

这个值离 0 还很远。这个例子告诉我们必须要小心区分开代码与数学。函数 var 只是简单计算列表的方差，而数学上对方差的定义限定为随机变量。在上述 R 代码中，x 值根本就不能固定：我们一直在让它变化。而在写 $\text{var}(Y_i) = \sigma^2$ 时，我们在数学意义上是将 x 值固定的。同样，如果用 R 来计算下面例子 Y 的方差时，也会得到严重偏离 $\sigma^2 = 1$（已知方差）的结果：

```
n <- length (tt)
y <- h0 + v0*tt – 0.5 *g*tt^2+rnorm (n,sd=1)
var (y)
## [1] 329.5136
```

这同样也是因为我们不能将 tt 值固定。

5.7 习题

在之前的评估中，我们使用蒙特卡洛方法看到，当数据是随机样本时线性模型系数是随机变量。现在我们将使用之前展示的矩阵代数来尝试估计线性模型系数的标准误。再次对 father.son 身高数据进行随机抽样：

```
library(UsingR)
N <- 50
set.seed(1)
index <- sample(n,N)
sampledat <- father.son[index,]
x <- sampledat$fheight
y <- sampledat$sheight
betahat <- lm(y~x)$coef
```

标准误的公式是：

$$\text{SE}\,(\,\hat{\beta}\,)\ =\sqrt{\text{var}\,(\,\hat{\beta}\,)}$$

其中

$$\text{var}\,(\,\hat{\beta}\,)\ =\sigma^2(\boldsymbol{X}^{\text{T}}\boldsymbol{X})^{-1}$$

我们将估计或计算这个方程的每个部分，然后将它们组合起来。

首先，我们要估计 σ^2，即 Y 的方差。正如我们在前面的单元中看到的，因为我们假设 $X\beta$ 是固定的，所以 Y 的随机部分仅来自 ε。所以我们可以尝试从残差中估计所有 ε 的方差，即 Y_i 减去线性模型的拟合值。

1. 线性模型的拟合值 $\hat{Y}$ 可以这样获得：

```
fit <- lm(y ~ x)
fit$fitted.values
```

残差的平方和是多少？其中残差 $r_i = Y_i - \hat{Y}_i$。

2. 我们对 σ^2 的估计值将是残差平方和除以 $N-p$（样本大小减去模型中的项数）。由于样本数是 50 且模型中有 2 项（截距和斜率），我们对 σ^2 的估计值将是残差平方和除以 48。使用习题 1 的答案计算 σ^2 的估计值。

3. 构建设计矩阵 $\boldsymbol{X}$（注：使用大写 X）。可以通过将一列 "1" 与一个包含 x（父亲的身高）的列进行组合来完成。

```
N <- 50
X <- cbind(rep(1,N), x)
```

现在计算 $(\boldsymbol{X}^{\text{T}}\boldsymbol{X})^{-1}$。使用 t 进行转置，使用 solve 求解逆。第 1 行第 1 列的元素是什么？

4. 现在我们距离 $\hat{\beta}$ 的标准误仅一步之遥。使用 diag 函数从上面的 $(\boldsymbol{X}^{\text{T}}\boldsymbol{X})^{-1}$ 矩阵中取出对角元素。将 σ^2 的估计值乘以该矩阵的对角元素。这是 $\hat{\beta}$ 的方差估计值，因此取其平方根。你应该得到两个数字：截距的标准误和斜率的标准误。

斜率的标准误是多少？

将你对最后一个问题的答案与你在上一组习题中使用蒙特卡洛估计的值进行比较。因为我们只是在给定 50 个特定样本的情况下估计标准误（我们使用 set.seed(1) 获得的），所以二者是不一样的。

请注意，标准误估计也展示在第 2 列中：

```
summary(fit)
```

5.8　相互作用和对比

下面继续用一个例子来学习更为复杂的线性模型，我们将会使用一个数据集，它比较了蜘蛛不同部位腿的摩擦系数。具体来说我们需要确定推和拉哪一个的摩擦系数会更大一些。原始数据来自如下文献[1]：

Jonas O. Wolff & Stanislav N. Gorb, Radial arrangement of Janus-like setae permits friction control in spiders, Scientific Reports, 22 January 2013.

摘要描述如下：

捕食类蜘蛛绿色游侠蛛（*Cupiennius salei*）（蛛形纲，栉足蛛科）的远端足具有毛状附着垫（末端毛束），这些毛状垫是由众多刚毛构成的……末端毛束平滑玻璃摩擦检测可以分析这些刚毛排列方式对附着垫的功能效果是否有影响。

文献图 1[2] 有一些毛束的显微照片。我们对文献图 4[3] 的结果更感兴趣，图中作者比较了不同腿对的"推""拉"动作（"推""拉"动作在文献图 3[4] 的上部）。

我们将数据包含在我们的 dagdata 包中，可以在这里下载[5].

```
spider <- read.csv("spider_wolff_gorb_2013.csv", skip=1)
```

数据的初步可视化检查　每个测量数据来自一条进行了"拉"或"推"的腿，因此实际上有两个变量：

```
table (spider$leg,spider$type)
##
##       pull  push
## L1    34    34
## L2    15    15
## L3    52    52
## L4    40    40
```

知道了数据的基本结构后，就可以先用箱线图 5.5 看一下 8 个组合的测量数据结果，这个就有点类似文献图 4 的结果：

```
boxplot (spider$friction ~ spider$type*spider$leg,
        col=c ("grey90", "grey40"), las=2,
        main="Comparison of friction coefficients of different leg pairs")
```

由图可以看出两个趋势：

（1）"拉"的动作摩擦力明显高于"推"的动作。

（2）后部腿（L4 是后部腿）有更大的拉力摩擦力。

另外可以注意到的事情是，不同组数据，以平均值为中心，有不同的离散度，这种差异叫做组内方差（within-group variance）。这对于接下来要探究的线性模型是一个问题，因为在线性模型分析中，我们通常都假设围绕总体平均值上下波动，即误差 ε_i 的分布是一致的，这就意味着不同组的方差是一样的。忽略不同组数据存在不同方差

---

[1] http://dx.doi.org/10.1038/srep01101
[2] http://www.nature.com/articles/srep01101/figures/1
[3] http://www.nature.com/articles/srep01101/figures/4
[4] http://www.nature.com/articles/srep01101/figures/3
[5] https://raw.githubusercontent.com/genomicsclass/dagdata/master/inst/extdata/spider_wolff_gorb_2013.csv

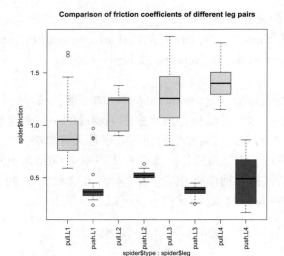

图 5.5 蜘蛛不同腿对摩擦系数的比较

摩擦系数计算为两个力的比率（参见论文方法），因此它是无单位的。

的情况会导致方差较小的组比较时会过分"保守"（因为方差的总体估计总是这些组的方差估计），而方差较大的组比较时会过分"自信"。如果这种离散度与摩擦程度有关，那么摩擦力大的数据就会有更大的离散度，这就可以用 log 或 sqrt 函数将原始数据进行转换。在这个例子中，有三个数据（L1、L2、L3）的摩擦力是最小的，因此离散度也最小。

在不对数据进行转换的情况下，也可以采取一些其它的检验手段，包括 t 检验或 Wilcoxon 检验，t 检验里使用"Welch"或"Satterthwaite approximation"参数，抛弃两组数据方差一致的假设。为了方便解释，我们不考虑群组内方差不同的问题，在进行模型拟合时都假设方差一样，进而讲解不同的线性模型设计。

一个变量的线性模型 为了提醒两组的线性模型是多么简单，我们仅使用 L1 腿对的数据，然后运行 lm：

```
spider.sub <- spider[spider$leg == "L1",]
fit <- lm (friction ~ type, data= spider.sub)
summary (fit)
##
## Call:
## lm(formula = friction ~ type, data = spider.sub)
##
## Residuals:
##       Min       1Q    Median        3Q       Max
## −0.33147  −0.10735  −0.04941  −0.00147   0.76853
##
## Coefficients:
```

```
##                Estimate   Std. Error   t value    Pr(>|t|)
## (Intercept)     0.92147     0.03827     24.078    < 2e-16 ***
## typepush        -0.51412    0.05412     -9.499    5.7e-14 ***
## ---
## Signif. codes:  0 '***' 0.001 '**' 0.01 '*' 0.05 '.' 0.1 ' ' 1
##
## Residual standard error: 0.2232 on 66 degrees of freedom
## Multiple R-squared:  0.5776, Adjusted R-squared:  0.5711
## F-statistic: 90.23 on 1 and 66 DF, p-value: 5.698e-14
 (coefs <- coef (fit))
##  (Intercept)       typepush
##   0.9214706     -0.5141176
```

这两个估计系数是"拉"观察值的平均值（第一个估计的系数）和两组平均值之间的差异（第二个系数）。可以用 R 代码单独计算一下：

```
s <- split (spider.sub$friction, spider.sub$type)
mean (s[["pull" ]])
## [1] 0.9214706
mean (s[["push"]]) – mean (s[["pull"]])
## [1] -0.5141176
```

我们也可以对以上数据进行矩阵设计，使用 lm 的内置函数：

```
X <- model.matrix (~ type, data=spider.sub)
colnames (X)
## [1] "(Intercept)" "typepush"
head (X)
##    (Intercept)   typepush
## 1       1            0
## 2       1            0
## 3       1            0
## 4       1            0
## 5       1            0
## 6       1            0
tail(X)
##    (Intercept)   typepush
## 63      1            1
## 64      1            1
## 65      1            1
## 66      1            1
```

```
## 67          1          1
## 68          1          1
```

现在，可以对矩阵 **X** 做一个图，1 放置一个黑色块，0 放置一个白色块。对于此脚本稍后的线性模型，此图将更有趣。沿 y 轴是样本编号（data 的行号），沿 x 轴是设计矩阵 **X** 的列。如果您安装了 rafalib 库，您可以使用 imagemat 函数制作此图（结果见图 5.6）：

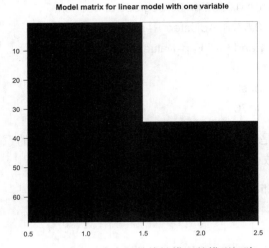

图 5.6   具有一个变量的线性模型的模型矩阵

```
library (rafalib)
imagemat (X, main="Model matrix for linear model with one variable")
```

检查一下估计的参数   现在，用有箭头的图（图 5.7）展示一下通过线性模型估计到的参数（代码未显示）：

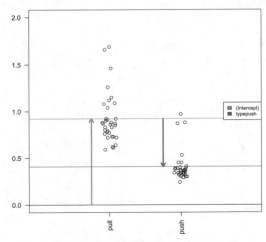

图 5.7   线性模型中的估计系数图

绿色箭头所示为截距（intercept），从 0 到参考组［reference group，这里指的是"拉"（pull）］平均值的范围。
橙色箭头所示为"推"（push）与"拉"（pull）平均值的差值，在这个例子中这个值为负值。圆圈显示各个样本，
它们水平抖动以避免过度绘制。

两个变量的线性模型 接下来，我们将继续检测包含所有腿对观察值的完整数据集。为了对不同位置的腿（L1、L2、L3、L4）以及不同的摩擦动作（pull、push）进行建模分析，我们需要在 R 公式中将两个变量都要考虑进去。对于两个变量的矩阵设计是这样的（结果见图 5.8）：

```
X <- model.matrix (~ type + leg, data=spider)
colnames (X)
## [1] "(Intercept)"   "typepush"   "legL2"   "legL3"   "legL4"
head (X)
##   (Intercept)   typepush   legL2   legL3   legL4
## 1           1          0       0       0       0
## 2           1          0       0       0       0
## 3           1          0       0       0       0
## 4           1          0       0       0       0
## 5           1          0       0       0       0
## 6           1          0       0       0       0
imagemat (X, main="Model matrix for linear model with two factors")
```

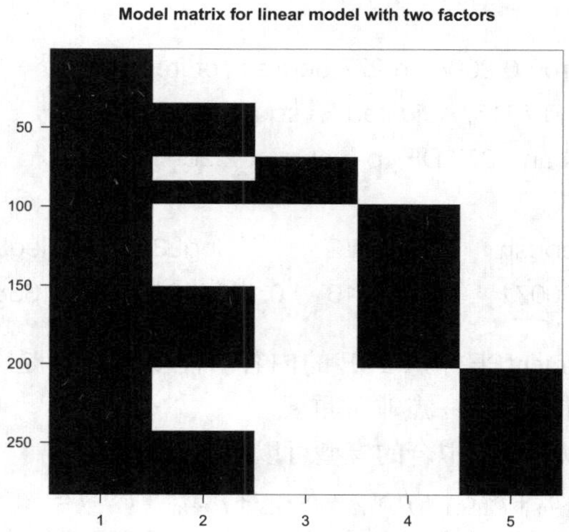

图 5.8 type+leg 公式的模型矩阵图

第 1 列为截距，所以它的值全部为"1"。第 2 列中，"1"代表"推"，由图可知，其中 4 组为"推"。剩下的 3、4、5 列的"1"分别代表的是 L2、L3 和 L4 样本。L1 样本没有单独的列，因为 L1 在变量 leg 中是参考组，同样的，"拉"也没有单独的列，因为"拉"在变量 type 中是参考组。

为了估计这个模型中的参数，我们使用函数 lm 以及公式 ~type + leg 来进行操作，我们把线性模型保存到 fitTL 中，意思是使用 Type 和 Leg 进行拟合。

```
fitTL <- lm (friction ~ type + leg, data= spider)
summary (fitTL)
```

```
##
## Call:
## lm(formula = friction ~ type + leg, data = spider)
##
## Residuals:
##       Min       1Q    Median       3Q       Max
## -0.46392  -0.13441  -0.00525  0.10547   0.69509
##
## Coefficients:
##              Estimate  Std. Error  t value  Pr(>|t|)
## (Intercept)   1.05392     0.02816   37.426   < 2e-16 ***
## typepush     -0.77901     0.02482  -31.380   < 2e-16 ***
## legL2         0.17192     0.04569    3.763  0.000205 ***
## legL3         0.16049     0.03251    4.937  1.37e-06 ***
## legL4         0.28134     0.03438    8.183  1.01e-14 ***
## ---
## Signif. codes: 0 '***' 0.001 '**' 0.01 '*' 0.05 '.' 0.1 ' ' 1
##
## Residual standard error: 0.2084 on 277 degrees of freedom
## Multiple R-squared:  0.7916, Adjusted R-squared:  0.7886
## F-statistic:  263 on 4 and 277 DF,  p-value: < 2.2e-16
(coefs <- coef(fitTL))
## (Intercept)    typepush       legL2       legL3       legL4
##   1.0539153  -0.7790071   0.1719216   0.1604921   0.2813382
```

在 R 中，用 coefficient 来标识 LSE 的内容。需要记住的是，这些参数我们是不可能观察到的，只能估计到，这一点非常重要。

数学表示方式 以上我们拟合的模型可以写成这样：

$$Y_i = \beta_0 + \beta_1 x_{i,1} + \beta_2 x_{i,2} + \beta_3 x_{i,3} + \beta_4 x_{i,4} + \varepsilon_i, \quad i = 1, \cdots, N$$

这里，x 代表了所有指示变量，表示推、拉以及哪条腿。比如"用第 3 条腿推"，则 $x_{i,1}$ 和 $x_{i,3}$ 为 1，而其它的为 0。而 β 代表效应值。比如，β_0 是截距，β_1 是拉，β_2 是 L2，等等。要记住，这个值是估计出来的，不能直接观察到。

我们以矩阵 $\boldsymbol{X}$ 为例说明如何获得 LSE：

$$\hat{\boldsymbol{\beta}} = (\boldsymbol{X}^{\mathrm{T}}\boldsymbol{X})^{-1}\boldsymbol{X}^{\mathrm{T}}\boldsymbol{Y}$$

```
Y <- spider$friction
X <- model.matrix (~ type + leg, data= spider)
beta.hat <- solve (t (X) %*% X) %*% t (X) %*% Y
t (beta.hat)
##      (Intercept)    typepush       legL2       legL3       legL4
```

```
## [1,]    1.053915    -0.7790071    0.1719216    0.1604921    0.2813382
coefs
##      (Intercept)      typepush        legL2        legL3        legL4
##       1.0539153    -0.7790071    0.1719216    0.1604921    0.2813382
```

可以看到，这些值跟函数 lm 估计出来的一样。

检查一下估计的参数　我们可以制作与以前相同的图（图 5.9），为模型中的每个估计的系数添加箭头。

```
arrows(6+a, coefs[1] + coefs[3], 6+a, coefs[1] + coefs[4] + coefs[2], lwd = 3, col = cols [2],
length= lgth)
segments(7+a,coefs[1] + coefs[5],8+a, coefs[1] + coefs[5], lwd = 3, col = cols[5])
arrows(8+a, coefs[1] + coefs[5], 8+a, coefs[1] + coefs[5] + coefs[2], lwd = 3, col = cols [2],
length= lgth)
legend(8.5,2,names(coefs),fill = cols, cex = 1.5, bg = 'white')
```

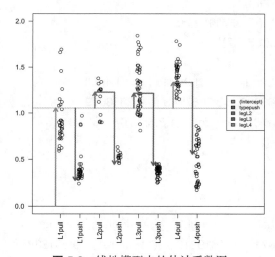

图 5.9　线性模型中的估计系数图

青绿色代表的是截距，也就是参考组的平均值（腿 L1 的"拉"），紫色、粉色和黄绿色分别代表
其它 3 个腿组与 L1 差值，橙色代表所有组的"拉"与"推"的差值。

在这种情况下，从拟合系数中得出的每个组的拟合均值与我们简单地从 8 个可能组中的每一个取平均值而获得的拟合均值不一致。原因是我们的模型使用 5 个系数，而不是 8 个。我们假设这些影响是加性的。但是，正如我们在下面更详细地说明的那样，可以使用包含相互作用的模型更好地描述此特定数据集。

计算如下：

```
s <- split(spider$friction,spider$group)
mean(s[["L1pull"]])
[1] 0.9214706
```

```
coefs[1]
## (Intercept)
## 1.053915
mean (s[["L1push"]])
## [1] 0.4073529
coefs[1] + coefs[2]
##   (Intercept)
##  0.2749082
```

在这里，我们可以证明"推/拉"（push vs. pull）的估计系数（coefs[2]）是每组均值差的加权平均值。此外，权重由每组的样本量确定。这里的数学运算很简单，因为每个腿所对应的推和拉的样本大小相等。如果每个腿对应的推和拉样本量不相等，则权重更为复杂，但由涉及每个子组的样本量、总样本量和系数数量的公式唯一确定。可以从 $(X^T X)^{-1} X^T$ 中算出。

```
(means <- sapply(s, mean))
## 每个腿对"拉"或"推"组的样本大小
ns<- sapply(s,length)[c(1,3,5,7)]
(w<- ns/sum(ns))
##      L1pull     L2pull     L3pull     L4pull
##   0.2411348  0.1063830  0.3687943  0.2836879
> sum(w*(means[c(2,4,6,8)] - means[c(1,3,5,7)]))
## [1] -0.7790071coefs[2]
##  typepush
## -0.7790071
> coefs
(Intercept)    typepush      legL2      legL3      legL4
  1.0539153   -0.7790071  0.1719216  0.1604921  0.2813382
```

对比系数 有时，我们感兴趣的比较可以直接用模型中的单个系数来表示，例如推与拉的差异，也就是上面的 coefs[2]。但是，有时我们想做一个比较，不是一个单一的系数，而是一个系数的组合，这叫做对比（contrast）。为了介绍对比的概念，首先考虑我们可以从线性模型摘要中读出的比较：

```
coefs
## (Intercept)    typepush      legL2      legL3      legL4
## 1.0539153   -0.7790071  0.1719216   0.1604921   0.2813382
```

这里我们有截距估计、所有腿对"推/拉"的估计效应，以及 L2/L1 效应、L3/L1 效应和 L4/L1 效应的估计。如果我们想比较两组并且其中一组不是 L1 怎么办？这个问题的解决方案是使用对比。

对比是估计系数的组合：$c^T\hat{\boldsymbol{\beta}}$，其中 c 是一个列向量，其行数与线性模型中的系数数相同。如果 c 的一行或多行为 0，则 $\hat{\boldsymbol{\beta}}$ 中相应的估计系数不包括在对比中。

如果我们想要比较腿对 L3 和 L2，这相当于对比线性模型中的两个系数，因为在这种对比中，与参考组 L1 的比较抵消了：

$$（L3 - L1）-（L2 - L1）= L3 - L2$$

对两组进行对比的一种简单方法是使用 contrast 软件包中的 contrast 函数。我们只需要指定要比较的组。尽管答案不会有所不同，但我们必须从拉或推类型中选择一种。我们将在下面看到。

```
library(contrast)      # CRAN 中提供
L3vsL2 <- contrast(fitTL,list(leg="L3",type="pull"),list(leg="L2",type="pull"))
L3vsL2
## lm 模型参数比较
##
##        Contrast       S.E.        Lower        Upper       t       df    Pr(>ltl)
## -0.01142949   0.04319685   -0.0964653   0.07360632   -0.26   277   0.7915
```

第一列的 Contrast 给出了我们上面拟合模型的 L3/2 对比估计值。

我们可以证明系数线性组合的最小二乘估计与估计的线性组合是相同的。因此，效应大小估计只是两个估计系数之间的差值。contrast 使用的对比向量被存储为结果对象中一个名为 X 的变量 [不要与我们的原始 X（设计矩阵）混淆]。

```
coefs[4] - coefs[3]
##            legL3
##  -0.01142949
(cT <- L3vsL2$X)
## (Intercept) typepush legL2 legL3 legL4
## 1  0  0  -1  1  0
## attr(,"assign")
## [1] 0  1  2  2  2
## attr(,"contrasts")
## attr(,"contrasts")$type
## [1] "contr.treatment"
##
## attr(,"contrasts")$leg
## [1] "contr.treatment"
cT %*% coefs
##                [,1]
## 1  -0.01142949
```

那么标准差和 t 统计量呢？和以前一样，t 统计量是估计值除以标准误差。对比估计的标准误差是通过将估计协方差矩阵任一侧的对比向量 c 乘以 $\hat{\Sigma}$，即我们对 $\text{var}(\hat{\beta})$ 的估计而形成的：

$$\sqrt{c^T \hat{\Sigma} c}$$

我们在前面看到了系数的协方差：

$$\Sigma = \sigma^2 (X^T X)^{-1}$$

我们估计 σ^2 样本估计 $\hat{\sigma}^2$ 如上文所述，并获得：

```
Sigma.hat <- sum(fitTL$residuals^2)/(nrow(X) − ncol(X))*solve(t(X) %*% X)
signif(Sigma.hat, 2)
```

##	(Intercept)	typepush	legL2	legL3	legL4
## (Intercept)	0.00079	−3.1e−04	−0.00064	−0.00064	−0.00064
## typepush	−0.00031	6.2e−04	0.00000	0.00000	0.00000
## legL2	−0.00064	−6.4e−20	0.00210	0.00064	0.00064
## legL3	−0.00064	−6.4e−20	0.00064	0.00110	0.00064
## legL4	−0.00064	−1.2e−19	0.00064	0.00064	0.00120

```
sqrt(cT %*% Sigma.hat %*% t(cT))
## 1
## 1 0.04319685
L3vsL2$SE
## [1] 0.04319685
```

如果我们选择 type="push"，那么对于 L3 和 L2 的对比，我们会得到相同的结果。它不会改变对比的原因是，它会导致差异两侧的 typepush 效应抵消了：

```
L3vsL2.equiv <- contrast(fitTL,list(leg="L3",type="push"),list(leg="L2",type="push"))
L3vsL2.equiv$X
##   (Intercept) typepush legL2 legL3 legL4
## 1           0        0    −1     1     0
## attr(,"assign")
## [1] 0 1 2 2 2
## attr(,"contrasts")
## attr(,"contrasts")$type
## [1] "contr.treatment"
##
## attr(,"contrasts")$leg
## [1] "contr.treatment"
```

5.9 相互作用的线性模型

在以前的线性模型中，我们假设所有腿对的推 / 拉效应都相同（相同的橙色箭头）。从中很容易看到，这并不能很好地反映数据中的趋势。也就是说，箭头的提示与组平均值并不完全一致。对于 L1，推 / 拉估计系数太大，而对于 L3，推 / 拉系数有点太小。

相互作用项将通过引入附加系数来补偿这 4 组中推 / 拉效应的差异，从而帮助我们克服这一问题。由于我们已经在模型中有了推 / 拉项，因此我们只需要再添加三个项就可以自由地找到腿对特定的推 / 拉差异。接下来，把现有项的设计矩阵各列相乘，从而将相互作用项（interaction term）添加到设计矩阵中。

在方程中包含一个额外项 type:leg，就可以通过 type 和 leg 之间的相互作用来重建线性模型。这里的冒号 ":" 表示在两个变量之间添加了一个相互作用。指定此模型的等效方法是 ~type*leg，它将扩展为公式 ~type+leg+type:leg，其中主要效应是 type、leg 和相互作用项是 type:leg。

```
> X <- model.matrix(~ type + leg + type:leg, data=spider)
colnames(X)
## [1]    "(Intercept)"      "typepush"         "legL2"          "legL3"
## [5]    "legL4"   "typepush:legL2"   "typepush:legL3"   "typepush:legL4"
 head(X)
## (Intercept) typepush  legL2  legL3  legL4  typepush:legL2  typepush:legL3
## 1        1        0      0      0      0              0              0
## 2        1        0      0      0      0              0              0
## 3        1        0      0      0      0              0              0
## 4        1        0      0      0      0              0              0
## 5        1        0      0      0      0              0              0
## 6        1        0      0      0      0              0              0
   typepush:legL4
## 1        0
## 2        0
## 3        0
## 4        0
## 5        0
## 6        0
> imagemat(X, main="Model matrix for linear model with interactions")
```

图 5.10 中第 6—8 列（typepush:legL2，typepush:legL3 和 typepush:legL4）是第 2 列（typepush）和第 3—5 列（三个 leg 列）分别产生的结果。例如，在最后一列中，typepush:legL4 列将额外系数 $\beta_{push,L4}$ 添加到既是推样本又是 L4 样本的那些样本中。这时，计算得到的 "L4- 推" 组中的样本均值，就与通过估计截距、typepush 系数和估计

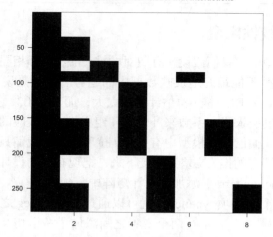

图 5.10　图示相互作用模型矩阵

legL4 系数三者相加得到的结果有可能有差异。

我们可以使用与之前相同的代码来运行线性模型：

```
fitX <- lm(friction ~ type + leg + type:leg, data=spider)
summary(fitX)
##
## Call:
## lm(formula = friction ~ type + leg + type:leg, data = spider)
##
## Residuals:
##       Min        1Q     Median       3Q        Max
##   -0.46385  -0.10735  -0.01111  0.07848  0.76853
##
## Coefficients:
##                    Estimate  Std.Error   t value    Pr(>|t|)
## (Intercept)         0.92147    0.03266    28.215    < 2e-16 ***
## typepush           -0.51412    0.04619   -11.131    < 2e-16 ***
## legL2               0.22386    0.05903     3.792   0.000184 ***
## legL3               0.35238    0.04200     8.390   2.62e-15 ***
## legL4               0.47928    0.04442    10.789    < 2e-16 ***
## typepush:legL2     -0.10388    0.08348    -1.244   0.214409
## typepush:legL3     -0.38377    0.05940    -6.461   4.73e-10 ***
## typepush:legL4     -0.39588    0.06282    -6.302   1.17e-09 ***
## ---
## Signif. codes:  0 '***' 0.001 '**' 0.01 '*' 0.05 '.' 0.1 ' ' 1
##
```

```
## Residual standard error: 0.1904 on 274 degrees of freedom
## Multiple R-squared: 0.8279,   Adjusted R-squared: 0.8235
## F-statistic: 188.3 on 7 and 274 DF,  p-value: < 2.2e-16
coefs<- coef(fitX)
```

检查估计的系数 在此，带有箭头的图实际上可以帮助我们解释系数。估计的相互作用系数（黄色、棕色和银色箭头）允许在推／拉内存在腿对特定的差异。现在，橙色箭头仅代表参考腿对（这里指的是 L1）的估计推／拉差异。如果估计的相互作用系数很大，则意味着该腿对的推／拉差异与参考腿对的推／拉差异存在较大的差别。

现在，由于在模型中有 8 个项及 8 个参数，因此可以检查箭头的尖端是否完全等于各组均值（代码未显示，结果见图 5.11）：

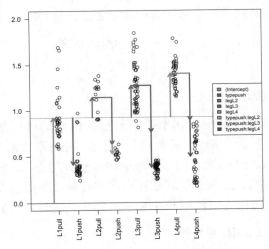

图 5.11 线性模型中的估计系数图

在具有相互作用的设计中，橙色箭头现在仅指示参考组（L1）的推／拉差异，

而三个新箭头（黄色、棕色和灰色）表示非参考组（L2、L3 和 L4）的推／拉差异。

对比 我们将再次展示如何利用对比来组合模型中的估计系数。对于一些简单的情况，我们可以使用 contrast 包。假设我们想知道 L2 腿对样本的推／拉效应。我们可以从箭头图中看到，这是橙色箭头加上黄色箭头。我们还可以使用 contrast 函数指定这种比较：

```
library(contrast)      ## CRAN 中提供
L2push.vs.pull <- contrast(fitX,
              list(leg="L2", type = "push"),
              list(leg="L2", type = "pull"))
L2push.vs.pull
## lm model parameter contrast
##
```

```
## Contrast        S.E.          Lower        Upper           t       df      Pr(>|t|)
##  −0.618      0.0695372    −0.7548951    −0.4811049    −8.89      274          0
```

coefs[2] + coefs[6]   ## 我们知道这也是橙色 + 黄色箭头

```
## typepush
##    −0.618
```

差值的差异　与 L1 相比, L2 中的推拉差值是否不同, 这个问题由模型中的一个术语来回答: 图中黄色箭头对应的 typepush:legL2 估算系数。该系数是否实际等于零的 p 值可以从上面的 summary(fitX) 获取。类似地, 我们可以获取 L3 与 L1 以及 L4 与 L1 差异的 p 值。

假设我们想知道, 与 L2 相比, L3 的推 / 拉差值是否不同。通过检查上图中的箭头, 我们可以看到 L1 以外的腿对的推 / 拉效应是 typepush 箭头加上该组的交互项。

如果我们计算出比较两个非参考腿对的数学公式, 这是:

(typepush + typepush:legL3) − (typepush + typepush:legL2)

简化为:

= typepush:legL3 − typepush:legL2

我们不能使用前面的 contrast 函数进行对比, 但我们可以使用 multcomp 包中的 glht (用于 "一般线性假设检验") 函数进行对比。我们需要形成一个 1 行矩阵, 其中, −1 是 typepush:legL2 的系数, +1 是 typepush:legL3 的系数。我们将此矩阵作为 linfct (线性函数) 的参数, 并获得估算相互作用系数对比的汇总表。

请注意, 还有其它方法可以使用 base R 进行对比, 这只是我们首选的方法。

```
library(multcomp)       ## CRAN 中提供
C <- matrix(c(0,0,0,0,0,−1,1,0), 1)
L3vsL2interaction <- glht(fitX, linfct=C)
summary(L3vsL2interaction)
##
## Simultaneous Tests for General Linear Hypotheses
##
## Fit: lm(formula = friction ~ type + leg + type:leg, data = spider)
## ## Linear Hypotheses:
##            Estimate   Std. Error    t value     Pr(>|t|)
## 1 == 0    −0.27988     0.07893     −3.546      0.00046 ***
## −−−
## Signif. codes: 0 '***' 0.001 '**' 0.01 '*' 0.05 '.' 0.1 ' ' 1
## (Adjusted p values reported −− single−step method)
```

coefs[7] − coefs[6]   ## 我们知道这也是棕色 − 黄色箭头

```
## typepush:legL3
##    −0.2798846
```

5.10　方差分析

　　假设我们想知道一般而言，腿对的推 / 拉差异是否不同。假设所有腿对的推 / 拉差异均相等，我们不想特别地比较任何两个腿对，但我们想知道代表腿对的推 / 拉差异的三个相互作用项是否大于期望值。

　　可以通过方差分析（通常缩写为 ANOVA）来回答这个问题。对于不同复杂度的模型，ANOVA 可以比较残差平方和的减少。具有 8 个系数的模型比具有 5 个系数的模型更复杂，在该模型中，我们假设所有腿对的推 / 拉差异均相等。最不复杂的模型将只使用一个系数，即截距。在某些假设下，我们还可以执行推断，该推断确定优化结果与观察结果一样大的可能性。首先，在 R 中显示 ANOVA 的结果，然后详细检查结果：

```
anova(fitX)
## Analysis of Variance Table
##
## Response: friction
##              Df    Sum Sq    Mean Sq    F value      Pr(>F)
## type          1    42.783    42.783    1179.713    < 2.2e-16 ***
## leg           3     2.921     0.974      26.847    2.972e-15 ***
## type:leg      3     2.098     0.699      19.282    2.256e-11 ***
## Residuals   274     9.937     0.036
## ---
## Signif. codes:  0 '***' 0.001 '**' 0.01 '*' 0.05 '.' 0.1 ' ' 1
```

　　第一行告诉我们，与仅带有截距的模型相比，在设计中添加变量 type（推或拉）非常有用（减少残差平方和）。我们可以看到它很有用，因为一个系数使平方和减少了 42.783。仅带有截距模型的原始平方和为：

```
mu0 <- mean(spider$friction)(initial.ss <- sum((spider$friction – mu0)^2))
## [1] 57.73858
```

　　请注意，此初始平方和只是样本方差的缩放版本：

```
N <- nrow(spider)(N–1) * var(spider$friction)
## [1] 57.73858
```

　　让我们确切地了解如何获得 42.783。我们只需要使用类型信息来计算模型的残差平方和。通过计算残差，对残差进行求平方，在组内求和，然后再将各组相加即可。

```
s <- split(spider$friction, spider$type)
after.type.ss <- sum (sapply(s, function(x) {
  residual <- x–mean(x)
```

```
    sum(residual^2)
}))
```

引入 type 系数后，减去残差平方和的差值就是：

```
( type.ss <- initial.ss−after.type.ss )
## [1] 42.78307
```

通过简单的算法[6]，该减少量可以表示为公式 ~ type 和 ~ 1 的模型的拟合值之间的平方差总和：

```
sum(sapply(s, length)*(sapply(s, mean) − mu0)^2)
## [1] 42.78307
```

请记住，公式中的项顺序以及 ANOVA 表中的行顺序非常重要：与上一行模型相比，每一行都考虑了在添加系数之后残差平方和的减少。

ANOVA 表中的其它列显示每一行的"自由度"。由于 type 变量在模型中只引入了 1 个项（push），因此 Df 列具有"1"。由于在模型中，leg 变量引入了 3 个项（legL2、legL3 和 legL4），因此 Df 列具有"3"。

最后，有一列列出 F 值（F value）。F 值是包含感兴趣项的平方的均值（平方和除以自由度）除以均方差（mean squared residual）（如下）：

$$r_i = Y_i - \hat{Y}_i$$

均方差 $= \dfrac{1}{N-p}\sum_{i=1}^{N} r_i^2$

其中 p 是模型中系数的个数（此处为 8，包括截距项）。

在零假设（附加系数的真实值为 0）下，我们得到了关于每一行 F 值的分布的理论结果。保持这种近似所需的假设与我们在前面各章中描述的 t 分布近似的假设相似。我们需要大样本量以便应用 CLT，或者我们需要总体数据遵循正态近似。

举例解释一下这些 p 值，让我们看一下最后一行的 type:leg 指定三个相互作用系数。在零假设下，这三个附加项的真实值实际上为 0，例如 $\beta_{push,L2} = 0$、$\beta_{push,L3} = 0$、$\beta_{push,L4} = 0$，那么我们可以计算出在 ANOVA 表的这一行看到如此大的 F 值的机会。请记住，这里我们只关心较大的值，因为我们有平方和之比，所以 F 值只能为正。type:leg 最后一列中的 p 值可以解释为：在零假设下，腿对之间的推/拉差异没有差别，那么这个 p 值就是一个估计相互作用系数（estimated interaction coefficient）解释大部分观察方差（observed variance）的概率。如果此 p 值很小，我们将考虑否定零假设，即腿对间的推/拉差异相同。

F 分布[7]具有两个参数：一个用于分子项（感兴趣的项）的自由度，另一个是分母（即残差）。在相互作用系数行的情况下，它是 3，相互作用系数的数量除以 274，即样本数减去系数的总数。

---

[6] http://en.wikipedia.org/wiki/Partition_of_sums_of_squares#Proof

[7] http://en.wikipedia.org/wiki/F−distribution

同一模型的不同规范　现在，我们展示同一模型的另一种规范，其中我们假设类型和腿的每种组合都有自己的平均值（因此，每对腿的推 / 拉效应都不相同）。我们会看到的，该规范在某种程度上更简单，但是它不允许我们像上面那样构建 ANOVA 表，因为它不会以相同的方式将相互作用系数分开。

我们从构造 type 和 leg 的每种唯一组合水平的因子变量开始。公式中包含 0 +，因为我们不想在模型矩阵中包含截距（结果见图 5.12）。

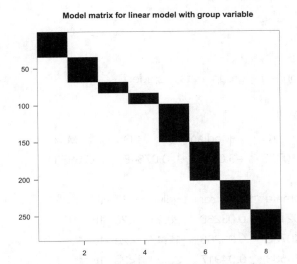

图 5.12　具有组变量的线性模型的模型矩阵图像

该模型还具有 8 项，为每种类型和腿的组合提供了唯一的拟合值。

```
## 我们先定义组列：
spider$group <- factor(paste0(spider$leg, spider$type))
X <- model.matrix(~ 0 + group, data=spider)
colnames(X)
## [1] "groupL1pull" "groupL1push" "groupL2pull" "groupL2push" "groupL3pull"
## [6] "groupL3push" "groupL4pull" "groupL4push" head(X)
##   groupL1pull groupL1push groupL2pull groupL2push groupL3pull  groupL3push
## 1           1           0           0           0           0            0
## 2           1           0           0           0           0            0
## 3           1           0           0           0           0            0
## 4           1           0           0           0           0            0
## 5           1           0           0           0           0            0
## 6           1           0           0           0           0            0
##   groupL4pull groupL4push
## 1           0           0
## 2           0           0
## 3           0           0
```

```
## 4              0              0
## 5              0              0
## 6              0              0
imagemat(X, main="Model matrix for linear model with group variable")
```

我们可以这样运行线性模型：

```
fitG <- lm(friction ~ 0 + group, data=spider)
summary(fitG)
##
## Call:
## lm(formula = friction ~ 0 + group, data = spider)
##
## Residuals:
          Min        1Q      Median       3Q        Max
##    −0.46385   −0.10735   −0.01111   0.07848   0.76853
## Coefficients:
##               Estimate   Std. Error   t value    Pr(>|t|)
## groupL1pull    0.92147    0.03266     28.21     <2e−16 ***
## groupL1push    0.40735    0.03266     12.47     <2e−16 ***
## groupL2pull    1.14533    0.04917     23.29     <2e−16 ***
## groupL2push    0.52733    0.04917     10.72     <2e−16 ***
## groupL3pull    1.27385    0.02641     48.24     <2e−16 ***
## groupL3push    0.37596    0.02641     14.24     <2e−16 ***
## groupL4pull    1.40075    0.03011     46.52     <2e−16 ***
## groupL4push    0.49075    0.03011     16.30     <2e−16 ***
## ---
## Signif. codes: 0 '***' 0.001 '**' 0.01 '*' 0.05 '.' 0.1 ' ' 1
## Residual standard error: 0.1904 on 274 degrees of freedom
## Multiple R-squared: 0.96, Adjusted R-squared: 0.9588
## F-statistic: 821 on 8 and 274 DF, p-value: < 2.2e−16
coefs <- coef(fitG)
```

检查估计系数　现在我们有 8 个箭头，每组一个。箭头提示直接与每组的平均值对齐（图 5.13）：

利用 contrast 包进行简单对比　虽然使用这个公式无法执行 ANOVA，但是我们可以使用 contrast 函数很容易地对比各个组的估计系数：

```
groupL2push.vs.pull <- contrast(fitG,
                         list(group = "L2push"),
                         list(group = "L2pull"))
```

groupL2push.vs.pull

```
## lm model parameter contrast
##
##    Contrast      S.E.       Lower        Upper        t       df    Pr(>|t|)
## 1   −0.618   0.0695372   −0.7548951   −0.4811049   −8.89    274       0
```

coefs[4] − coefs[3]

```
## groupL2push
##         −0.618
```

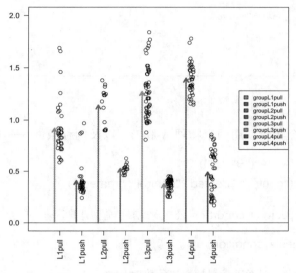

图 5.13 线性模型中估计系数的图
每个项代表类型和支路组合的平均值。

没有截距时的差值差异 我们还可以成对比较推 / 拉差异。例如，如果我们想比较腿对 L3 和腿对 L2 的推 / 拉差异：

$$(L3push - L3pull) - (L2push - L2pull)$$
$$= L3push + L2pull - L3pull - L2push$$

```
C <- matrix(c(0,0,1,−1,−1,1,0,0), 1)
groupL3vsL2interaction <- glht(fitG, linfct=C)
summary(groupL3vsL2interaction)
##
## Simultaneous Tests for General Linear Hypotheses
##
## Fit: lm(formula = friction ~ 0 + group, data = spider)
##
## Linear Hypotheses:
##             Estimate   Std. Error   t value        Pr(>|t|)
```

```
## 1 == 0    −0.27988     0.07893    −3.546    0.00046 ***
## ---
## Signif. codes: 0 '***' 0.001 '**' 0.01 '*' 0.05 '.' 0.1 ' ' 1
## (Adjusted p values reported -- single-step method)
names(coefs)
## [1] "groupL1pull" "groupL1push" "groupL2pull" "groupL2push" "groupL3pull"
## [6] "groupL3push" "groupL4pull" "groupL4push"
(coefs[6] − coefs[5]) − (coefs[4] − coefs[3])
## groupL3push
## −0.2798846
```

5.11 习题

假设我们有一个实验，用两个物种 A 和 B，以及两种条件——对照和处理。

```
species <- factor(c("A","A","B","B"))
condition <- factor(c("control","treated","control","treated"))
```

我们将使用 ~ species + condition 公式来创建模型矩阵：

```
model.matrix(~ species + condition)
```

1. 假设我们要为上述实验设计建立系数对比。

你可以通过查看设计矩阵来解决这个问题，也可以使用对比库中的 contrast 函数和 Y 的随机数来解决这个问题。对比向量将以 contrast(...)\$X 返回。

对比向量应该是什么，才能获得物种 B 对照组和物种 A 处理组之间的差异（物种 B 对照 − 物种 A 处理）？假设系数（设计矩阵的列）为：截距、物种 B、条件 − 处理。

（a）0   0   1

（b）0   -1   0

（c）0   1   1

（d）0   1   -1

（e）0   -1   1

（f）1   0   1

2. 使用 Rmd 脚本加载 spider 数据集。假设我们使用两个变量来构建模型：~type + leg。

腿对 L4 与腿对 L2 的对比的 t 统计量是多少？

3. 腿对 L4 与腿对 L2 的对比 t 统计量是通过取估计系数腿对 L4 和腿对 L2 的差值，然后除以差值的标准误来构建的。

对于对比向量 C，对比 $C\hat{\beta}$ 的标准误为：

$$\sqrt{C\hat{\Sigma}C^{\mathsf{T}}}$$

其中，$\hat{\Sigma}$ 是系数 $\hat{\beta}$ 估计值的估计协方差矩阵。协方差矩阵包含的方差或协方差的元素。$\hat{\Sigma}$ 矩阵对角线上的元素给出了 $\hat{\beta}$ 中每个元素的估计方差。这些的平方根是 $\hat{\beta}$ 中元素的标准误差。$\hat{\Sigma}$ 的非对角元素给出了 $\hat{\beta}$ 的两个不同元素的估计协方差。所以 $\hat{\Sigma}_{1,2}$ 给出了 $\hat{\beta}$ 的第一个和第二个元素的协方差。$\hat{\beta}$ 矩阵是对称的，即 $\hat{\Sigma}_{i,j} = \hat{\Sigma}_{j,i}$。

对于差值，我们有：

$$\mathrm{var}\left(\hat{\beta}_{L4} - \hat{\beta}_{L2}\right) = \mathrm{var}\left(\hat{\beta}_{L4}\right) + \mathrm{var}\left(\hat{\beta}_{L2}\right) - 2\mathrm{cov}\left(\hat{\beta}_{L4}, \hat{\beta}_{L2}\right)$$

使用下面的代码可以估计 $\hat{\Sigma}$：

```
X <- model.matrix(~ type + leg, data=spider) Sigma.hat <- sum(fitTL$residuals^2)/(nrow(X) – ncol(X))*solve(t(X) %*% X)
```

使用 Σ 的估计，你对 $\mathrm{cov}\left(\hat{\beta}_{L4}, \hat{\beta}_{L2}\right)$ 的估计是多少？

我们用于所需比较的对比矩阵是：

```
C <- matrix(c(0,0,–1,0,1),1,5)
```

4. 假设我们注意到摩擦系数较小的组的组内方差通常较小，因此我们尝试对摩擦系数应用变换以使组内方差更恒定。

将新变量 log2friction 添加到蜘蛛数据：

```
spider$log2friction <- log2(spider$friction)
```

Y 值现在是这样：

```
boxplot(log2friction ~ type*leg, data=spider)
```

使用类型、腿以及类型和腿之间的相互作用运行 log2friction 的线性模型。

类型"推"和腿 L4 的相互作用的 t 统计量是多少？如果这个 t 统计量足够大，我们将拒绝原假设，即推拉对 log2(friction) 的效应在 L4 中与 L1 中相同。

5. 使用 log2 转换数据作相同分析，在 ANOVA 中所有 type:leg 相互作用项的 F 值是多少？如果这个值足够大，我们将拒绝零假设，即推拉对 log2(friction) 的效应对于所有腿对都相同。

6. 拉样本的 L2 与 L1 对比在 log2(friction) 中估计值是多少？

7. 推样本的 L2 与 L1 对比在 log2(friction) 中估计值是多少？请记住，由于相互作用项的存在，它与拉样本的 L2 与 L1 对比差异是不同。如果您不确定，请使用 contrast 函数。另一个提示：对于具有相互作用的模型，可以考虑箭头图。

5.12 共线性

如果实验设计不正确，我们可能无法估算感兴趣的参数。同样，在分析数据时，我们可能会错误地决定使用不合适的模型。如果我们使用线性模型，则可以通过在设计矩阵中寻找共线性的数学方法检测这些问题。

方程组示例   以下方程组：

$$a + c = 1$$
$$b - c = 1$$
$$a + b = 2$$

有多个解，因为存在无数个三元组可以满足 $a = 1 - c$，$b = 1 + c$，比如 $a = 1$，$b = 1$，$c = 0$ 以及 $a = 0$，$b = 2$，$c = 1$。

矩阵代数法   上面的方程系统可以这样写：

$$\begin{pmatrix} 1 & 0 & 1 \\ 0 & 1 & -1 \\ 1 & 1 & 0 \end{pmatrix} \begin{pmatrix} a \\ b \\ c \end{pmatrix} = \begin{pmatrix} 1 \\ 1 \\ 2 \end{pmatrix}$$

请注意，第三列是前两列的线性组合：

$$\begin{pmatrix} 1 \\ 0 \\ 1 \end{pmatrix} + -1 \begin{pmatrix} 0 \\ 1 \\ 1 \end{pmatrix} = \begin{pmatrix} 1 \\ -1 \\ 0 \end{pmatrix}$$

我们说第三列与第一列是共线的。这意味着方程组可以这样写：

$$\begin{pmatrix} 1 & 0 & 1 \\ 0 & 1 & -1 \\ 1 & 1 & 0 \end{pmatrix} \begin{pmatrix} a \\ b \\ c \end{pmatrix} = a \begin{pmatrix} 1 \\ 0 \\ 1 \end{pmatrix} + b \begin{pmatrix} 0 \\ 1 \\ 1 \end{pmatrix} + c \begin{pmatrix} 1 - 1 \\ 0 - 1 \\ 1 - 1 \end{pmatrix} = (a + c) \begin{pmatrix} 1 \\ 0 \\ 1 \end{pmatrix} + (b - c) \begin{pmatrix} 0 \\ 1 \\ 1 \end{pmatrix}$$

第三列没有添加约束项，我们真正拥有的是三个方程和两个未知数：$(a + c)$ 和 $(b - c)$。一旦获得了这两个量的值，便可以使用无数个三元组。

共线性和最小二乘   考虑具有两个共线列的设计矩阵 $\boldsymbol{X}$。在这里，我们创建一个极端的示例，其中一列与另一列相反：

$$\boldsymbol{X} = \begin{pmatrix} 1 & \boldsymbol{X}_1 & \boldsymbol{X}_2 & \boldsymbol{X}_3 \end{pmatrix} \text{ 且，} \boldsymbol{X}_3 = -\boldsymbol{X}_2$$

这意味着我们可以这样重写残差：

$$\boldsymbol{Y} - \{1\beta_0 + \boldsymbol{X}_1\beta_1 + \boldsymbol{X}_2\beta_2 + \boldsymbol{X}_3\beta_3\} = \boldsymbol{Y} - \{1\beta_0 + \boldsymbol{X}_1\beta_1 + \boldsymbol{X}_2\beta_2 - \boldsymbol{X}_2\beta_3\}$$
$$= \boldsymbol{Y} - \{1\beta_0 + \boldsymbol{X}_1\beta_1 + \boldsymbol{X}_2(\beta_2 - \beta_3)\}$$

比如，假设 $\hat{\beta}_1$、$\hat{\beta}_2$、$\hat{\beta}_3$ 是最小二乘的解，那么，$\hat{\beta}_2$、$\hat{\beta}_2 + 1$、$\hat{\beta}_3 + 1$ 就也是一个解，依此类推，会有无限个解。

混淆的例子   现在，我们将演示共线性如何帮助我们确定当前实验设计中最常见的错误之一——混淆。为了说明这一点，让我们使用一个想象中的实验，其中我们对 A、B、C 和 D 四种处理的效果感兴趣，每种处理两只小鼠。在通过给雌性小鼠 A 和 B 进行实验后，我们意识到可能会有性别（Sex）特异性。我们决定将 C 和 D 给予雄性，以期估计这种效果。但是我们可以估计性别的影响吗？所描述的设计包含以下设计矩阵：

$$\begin{pmatrix} Sex & A & B & C & D \\ 0 & 1 & 0 & 0 & 0 \\ 0 & 1 & 0 & 0 & 0 \\ 0 & 0 & 1 & 0 & 0 \\ 0 & 0 & 1 & 0 & 0 \\ 1 & 0 & 0 & 1 & 0 \\ 1 & 0 & 0 & 1 & 0 \\ 1 & 0 & 0 & 0 & 1 \\ 1 & 0 & 0 & 0 & 1 \end{pmatrix}$$

在这里，我们可以看到性别和治疗混淆了。具体而言，性别列可以写为 C 和 D 矩阵的线性组合。

$$\begin{pmatrix} Sex \\ 0 \\ 0 \\ 0 \\ 0 \\ 1 \\ 1 \\ 1 \\ 1 \end{pmatrix} = \begin{pmatrix} C \\ 0 \\ 0 \\ 0 \\ 0 \\ 1 \\ 1 \\ 0 \\ 0 \end{pmatrix} + \begin{pmatrix} D \\ 0 \\ 0 \\ 0 \\ 0 \\ 0 \\ 0 \\ 1 \\ 1 \end{pmatrix}$$

这就意味着，最小二乘估计不会有唯一的解。

5.13 秩

矩阵中列的秩（rank）是独立于所有其它列的列数。如果秩小于列数，则 LSE 不是唯一的。在 R 中，我们可以使用函数 qr 获得矩阵的秩，我们将在下一节中对其进行详细描述。

```
Sex <- c(0,0,0,0,1,1,1,1)
A <-    c(1,1,0,0,0,0,0,0)
B <-    c(0,0,1,1,0,0,0,0)
C <-    c(0,0,0,0,1,1,0,0)
D <-    c(0,0,0,0,0,0,1,1)X <- model.matrix(~Sex+A+B+C+D-1)
cat("ncol=",ncol(X),"rank=", qr(X)$rank,"\n")
## ncol= 5 rank= 4 nn
```

因此，我们不能估计性别的影响。

5.14 去除混淆

这个特定的实验本可以设计得更好。使用相同数量的雄性和雌性小鼠，我们可以轻松地设计一个实验，使我们能够计算出性别效应以及所有治疗效应。具体来说，当我们在性别和处理之间取得平衡时（两只小鼠中，一雌一雄），混淆现象就消除了，事实证明，现在的排名与列数相同。

```
Sex <- c(0,1,0,1,0,1,0,1)
A <- c(1,1,0,0,0,0,0,0)
B <- c(0,0,1,1,0,0,0,0)
C <- c(0,0,0,0,1,1,0,0)

D <- c(0,0,0,0,0,0,1,1)
X <- model.matrix(~Sex+A+B+C+D-1)
cat("ncol=",ncol(X),"rank=", qr(X)$rank,"\n")
## ncol= 5 rank= 5 nn
```

5.15 习题

考虑下面的设计矩阵：

$$A = \begin{pmatrix} 1 & 0 & 0 & 0 \\ 1 & 0 & 0 & 0 \\ 1 & 1 & 1 & 0 \\ 1 & 1 & 0 & 1 \end{pmatrix} \quad B = \begin{pmatrix} 1 & 0 & 0 & 1 \\ 1 & 0 & 1 & 1 \\ 1 & 1 & 0 & 0 \\ 1 & 1 & 1 & 0 \end{pmatrix} \quad C = \begin{pmatrix} 1 & 0 & 0 \\ 1 & 1 & 2 \\ 1 & 2 & 4 \\ 1 & 3 & 6 \end{pmatrix}$$

$$D = \begin{pmatrix} 1 & 0 & 0 & 0 & 0 \\ 1 & 0 & 0 & 0 & 1 \\ 1 & 1 & 0 & 1 & 0 \\ 1 & 1 & 0 & 1 & 1 \\ 1 & 0 & 1 & 1 & 0 \\ 1 & 0 & 1 & 1 & 1 \end{pmatrix} \quad E = \begin{pmatrix} 1 & 0 & 0 & 0 \\ 1 & 0 & 1 & 0 \\ 1 & 1 & 0 & 0 \\ 1 & 1 & 1 & 1 \end{pmatrix} \quad F = \begin{pmatrix} 1 & 0 & 0 & 1 \\ 1 & 0 & 0 & 1 \\ 1 & 0 & 1 & 1 \\ 1 & 1 & 0 & 0 \\ 1 & 1 & 0 & 0 \\ 1 & 1 & 1 & 0 \end{pmatrix}$$

1. 以上哪个设计矩阵不存在共线性问题？
2. 以下是高阶习题。让我们使用讲座中的示例来可视化当设计矩阵具有列的共线性时，为什么不存在一个最佳 $\hat{\beta}$。可以用一个例子：

```
sex <- factor(rep(c("female","male"),each=4))
trt <- factor(c("A","A","B","B","C","C","D","D"))
```

模型矩阵可以这样构建：

```
X <- model.matrix(~sex+trt)
```

而且我们可以看到独立列的数量小于 X 的列数：

```
qr(X)$rank
```

假设我们观察到一些结果 Y。为简单起见，我们将使用模拟数据：

```
Y <- 1:8
```

现在我们将固定两个系数的值并优化剩余的系数。我们将固定 β_{male} 和 β_D，然后将根据最小化残差平方和来找到剩余 β 的最优值，找到值可以最小化：

$$\sum_{i=1}^{8} \{(Y_i - X_{i,male}\beta_{male} - X_{i,D}\beta_{i,D}) - Z_i\gamma\}$$

其中 X_{male} 是设计矩阵的男性列，X_D 是 D 列，Z_i 是一个 1×3 矩阵包含单元 i 的剩余列条目，γ 是一个 3×1 矩阵包含剩余参数。

所以我们需要做的就是将 Y 重新定义为 $Y^* = Y - X_{male}\beta_{male} - X_D\beta_D$ 并拟合一个线性模型。在将 β_{male} 固定为值 a 并将 β_D 固定为值 b 之后，以下代码行创建了这个变量 Y^*：

```
makeYstar <- function(a,b) Y - X[,2]*a - X[,5]*b
```

现在我们将构建一个函数，对于给定的值 a 和 b，在拟合其它项后返回残差平方和。

```
fitTheRest <- function(a,b) {
Ystar <- makeYstar(a,b)
Xrest <- X[,-c(2,5)]
betarest <- solve(t(Xrest) %*% Xrest) %*% t(Xrest) %*% Ystar
residuals <- Ystar - Xrest %*% betarest
sum(residuals^2)
}
```

当男性系数为 1、D 系数为 2 且其它系数使用线性模型解拟合时，残差平方和是多少？

3. 我们可以利用 R 中的 outer 函数将 fitTheRest 函数应用于 β_{male} 和 β_D 的网格值。outer 接受三个参数：第一个参数的网格值，第二个参数的网格值，最后是一个需要两个参数的函数。

试一下：

```
outer(1:3,1:3,'*')
```

我们可以使用以下代码在网格值上运行 fitTheRest（Vectorize 是必要的，因为 outer 只需要矢量化函数）：

```
outer(−2:8,−2:8,Vectorize(fitTheRest))
```

在值的网格中，最小的残差平方和是多少？

5.16　QR 因式分解（高阶）

我们已经看到，为了计算 LSE，我们需要对矩阵求逆。在前面章节中，我们使用了 solve 函数。但是，这不是稳定的解决方案。在对 LSE 计算进行编码时，我们使用 QR 因式分解（QR factorization）：

反转 $X^{\mathrm{T}}X$　请记住，为了使 RSS 最小化：

$$(Y - X\beta)^{\mathrm{T}}(Y - X\beta)$$

需要对此求解：

$$X^{\mathrm{T}}X\hat{\beta} = X^{\mathrm{T}}Y$$

求解如下：

$$\hat{\beta} = (X^{\mathrm{T}}X)^{-1}X^{\mathrm{T}}Y$$

因此，我们需要计算 $(X^{\mathrm{T}}X)^{-1}$。

solve 在数值上是不稳定的　为了证明数值不稳定（numerically unstable）的含义，我们构造了一个极端的情况：

```
n <− 50;M <− 500
x <− seq(1,M,len=n)
X <− cbind(1,x,x^2,x^3)
colnames(X) <− c("Intercept","x","x2","x3")
beta <− matrix(c(1,1,1,1),4,1)
set.seed(1)
y <− X%*%beta+rnorm(n,sd=1)
```

标准的 R 函数会报错：

```
solve(crossprod(X)) %*% crossprod(X,y)
```

为什么呢？可以看一下 $(X^{\mathrm{T}}X)^{-1}$ 发生了什么

```
> options(digits=4)
> log10(crossprod(X))
##            Intercept        x        x2        x3
## Intercept      1.699    4.098     6.625     9.203
## x              4.098    6.625     9.203    11.810
## x2             6.625    9.203    11.810    14.434
## x3             9.203   11.810    14.434    17.070
```

请注意几个数量级的差异。在数字计算机上，我们的数字范围有限。当我们必须同时考虑非常大的数字和非常小的数字时，这时非常小的数字看起来像 0。这就导致除法实际上是除以 0 的错误。

因式分解 QR 因式分解基于这样一个数学结果：可以将任何满秩（full rank）$N \times p$ 矩阵 X 分解为：

$$X = QR$$

这里，

- Q 为 $N \times p$ 矩阵，并且 $Q^\mathrm{T}Q = I$
- R 为 $p \times p$ 的上三角矩阵

上三角矩阵（upper triangular matrix）对于求解方程组非常方便。

上三角矩阵的例子 在下面的示例中，左侧的矩阵为上三角形：对角线以下仅有 0。这极大地促进了方程组的求解：

$$\begin{pmatrix} 1 & 2 & -1 \\ 0 & 1 & 2 \\ 0 & 0 & 1 \end{pmatrix} \begin{pmatrix} a \\ b \\ c \end{pmatrix} = \begin{pmatrix} 6 \\ 4 \\ 1 \end{pmatrix}$$

我们一下就知道 $c = 1$，意味着 $b + 2 = 4$，所以 $b = 2$，接下来就是 $a + 4 - 1 = 6$，那么 $a = 3$。这样，有了上三角矩阵，编写一个算法来再来求解，就很简单了。

用 QR 查找 LSE 如果我们将 QR 代替 X 重写 LSE 的方程式，则有：

$$X^\mathrm{T}X\beta = X^\mathrm{T}Y$$
$$(QR)^\mathrm{T}(QR)\beta = (QR)^\mathrm{T}Y$$
$$R^\mathrm{T}(Q^\mathrm{T}Q)R\beta = R^\mathrm{T}Q^\mathrm{T}Y$$
$$R^\mathrm{T}R\beta = R^\mathrm{T}Q^\mathrm{T}Y$$
$$(R^\mathrm{T})^{-1}R^\mathrm{T}R\beta = (R^\mathrm{T})^{-1}R^\mathrm{T}Q^\mathrm{T}Y$$
$$R\beta = Q^\mathrm{T}Y$$

R 为上三角矩阵，使求解更稳定。同样，由于 $Q^\mathrm{T}Q = I$，我们知道 Q 的列具有相同的数量，从而稳定了右侧。

现在，我们准备使用 QR 因式分解找到 LSE。求解：

$$R\beta = Q^\mathrm{T}Y$$

在 R 中，函数 backsolve 充分利用了上三角的优势。

```
QR <- qr(X)
Q <- qr.Q(QR)
R <- qr.R(QR)
(betahat <- backsolve(R, crossprod(Q,y)))
##          [,1]
## [1,]  0.9038
## [2,]  1.0066
## [3,]  1.0000
## [4,]  1.0000
```

在实际操作中，我们可以直接用内置函数 solve.qr 来完成上述计算：

```
QR <- qr(X)
(betahat <- solve.qr(QR, y))
##                [,1]
## Intercept   0.9038
## x           1.0066
## x2          1.0000
## x3          1.0000
```

拟合值　这种分解也简化了拟合值的计算：

$$X\hat{\beta} = (QR)R^{-1}Q^{\mathrm{T}}y = QQ^{\mathrm{T}}y$$

在 R 中，只需简单操作即可，如下：

```
library(rafalib)
mypar(1,1)
plot(x,y)
fitted <- tcrossprod(Q)%*%y
lines(x,fitted,col=2)
```

标准误　为了获得 LSE 的标准误，我们注意到：

$$(X^{\mathrm{T}}X)^{-1} = (R^{\mathrm{T}}Q^{\mathrm{T}}QR)^{-1} = (R^{\mathrm{T}}R)^{-1}$$

函数 chol2inv 是专门设计用来查找逆矩阵的。因此，我们要做的是：

```
df <- length(y) - QR$rank
sigma2 <- sum((y-fitted)^2)/df
varbeta <- sigma2*chol2inv(qr.R(QR))
SE <- sqrt(diag(varbeta))
cbind(betahat,SE)
##                         SE
## Intercept  0.9038 4.508e-01
## x          1.0066 7.858e-03
## x2         1.0000 3.662e-05
## x3         1.0000 4.802e-08
```

这个结果与 lm 函数的结果一致：

```
summary(lm(y~0+X))$coef
##           Estimate Std.    Error      t value      Pr(>|t|)
## XIntercept   0.9038   4.508e-01   2.005e+00    5.089e-02
## Xx           1.0066   7.858e-03   1.281e+02    2.171e-60
## Xx2          1.0000   3.662e-05   2.731e+04    1.745e-167
## Xx3          1.0000   4.802e-08   2.082e+07    4.559e-300
```

5.17　扩展

线性模型可以在多个方向上扩展。以下是扩展的一些示例，您可能会在分析生命科学中的数据时遇到这些扩展：

稳健线性模型　在标准线性模型中计算解及其估计的误差时，我们将平方误差最小化。这涉及所有数据点的平方和，这意味着一些异常数据可能对解有很大影响。另外，假定误差具有恒定的方差（称为同方差，homoskedasticity），该假设可能并不总是成立［如果不正确，则称为异方差（heteroskedasticity）］。因此，已经开发出了生成更稳健的解决方法，从而保证在存在异常值或不满足分布假设的情况下表现良好。CRAN网站页面上提到了许多稳健统计的内容[8]。有关更多背景信息，也可以参考 Wikipedia 上的文章[9]。

广义线性模型　在标准线性模型中，我们没有对 Y 的分布做任何假设，尽管在某些情况下，如果我们知道 Y 限于非负整数 0、1、2…，或限制为 [0, 1] 间隔，则可以获得更好的估计。用于分析此类情况的框架称为广义线性模型（GLM）。GLM 的两个关键组成部分是链接函数（link function）和概率分布。链接函数 g 通过以下方式将我们熟悉的矩阵乘积 $X\beta$ 连接到 Y 值：

$$\mathrm{E}(Y) = g^{-1}(X\beta)$$

R 包含适合 GLM 的函数 glm，并使用熟悉的形式 lm。其它参数包括 family，可用于指定 Y 的分布假设。Quick R 网站上显示了一些使用 GLM 的示例[10]。Wikipedia 页面上有许多有关 GLM 的参考[11]。

混合效应线性模型　在标准线性模型中，我们假设矩阵 X 是固定的而不是随机的。例如，我们在推拉方向上测量了每对腿的摩擦系数。对于 X 中给定列的观察值为 1 的事实并不是随机的，而是由实验设计决定的。但是，在父子身高示例中，我们没有确定父亲的身高值，而是观察到了这些值（并且很可能是用一些误差来衡量的）。研究 X 中各个列的随机性影响的框架称为混合效应模型（mixed effects model），这意味着某些效果是固定的而某些效果是随机的。R 中用于拟合线性混合效应模型的最流行的软件包之一是 lme4[12]，其中随附有一篇使用 lme4 拟合线性混合效应模型的论文[13]。Wikipedia 页面上还有更多参考[14]。

贝叶斯线性模型　此处介绍的方法假设 β 为固定（非随机）参数。我们介绍了在估算过程中估算此参数的方法以及量化不确定性的标准误。这称为频度（frequentist）方法。一种替代方法是假设 β 是随机的，并且其分布量化了我们先前对 β 应该是什么的认知。一旦我们观察到数据，就可以通过计算给定数据的 β 的条件分布［称为后验

---

[8]　http://cran.r-project.org/web/views/Robust.html

[9]　http://en.wikipedia.org/wiki/Robust_regression

[10]　http://www.statmethods.net/advstats/glm.html

[11]　http://en.wikipedia.org/wiki/Generalized_linear_model

[12]　http://lme4.r-forge.r-project.org/

[13]　http://arxiv.org/abs/1406.5823

[14]　http://en.wikipedia.org/wiki/Mixed_model

分布（posterior distribution）]来更新我们的先验认知。这称为贝叶斯方法。例如，一旦我们计算了 β 的后验分布，我们就可以报告以高概率发生的间隔（可信间隔）的最可能结果。另外，许多模型可以以所谓的分层模型连接在一起。请注意，我们将在下一章中对贝叶斯统计量和分层模型进行简要介绍。贝叶斯层次分析模型[15]是贝叶斯分层模型的一个很好的参考，一些用于计算贝叶斯线性模型的软件可以在 CRAN 的贝叶斯[16]页面上找到。一些著名的用于计算贝叶斯模型的软件是 stan[17] 和 BUGS[18]。

惩罚线性模型　请注意，如果我们在模型中包含足够的参数，则可以实现残差平方和为 0。惩罚线性模型（penalized linear model）将惩罚项引入到最小化的最小二乘方程中。这些罚分通常采用 $\lambda \sum_{j=1}^{p} \| \beta_j \|^k$ 的形式，它们会对 β 的大绝对值以及大量参数进行罚分。这个额外项主要是避免过度拟合。要使用这些模型，我们需要选择 λ 来确定我们要惩罚的量。当 $k = 2$ 时，这称为岭回归（ridge regression）、Tikhonov 正则化或 L2 正则化。当 $k = 1$ 时，这称为 LASSO 或 L1 正则化。这些惩罚线性模型的一个很好的参考是《统计学习的要素》[19] 教科书，可以免费下载 pdf。一些实现惩罚线性模型的 R 软件包是 MASS 包、lars[20] 包和 glmnet[21] 软件包中的 lm.ridge[22] 函数。

---

[15] http://www.stat.columbia.edu/~gelman/book/
[16] http://cran.r-project.org/web/views/Bayesian.html
[17] http://mc-stan.org/
[18] http://www.mrc-bsu.cam.ac.uk/software/bugs/
[19] http://statweb.stanford.edu/~tibs/ElemStatLearn/
[20] https://stat.ethz.ch/R-manual/R-devel/library/MASS/html/lm.ridge.html
[21] http://cran.r-project.org/web/packages/lars/index.html
[22] http://cran.r-project.org/web/packages/glmnet/index.html

6

高维数据推断

6.1 引言

高通量技术已经彻底改变了生物学和生物医学的研究模式，生命科学已经由数据贫乏的学科变为数据高度密集的学科。其中一个典型的例子就是研究基因的表达模式：由 DNA 转录为 RNA 的过程，并进一步翻译为蛋白质。这就是著名的"中心法则"。在 1990 年代，研究基因表达的主要手段是在一张纸上看黑点（指 northern blot——译者注）或者从标准曲线上计算几个数值。随着基因芯片等高通量技术的产生，这一情况变成了检测数万个的数值。并且，最近的 RNA 测序（RNA-seq）技术，产生了更多、更复杂的数据。生物学家从用他们的眼睛或简单的总结来对结果进行分类，转变到每个样本都有数千（现在是数百万）的测量值来分析。在本章中，我们将重点关注高通量测量背景下的统计推断。具体来说，我们专注于使用统计检验检测组间差异并以有意义的方式量化不确定性的问题，还要介绍在分析高通量数据时应与推断结合使用的探索性数据分析技术，在后续的几章里，将研究隐藏在聚类、机器学习、因子分析和多层次模型分析背后的统计学知识。

现在网上有大量的可获得的公共数据，我们就以其中几个基因表达的数据为例说明。尽管如此，我们在这里学到的统计学知识也同样适用于其它高通量数据分析中，例如微阵列、下一代测序、fRMI 和质谱等技术产生的数据。

数据包　我们在下述使用的几个示例最好通过 R 包获得。这些可从 GitHub 获得，并且可以使用 devtools 包中的 install github 功能进行安装。Microsoft Windows 用户可能需要按照这些说明 [1] 正确安装 devtools。

一旦 devtools 安装完成，你可以通过下面的命令安装数据包

```
library (devtools)
install_github ("genomicsclass/GSE5859Subset")
```

三个表格　我们在本书中用作示例的大多数数据都是使用高通量技术创建的。这些技术测量了数以千计的特征，例如基因、基因组的单个碱基位置、基因组区域或图像像素强度。每个特定的测量产品都由一组特定的特征定义。例如，特定的基因表达微阵列产品由它测量的一组基因定义。

---

[1] https://github.com/genomicsclass/windows

一项特定的研究通常会使用一种产品对多个实验单位（例如个人）进行测量。最常见的实验单位是个体，但它们也可以由其它实体定义，例如肿瘤的不同部分。我们经常用实验术语来称呼实验单元为样本。重要的是不要将这些与前面章节中提到的样本混淆，例如"随机样本"。

因此，高通量实验通常由三个表定义：一个表含有高通量测量值，另外两个表分别包含有关第一个表的列和行的信息。

因为数据集通常由一组实验单元定义，而产品定义一组固定的特征，所以高通量测量可以存储在 $n \times m$ 矩阵中，其中 n 是单元数，m 是特征数。在 R 中，通常存储这些矩阵的转置。

这里是一个基因表达数据集的例子：

```
library(GSE5859Subset)
data(GSE5859Subset)      ## 导入三个表
dim(geneExpression)
## [1]  8793  24
```

我们对来自 24 个人（实验单位）的血液中的 8793 个基因进行了 RNA 表达测量。对于大多数统计分析，我们还需要有关个人的信息。例如，在这种情况下，最初收集数据是为了比较不同种族的基因表达。但是，我们创建了该数据集的一个子集以进行说明，并将数据分为两组：

```
dim(sampleInfo)
## [1]  24  4
head(sampleInfo)
##      ethnicity        date              filename  group
## 107     ASN    2005-06-23   GSM136508.CEL.gz        1
## 122     ASN    2005-06-27   GSM136530.CEL.gz        1
## 113     ASN    2005-06-27   GSM136517.CEL.gz        1
## 163     ASN    2005-10-28   GSM136576.CEL.gz        1
## 153     ASN    2005-10-07   GSM136566.CEL.gz        1
## 161     ASN    2005-10-07   GSM136574.CEL.gz        1
sampleInfo$group
## [1] 1 1 1 1 1 1 1 1 1 1 1 1 0 0 0 0 0 0 0 0 0 0 0 0
```

在这些列中，有一列是文件名（filename），这样就可以把这个表格中的行信息与测量值中的列信息联系起来：

```
match (sampleInfo$filename,colnames (geneExpression))
## [1]  1  2  3  4  5  6  7  8  9 10 11 12 13 14 15 16 17 18 19 20 21 22 23 24
```

最后，还有一个表格来描述特征：

```
dim(geneAnnotation)
```

```
## [1] 8793    4
head (geneAnnotation)
##       PROBEID  CHR      CHRLOC    SYMBOL
## 1     1007_s_at  chr6     30852327    DDR1
## 30    1053_at    chr7    -73645832    RFC2
## 31    117_at     chr1    161494036    HSPA6
## 32    121_at     chr2   -113973574    PAX8
## 33    1255_g_at  chr6     42123144    GUCA1A
## 34    1294_at    chr3    -49842638    UBA7
```

该表包含一个 ID，它允许我们将该表的行与测量表的行连接起来：

```
head (match (geneAnnotation$PROBEID,rownames (geneExpression)))
## [1] 1 2 3 4 5 6
```

这个表格还包含了这些特征的生物学信息，即染色体位置和生物学家使用的基因名等。

6.2 习题

对于本书的剩余部分，我们将下载比我们一直使用的数据集更大的数据集。大多数的这些数据集不能作为标准 R 安装或包（如 UsingR）的一部分。对于其中一些包，我们已经创建了包并通过 GitHub 提供它们。要下载这些，你需要安装 devtools 包。完成此操作后，你可以安装我们将在此处使用的 GSE5859Subset 等包：

```
library(devtools)
install_github("genomicsclass/GSE5859Subset")
library(GSE5859Subset)
data(GSE5859Subset)
```

这个包加载了三个表：geneAnnotation、geneExpression 和 sampleInfo。回答以下问题以熟悉数据集：

1. 2005-06-27 处理了多少样品？
2. 问题：在这项特定技术中，有多少基因位于 Y 染色体上？
3. 我们在 2005-06-10 测量的一名受试者的 *ARPC1A* 基因的表达值的对数值是多少？

6.3 统计推断应用

假设我们获得了针对两个群体中几个个体的高通量基因表达数据。我们被要求报告哪些基因在两个群体中具有不同的平均表达水平。如果得到的不是数千个基因，而是一个基因的数据，我们可以简单地应用我们以前学过的推断方法。例如，我们可以使用 t 检验或其它一些检验。在这里，回顾当我们考虑高通量数据时会发生什么变化。

p 值是随机变量   为了理解本章介绍的概念，需要记住的一个重要概念是 p 值是随机变量。要理解这一点，请回顾我们在 t 检验中定义 p 值的示例，该示例具有足够大的样本量可以使用 CLT 近似值。然后我们的 p 值定义为正态分布随机变量的绝对值大于观察到的 t 检验 Z 的概率。因此，对于双侧检验，p 值为：

$$p = 2\{1 - \Phi(|Z|)\}$$

在 R 中，表示为：

```
2*(1-pnorm(abs(Z)))
```

在这里，由于 Z 是一个随机变量，Φ 是一个确定函数，那么 p 必然也是一个随机变量。下面，我们用蒙特卡洛模拟方法来展示，p 是如何变化的。我们还是用前几章用到的 femaleControlsPopulation.csv 数据。

读取数据，使用 replicate 来重复地创建 p 值。

```
set.seed (1)
population = unlist(read.csv (filename))
N <- 12
B <- 10000
pvals <- replicate (B,{
    control = sample (population,N)
    treatment = sample (population,N)
    t.test (treatment,control)$p.val
    })
hist (pvals)
```

正如直方图 6.1 所暗示的，在这种情况下，p 值的分布是均匀分布（uniform distribution）。事实上，我们可以从理论上证明，当原假设为真时，情况总是如此。对于使用 CLT 的情况，我们有零假设 H_0 意味着检验统计量 Z 遵循均值为 0 和标准差为 1 的正态分布，因此：

$$p_a = \Pr(Z < a \mid H_0) = \Phi(a)$$

这意味着：

$$\Pr(p < p_a) = \Pr[\Phi^{-1}(p) < \Phi^{-1}(p_a)]$$
$$= \Pr[(Z < a)] = p_a$$

这是一个均匀分布。

数千个检测   在这个数据中，我们有两组数据：0 和 1：

```
library (GSE5859Subset)
data (GSE5859Subset)
```

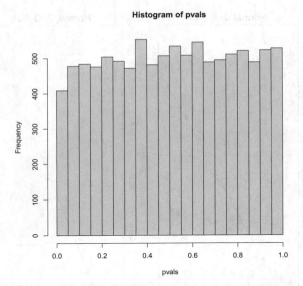

图 6.1　10 000 次检验的 p 值直方图，其中原假设为真

```
g <- sampleInfo$group
g
## [1] 1 1 1 1 1 1 1 1 1 1 1 1 1 0 0 0 0 0 0 0 0 0 0 0
```

如果我们对其中某一个基因特别感兴趣，比如第 25 行的基因，那么我们就可以计算它的 t 检验。为了计算 p 值，就得使用 t 分布近似分析，因此需要有一个总体数据近似正态分布。我们可以用 QQ 图来检查这一推测是否正确：

```
e <- geneExpression[25, ]
library (rafalib)
mypar (1, 2)
qqnorm (e[g==1])
qqline (e[g==1])
qqnorm (e[g==0])
qqline (e[g==0])
```

QQ 图（图 6.2）显示，数据较好地遵循了正态分布，但是 t 检验结果没有发现这个基因具有统计学意义上的显著性：

```
t.test (e[g==1 ],e[g==0 ])$p.value
## [1] 0.779303
```

为了检测每一个基因是否都具有统计学意义上的显著差异，我们可以简单对每一个基因进行类似的分析，可以用 apply 编写一个函数：

```
myttest <- function(x) t.test (x[g==1 ],x[g==0 ],var.equal=TRUE)$p.value
pvals <- apply (geneExpression,1, myttest)
```

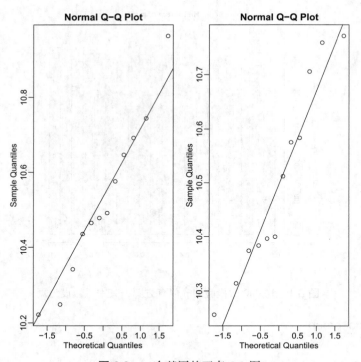

图 6.2 　一个基因的正态 QQ 图

左图显示第一组，右图显示第二组。

这时，我们看一下在这 8793 个基因中，有多少基因的 p 值小于 0.05：

```
sum (pvals<0.05)
## [1]  1383
```

这个结果貌似合理，但是经过下面的细节分析，就会对这个结果的解读抱谨慎态度了，因为在这个过程中我们进行了 8000 多次的检验。如果，我们对随机数据进行同样流程的分析，其中零假设对所有特征都成立，那么我们将会得到如下结果：

```
set.seed (1)
m <- nrow (geneExpression)
n <- ncol (geneExpression)
randomData <- matrix (rnorm (n*m),m,n)
nullpvals <- apply (randomData,1, myttest)
sum (nullpvals<0.05)
## [1]  419
```

正如我们将在本章后面解释的那样，这是意料之中的——$419 \approx 0.05 \times 8192$，我们将描述为什么这个预测是有效的理论。

更快速地实现 t 检验　在我们继续之前，我们应该指出以上执行效率非常低。有几种方法可以更快地实现对高通量数据执行 t 检验。我们利用了来自 Bioconductor 项目的函数，这个函数不在 CRAN 上。

要从 Bioconductor 下载和安装软件包，我们可以使用 rafalib 中的 install_bioc 函数来安装软件包：

```
install_bioc("genefilter")
```

现在可以证明这个函数比我们上面的代码快得多，并且产生几乎相同的答案：

```
library(genefilter)
results <- rowttests(geneExpression,factor(g))
max(abs(pvals-results$p))
## [1] 6.528111e-14
```

6.4　习题

这些习题将有助于阐明 p 值是随机变量以及它们的一些属性。请记住，既然由于样本平均值基于随机样本导致它是随机变量，那么因为 p 值本身基于随机变量，所以也是随机变量：例如样本平均值和样本标准差。

为了看到这一点，让我们看看当我们采不同的样本时 p 值是如何变化的。

```
set.seed(1)
dir="https://raw.githubusercontent.com/genomicsclass/dagdata/master/inst/extdata/"
filename = "femaleControlsPopulation.csv"
url = paste0(dir, filename)
population = read.csv(url)
pvals <- replicate(1000,{
    control = sample(population[,1],12)
    treatment = sample(population[,1],12)
    t.test(treatment,control)$p.val
})
head(pvals)
hist(pvals)
```

1. p 值低于 0.05 的比例是多少？
2. p 值低于 0.01 的比例是多少？
3. 假设你正在测试 20 种饮食对小鼠体重的有效性。对于每一种饮食，你用 10 只对照小鼠和 10 只处理小鼠进行实验。假设饮食没有影响的零假设适用于所有 20 种饮食，并且小鼠体重遵循平均值为 30 g、标准差为 2 g 的正态分布。为以下研究之一运行蒙特卡洛模拟：

```
cases = rnorm(10,30,2)
controls = rnorm(10,30,2)
t.test(cases,controls)
```

问题：现在运行蒙特卡洛模拟，模拟所有 20 种饮食的实验结果。如果将种子设置为 100（set.seed(100)），有多少 p 值低于 0.05？

4. 现在创建一个模拟来了解小于 0.05 的 p 值的数量的分布。在第 3 题中，我们进行了一次 20 种饮食实验。现在我们将运行 1000 次实验，每次都保存小于 0.05 的 p 值的数量。

种子设置为 100（set.seed(100)），将第 3 题中的代码运行 1000 次，并保存每次 p 值小于 0.05 的数目。这些数字的平均值是多少？这是当零假设为真时我们将拒绝的预期测试数量（在我们运行的 20 个测试中）。

5. 这意味着平均而言，即使所有饮食的零假设都为真，我们预计某些 p 值为 0.05。使用相同的模拟数据并报告 1000 次重复中有假阳性的百分比是多少？

6.5 流程

在上一节中，我们了解了在处理高维数据时 p 值不再是一个有用的解释量。这是因为我们同时测试了许多特征。我们将此称为多重比较，或多重测试、多重性问题。p 值的定义在这里没有提供有用的量化。同样，因为当我们同时测试许多假设时，仅基于一个小的 p 值阈值（例如 0.01）的列表可能会产生许多高概率的误报。在这里，我们定义了更适合高通量数据的术语。

处理多重问题的最广泛使用的方法是定义一个流程，然后在这个流程中，预估或控制一个有效的错误率。在这个流程过程中，"控制"的意思是，要对这个流程进行动态调整，以保证错误率控制在一个预定值内。通常来说，这个流程是一个弹性过程，通过参数或者阈值的调整来确保数据分析的特异性和敏感性。一个流程通常包括：

- 对每个基因计算 p 值
- 对所有 p 值小于 α 的基因，确定为统计学意义上显著

注意：我们可以通过改变 α 来保证结果的精确性和敏感性

下一节，我们将定义如何预估或者控制错误率。

6.6 错误率

在本节中，我们将使用 I 类错误（type I）和 II 类错误（type II）的术语，也会对两种错误分别指定为假阳性（false positive）错误和假阴性（false negative）错误，或者更为通俗地分别称之为特异性（specificity）或敏感性（sensitivity）。

在高通量数据的背景下，我们可以在一个实验中犯几个 I 类错误和几个 II 类错误，

而不是第 1 章中看到的只是一个。在这个表中，我们使用来自 Benjamini-Hochberg 的开创性论文:

	显著数	不显著数	总数
零假设真	V	$m_0 - V$	m_0
备择假设真	S	$m_1 - S$	m_1
全真	R	$m - R$	m

举例说明以上表格。比如，我们得到一个数据集，测量了 10 000 个基因的表达量，那么检测的总数就是 $m = 10\ 000$。零假设真指的是我们不感兴趣的基因，即 m_0; 而零假设为错的基因数就是 m_1, 按照惯例，我们把这种情况称之为备择假设为真。通常情况下，我们都期望能获得尽可能多的备择假设为真（真阳性）的结果，而且尽可能减少零假设为真（假阳性）的情况。对于高通量实验，我们都假定 m_0 远远大于 m_1 的数量。比如在这个例子中，在 10 000 个基因中能检测到 100 或更少的基因就已达到目的，这就预示着: $m_1 \leqslant 100$ 而 $m_0 \geqslant 19\ 900$。

在这一章中，所有的特征都特指被检测的单元。在基因组数据中，这些特征可以是基因、转录本、结合位点、CpG 点以及 SNP 等。在上述表格中，R 代表了经过流程分析后得到的所有具显著性的特征的个数。而 $m - R$ 则是所有没有统计显著性的基因个数。表格中剩下的数值也很重要，但在实践操作中是未知值。

- V 代表了 I 类错误或者假阳性数量。在这里指零假设为真的特征数量，统计检验显著。
- S 代表了真阳性数量。在这里，特指备择假设为真的特征数量。

这意味着存在 $m_1 - S$ 个 II 类错误或假阴性和 $m_0 - V$ 个真阴性。请记住，如果我们只进行一次测试，p 值就是当 $m = m_0 = 1$ 时 $V = 1$ 的概率。功效是当 $m = m_1 = 1$ 时 $S = 1$ 的概率。在这个非常简单的情况下，我们不会费心制作上面的表格，但现在我们展示定义表格中的术语如何有助于高维数据分析。

数据实例 下面，用实际数据例子来计算这些数值。在这个例子中，我们将使用蒙特卡洛模拟小鼠的饮食习惯，一共进行了 10 000 次试验，并且经过检验发现，高脂肪饮食对体重没有影响，也就是对于饮食习惯来讲，零假设为真，$m = m_0 = 10\ 000$ 而 $m_1 = 0$。然后，以样本量 $N = 12$ 取样，并计算 R 值。在我们这个流程中，设定 p 值小于 $\alpha = 0.05$ 为显著。

```
set.seed(1)
population = unlist(read.csv("femaleControlsPopulation.csv"))
alpha <- 0.05
N <- 12
m <- 10000
pvals <- replicate(m,{
    control = sample(population,N)
```

```
    treatment = sample(population,N)
    t.test(treatment,control)$p.value
})
```

　　尽管在实践操作中，我们并不知道这个"事实"：饮食对体重没有影响，但是，在模拟中我们知道这个"事实"，因此才能计算 V 和 S。由于所有的零假设都为真，因此在这一特定模拟条件下，$V = S$。当然，在实践操作中，也能计算 V 但是不能计算 S：

```
sum (pvals < 0.05)      ## 这是 R 值
## [1]  462
```

　　可以看到有如此多的假阳性，这是不能接受的结果。

　　下面用一个更为复杂的代码来表明这样一个结果：当平均体重差为 $\Delta = 3$ 盎司时，饮食中有 10% 的起作用。仔细研究这个代码，将会帮助我们充分理解上述表格的含义。首先，定义真值：

```
alpha <- 0.05
N <- 12
m <- 10000
p0 <- 0.90      ## 10% 的饮食方式起作用，90% 不起作用
m0 <- m*p0
m1 <- m-m0
nullHypothesis <- c (rep (TRUE, m0), rep (FALSE, m1))
delta <- 3
```

　　接下来，就进行 10 000 次检验，并对每一个进行 t 检验，并根据上面的阈值，记录拒绝或接受零假设：

```
set.seed (1)
calls <- sapply (1:m, function(i){
    control <- sample (population,N)
    treatment <- sample (population,N)
    if(!nullHypothesis[i]) treatment <- treatment + delta
    ifelse (t.test (treatment,control)$p.value < alpha,
            "Called Significant",
            "Not Called Significant")
} )
```

　　由于在这次模拟中，我们已经知道真值（保存为 nullHypothesis），这样就可以在此基础上，将表格中的所有项计算出来：

```
null_hypothesis <- factor (nullHypothesis, levels=c ("TRUE", "FALSE"))
table (null_hypothesis,calls)
```

```
##                      calls
##   null_hypothesis  Called Significant    Not Called Significant
##          TRUE              421                  8579
##          FALSE             520                  480
```

第一列就是 V 和 S 值，注意 V 和 S 值也是随机变量。如果重复进行模拟，就可以发现这两个值是变化的：

```
B <- 10      ## 模拟数
VandS <- replicate(B,{
    calls <- sapply(1:m, function(i){
        control <- sample(population,N)
        treatment <- sample(population,N)
        if(!nullHypothesis[i]) treatment <- treatment + delta
        t.test(treatment,control)$p.val < alpha
    })
    cat("V =",sum(nullHypothesis & calls), "S =",sum(!nullHypothesis & calls),"\n")
    c(sum(nullHypothesis & calls),sum(!nullHypothesis & calls))
    })
## V = 410 S = 564
## V = 400 S = 552
## V = 366 S = 546
## V = 382 S = 553
## V = 372 S = 505
## V = 382 S = 530

## V = 381 S = 539
## V = 396 S = 554
## V = 380 S = 550
## V = 450 S = 569
```

这个结果就引出了误差率的定义，比如，我们可以预测 V 大于 0 的概率是多少。这个可以解释为：在 10 000 次检测中，出现至少 1 次 I 类错误的概率。在上面的模拟实验中，每一次模拟的 V 都远大于 1，因此，我们就怀疑这个概率实际上就是 1，当 $m=1$ 时，这个概率就是 p 值。当我们进行多重检验时，我们称之为家族范围错误率（family wide error rate，FWER），它与一种广泛应用的方法有关，这个方法就是 Bonferroni 校正。

6.7　Bonferroni 校正

　　既然我们已经了解了全家族范围错误率，接着将描述我们实际上可以做些什么来控制它。在实践中，我们希望选择一个保证 FWER 小于预定值（例如 0.05）的过程。为保持一般性，我们在推导中使用 α 而不是 0.05。

　　由于，现在我们开始真正的实践操作，所以我们不会再知道真值。相反，我们需要设定一个流程来预测 FWER。我们可以初步设置一个流程：拒绝所有 p 值小于 0.01 的假设。为了方便阐明，我们假设所有的检测都是互相独立的（但实际上，有些基因是共同起作用的），这样我们就会在每一次检验后得到一个 p 值，这样就会有 10 000 个 p 值，p_1，$\cdots$，p_{10000}。这些 p 值都是随机变量，那么：

$$\Pr（至少一次拒绝）= 1 - \Pr（不拒绝）$$
$$= 1 - \prod_{i=1}^{10000} \Pr（p_i > 0.01）$$
$$= 1 - 0.95^{1000} \approx 1$$

代码如下：

```
B <- 10000
minpval <- replicate (B, min (runif (10000, 0, 1))<0.01)
mean (minpval>=1)
## [1] 1
```

　　这里的 FWER 是 1，这不是我们想要的结果，如果我们想要低于 $\alpha = 0.05$，那这次的尝试就是失败的。

　　那么，我们应当怎样才能将错误概率低于 α 呢？根据上面的结论，我们可以选择更小的阈值从而改变流程，之前用的是 0.01，因此，在这里应当使用更小的阈值才能达到 5% 的错误率。我们可以用以下公式表示：

$$\Pr（至少有一个拒绝）= 1 - (1 - k)^{10000}$$

可以按照这个公式求解 k：

$$1 - (1 - k)^{10000} = 0.05 \Rightarrow k = 1 - 0.95^{\frac{1}{10000}} \approx 0.000005$$

　　这是一个具体的流程例子，这个例子使用的流程称为 Sidak 流程。在这个流程中，我们需要设置好限制前提，比如"拒绝所用零假设时的 p 值小于 0.000005"。这样，由于 p 值是一个随机变量，我们就可以使用统计理论计算平均有多少错误符合这一流程。再具体点说就是，我们可以计算获得这一概率的限制阈值，也就是，小于某一个预定值。在生命科学中，更偏向于保守的选择。

　　但是，Sidak 流程的一个最大问题是，它假设各个检测间是互相独立的。因此，当这个假设为真时，这个流程仅仅控制了 FWER。而 Bonferroni 校正经常用于控制 FWER，即使各个检验之间不是独立的，也一样适用。Sidak 流程通常以下面的公式开始表示：

$$\text{FWER} = \Pr（V > 0）\le \Pr（V > 0 \mid 所有零假设为真）$$

或者，根据上述表格，可以表示为：

$$\mathrm{Pr}\left(V>0\right)\leqslant \mathrm{Pr}\left(V>0\mid m_1=0\right)$$

Bonferroni 流程设置 $k=\alpha/m$，因此可以表示为：

$$\mathrm{Pr}\left(V>0\mid m_1=0\right)=\mathrm{Pr}\left(\min_i\{p_i\}\leqslant \frac{\alpha}{m}\mid m_1=0\right)$$

$$\leqslant \sum_{i=1}^{m}\mathrm{Pr}\left(p_i\leqslant \frac{\alpha}{m}\right)=m\frac{\alpha}{m}=\alpha$$

将 FWER 控制在 0.05，是一种比较保守（保险）的做法。使用上一节计算的 p 值：

```
set.seed (1)
pvals <- sapply (1:m, function(i){
    control <- sample (population,N)
    treatment <- sample (population,N)
    if(!nullHypothesis[i]) treatment <- treatment + delta
    t.test (treatment,control)$p.value
})
```

尽管有 1000 种饮食有效，我们发现只有

```
sum(pvals < 0.05/10000)
## [1] 2
```

在使用 Bonferroni 步骤后是显著的。

6.8 错误发现率

在许多情况下，要求 FWER 为 0.05 是没有意义的，因为它太严格了。例如，考虑进行一项初步小型研究以确定少数候选基因是非常常见的行为。这被称为发现驱动的项目或实验。我们可能正在寻找一个未知的致病基因，并且更愿意对候选基因进行更多样本的后续研究。例如，如果我们开发出一个程序，该程序可以产生一个包含 10 个基因的列表，其中 1～2 个基因很重要，那么这个实验就取得了巨大的成功。对于小样本量，实现 FWER≤0.05 的唯一方法是使用空的基因列表。我们在上一节中已经看到，尽管有 1000 种饮食有效，但我们最终得到的列表只有 2 种。将样本大小更改为 6，你很可能得到 0：

```
set.seed (1)
pvals <- sapply (1:m, function(i){
    control <- sample (population,6)
    treatment <- sample (population,6)
    if(!nullHypothesis[i]) treatment <- treatment + delta
    t.test (treatment,control)$p.value
```

```
})
sum(pvals < 0.05/10000)
## [1] 0
```

当要求 FWER ≤ 0.05 时，我们实际上确保了 0 功效（敏感度）。在许多实践操作下，这个要求就会过分严厉。FWER 的一种广泛使用的替代方法是错误发现率（false discovery rate，FDR）。FDR 背后的想法是关注随机变量 $Q \equiv V/R$，当 $R = 0$ 和 $V = 0$ 时，$Q = 0$。请注意，$R = 0$（没有所谓的显著性）意味着 $V = 0$（没有假阳性）。所以 Q 是一个随机变量，可以取 0 到 1 之间的值，我们可以通过考虑 Q 的平均值来定义一个比率。为了更好地理解这个概念，我们为这个过程计算 Q，并认为所有 p 值小于 0.05 时显著。

向量化代码   在运行模拟之前，我们将对代码进行矢量化处理。这意味着我们将在一次调用样本中创建一个包含所有数据的矩阵，而不是使用 sapply 运行 m 个测试。这段代码的运行速度比上面的代码快几倍。因为我们将生成多个模拟，所以这是必要的。理解这段代码以及它如何等同于使用 sapply 将帮助你在 R 中高效地编写代码。

```
library(genefilter)      ## rowttests 在这里
set.seed(1)
## 定义使用 rowttests 的组
g <- factor(c(rep(0,N),rep(1,N)))
B <- 1000     ## 模拟的次数
Qs <- replicate(B,{
   ## 对照数据矩阵 ( 行是测试，列是小鼠 )
   controls <- matrix(sample(population, N*m, replace=TRUE),nrow=m)
   ## 处理数据 ( 原文有误——译者注 ) 矩阵 ( 行是测试，列是小鼠 )
   treatments <- matrix(sample(population, N*m, replace=TRUE),nrow=m)
   ## 对 10% 的数据加上效应
   treatments[which(!nullHypothesis),] <- treatments[which(!nullHypothesis),]+delta
   ## 整合成一个矩阵
   dat <- cbind(controls,treatments)
calls <- rowttests(dat,g)$p.value < alpha
R=sum(calls)
Q=ifelse(R>0,sum(nullHypothesis & calls)/R,0)
return(Q)
})
```

控制 FDR   以上的蒙特卡洛模拟，进行了 10 000 次试验，每一次都会产生一个观察到的 Q 值，图 6.3 是这些值的直方图：

```
library (rafalib)
mypar (1, 1)
hist (Qs)    ##Q 是一个随机变量，这是它的分布
```

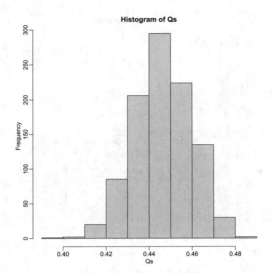

图 6.3 Q（假阳性除以显著的特征数）是一个随机变量

在这里，我们使用蒙特卡洛模拟生成了一个分布。

FDR 是 Q 的平均值。

```
FDR=mean (Qs)
print (FDR)
## [1] 0.4463354
```

这个 FDR 值相对来说比较高。这是因为，在这次分析中，有 90% 的检验零假设为真。这就意味着，当设置 0.05 的 p 值阈值时，在 100 次检验中，就会有 4 次或 5 次错误的可能性。再加上，我们不可能把所有备择假设为真的样本"抓到手里"，所以就会得到一个比较高的 FDR 值。那么我们如何控制 FDR 值呢？如何才能得到一个较低的 FDR 值，比如 5%？

为了直观地了解 FDR 为何高，我们可以制作 p 值的直方图。我们使用更高的 m 值来从直方图 6.4 中获取更多数据。我们绘制一条水平线来表示对于 m_0 个零假设为真的情况所获得的均匀分布。

```
set.seed(1)
controls <- matrix(sample(population, N*m, replace=TRUE),nrow=m)
treatments <- matrix(sample(population, N*m, replace=TRUE),nrow=m)
treatments[which(!nullHypothesis),]<treatments[which(!nullHypothesis),]+delta
dat <- cbind(controls,treatments)
pvals <- rowttests(dat,g)$p.value
h <- hist(pvals,breaks=seq(0,1,0.05))
polygon(c(0,0.05,0.05,0),c(0,0,h$counts[1],h$counts[1]),col="grey")
abline(h=m0/20)
```

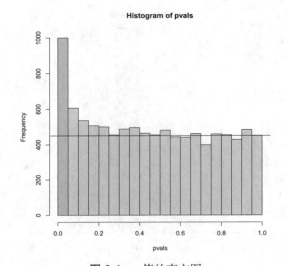

图 6.4　p 值的直方图

蒙特卡洛模拟用于生成具有组间差异的 m_1 个基因的数据。

　　从左边数，第一个灰色柱状图代表了所有小于 0.05 的 p 值。由这条水平线可知，由将近 1/2 的值属于假阳性。这个结果与上面计算的 FDR 值接近 0.50 也是相符的。那么，p 值小于 0.01 的柱状图会是什么样呢？可以看到，FDR 值降低了，但是获得的具有显著性的特征也在减少。

```
h <– hist (pvals,breaks=seq (0, 1, 0.01))
polygon (c (0, 0.01, 0.01, 0),c(0, 0, h$counts[1 ],h$counts[1 ]),col="grey")
abline (h= m0/100)
```

　　当我们考虑采用尽可能低的 p 值阈值的时候，我们所能检测到特征的数量在下降（也就是敏感性在丢失），但是 FDR 值也在下降（也就是特异性在提升）。那么，如何来确定这个阈值范围，来平衡这两个得失呢？其中一个办法就是，预先设定一个水平值 α，然后建立一个流程来控制：FDR $\leq \alpha$（结果见图 6.5）。

　　Benjamini–Hochberg 流程（高阶）　这个流程就是为了保证 FDR 维持低于一定水平 α 而设计的。对于任一给定的 α，Benjamini-Hochberg 流程（1995）是一个非常易于实践操作的方法，因为它只要求我们能对每个个体进行 p 值计算即可，这样就可以定义一个可实际操作的流程过程。

　　在这个流程中，先把 p 值按升序排序：$p_{(1)}, \cdots, p_{(m)}$。然后，定义 k 为下列公式中 i 的最大值：

$$p_{(1)} \leq \frac{i}{m}\alpha$$

　　这个流程的关键就是：找出小于或等于某一 p 值 $p_{(k)}$ 的所有项目。这里，举一个例子，如何从上面计算的 p 值中找出 k（结果见图 6.6）。

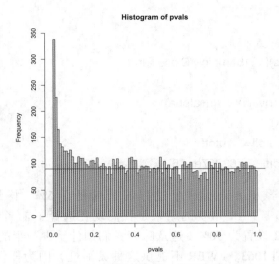

图 6.5　间隔 0.01 的 p 值直方图

蒙特卡洛模拟用于生成 m_1 个基因在 组间存在差异的数据。

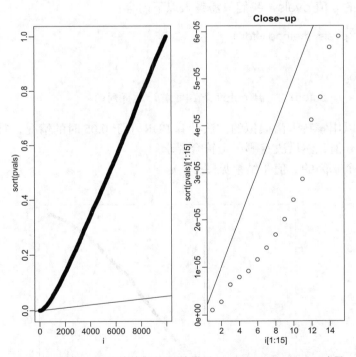

图 6.6　绘制 p 值和其等级的图说明了 Benjamini-Hochberg 过程

右边的情况是左边情况的特写。

```
alpha <- 0.05
i = seq (along= pvals)
mypar (1, 2)
plot (i,sort (pvals))
```

```
abline (0, i/m*alpha)
## close-up
plot (i[1 :15],sort (pvals)[1 :15],main="Close-up")
abline (0, i/m*alpha)
k <- max (which (sort (pvals) < i/m*alpha))
cutoff <- sort (pvals)[k]
cat ("k =", k,"p-value cutoff=", cutoff)
## k = 11 p-value cutoff= 3.763357e-05
```

我们可以用数学方法证明这个过程的 FDR 低于 5%。详情请参阅 Benjamini-Hochberg 论文（1995）。一个重要的结果是我们现在选择了 11 个测试而不是仅 2 个。如果我们愿意将 FDR 设置为 50%（这意味着我们预计至少一半的基因会被命中），那么这个列表会增长到 1063。FWER 不提供这种灵活性，因为任何大的列表都会导致 FWER 为 1。

请记住，我们不必运行上面的复杂代码，因为我们有执行此操作的函数。例如，使用上面计算的 p 值 pvals，我们只需键入以下内容：

```
fdr <- p.adjust (pvals, method="fdr")
mypar (1, 1)
plot (pvals,fdr,log="xy")
abline (h= alpha,v= cutoff)      ## cutoff 是在之前计算得到的
```

我们也可以用蒙特卡洛模拟的方法计算 FDR 小于 0.05 时的情况，首先计算所有特征（基因）的 p 值，然后决定哪一个符合要求。

先计算每个基因的 p 值（结果见图 6.7）：

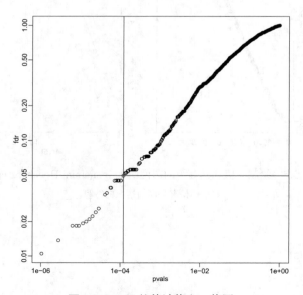

图 6.7 FDR 的估计值和 p 值图

```
alpha <- 0.05
B <- 1000      ## 模拟数。若要提高准确度，需增加这个数字
res <- replicate(B,{
  controls <- matrix(sample(population, N*m, replace=TRUE),nrow=m)
  treatments <- matrix(sample(population, N*m, replace=TRUE),nrow=m)
  treatments[which(!nullHypothesis),] <- treatments[which(!nullHypothesis),]+delta
  dat <- cbind(controls,treatments)
  pvals <- rowttests(dat,g)$p.value
  ## 接着计算 FDR
  calls <- p.adjust(pvals,method="fdr") < alpha
  R=sum(calls)
  Q=ifelse(R>0,sum(nullHypothesis & calls)/R,0)
  return(c(R,Q))
})
Qs <- res[2,]
mypar(1,1)
hist(Qs)      ## Q 是随机变量，这是它的分布
```

然后计算 FDR：

```
FDR=mean (Qs)
print (FDR)
## [1] 0.03813818
```

这里 FDR < 0.05，这时可以预计到的结果，因为我们要绝对确保每一个 m_0 都要满足 FDR≤0.05，即使是最极端的例子，比如零假设为真时：$m = m_0$（结果见图 6.8）。如果重复一遍以上过程后，你会发现 FDR 在增加。

我们应该注意到在下列代码运算的模拟数比例中，没有发现任何基因显著。

```
Rs <- res[1,]
mean (Rs==0)*100
## [1] 0.7
```

最后，在这个过程中，我们用到了一个函数 p.adjust，这个函数包含多种选择参数：

```
p.adjust.methods
## [1] "holm"   "hochberg"   "hommel"   "bonferroni"   "BH"   "BY"   "fdr"
## [8] "none"
```

这里的不同参数，不是计算误差率的不同办法，而是不同的错误率预估流程，比如 FWER 和 FDR 的差别。这两者之间就有着巨大的区别，更多详细信息使用如下代码查询函数本身：

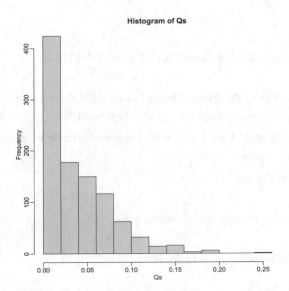

图 6.8 当备择假设对某些特征为真时，Q 的直方图（假阳性除以"显著"的特征数）

?p.adjust

总之，要求 FDR≤0.05 要比要求 FWER≤0.05 宽容很多。尽管还会有一些是假阳性的结果，但是 FDR 方法会显示出更多的功效。这一方法特别适合那些分段实验，在这类实验中，可以设置 FDR > 0.05 的阈值。

6.9　计算 FDR 和 q 值的直接方法（高阶）

在这里，我们将回顾一下 John D. Storey 的结果（J. R. Statist. Soc. B (2002).）。Storey 方法与 Benjamini–Hochberg 方法之间的一个主要区别是，我们不再要先验地设置 α 水平。因为在许多高通量实验中，我们有兴趣获得一些验证列表，所以可以事先决定考虑所有 p 值小于 0.01 的测试。然后，附上错误率的估计值。使用这种方法，保证 $R > 0$。请注意，在上面的 FDR 定义中，在 $R = V = 0$ 的情况下，设定 $Q = 0$。因此，可以这样计算 FDR：

$$\text{FDR} = E\left(\frac{V}{R} \mid R > 0\right) \Pr(R > 0)$$

在 Storey 方法中，需要有一个非空列表，这就暗示 $R > 0$，在此基础上就可以计算 FDR 的正值（pFDR）：

$$\text{pFDR} = E\left(\frac{V}{R} \mid R > 0\right)$$

第二个区别是，Benjamini–Hochberg 控制采用的是最差案例方案，在这种情况下，所有的零假设都为真（$m = m_0$）。而 Storey 方法试图用数据去估计 m_0 的值。由于高通量实验中有大量的数据，因此这个方案是可行的。这时通常会选取一个相对较高的 p

值阈值，称为 λ，然后假定所有 $p > \lambda$ 的检验，均是从数据中获得的，这种情况下零假设为真。就可以估计 $\pi = m_0/m$ 为：

$$\hat{\pi}_0 = \frac{\#\{p_i > \lambda\}}{(1-\lambda)\, m}$$

除此之外，还有更为复杂的流程，但基本思路是一致的。这里，以 $\lambda = 0.1$ 为例说明一下流程，使用上面计算出来的 p 值，计算如下：

```
hist (pvals,breaks=seq (0, 1, 0.05),freq=FALSE)
lambda = 0.1
pi0=sum (pvals> lambda) /((1 –lambda)*m)
abline (h=  pi0)
print (pi0) ##this is close to the trye pi0=0.9
## [1] 0.9311111
```

这个分析也可以改用 Benjamini-Hochberg 流程，设置一个 k 值，作为下列公式中的最大值：

$$\hat{\pi}_0 p_{(i)} \leq \frac{i}{m}\alpha$$

但是，我们也可以不用这样操作，可以对每一个特征（基因）计算 q 值（q-value）。如果某个特征得到 p 值为 p，那么 q 值就是指的估计的 pFDR，而这个 pFDR 来自于对所有特征计算 p 值后的列表，以保证 p 值能得到尽可能小的 p。

在 R 中，这可以使用 qvalue 包中的 qvalue 函数计算。

```
library (qvalue)
res <– qvalue (pvals)
qvals <– res$qvalues
plot (pvals,qvals)
```

我们也能获得 $\hat{\pi}_0$ 估计值（结果见图 6.9）：

```
res$pi0
## [1] 0.8813727
```

这个函数在估计 π_0 时使用了比上面描述的更复杂的方法。

估计 π_0 的注意事项　根据我们的经验，对 π_0 的估计可能是不稳定的，并为数据分析流程增加了一个不确定性步骤。虽然 Benjamini-Hochberg 过程更保守，但在计算上更稳定。

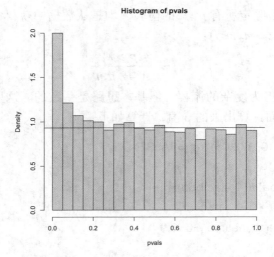

图 6.9 含有 π_0 估计值的 p 值直方图

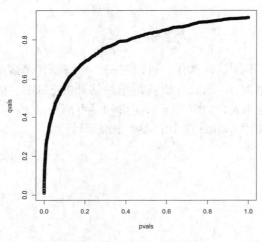

图 6.10 q 值和 p 值图

6.10 习题

通过这些习题，我们希望帮助你进一步掌握 p 值是随机变量的概念，并开始为开发控制错误率的程序奠定基础。计算错误率要求我们了解 p 值的随机行为。

我们将要求你执行一些与介绍性概率论相关的计算。你需要了解的一个特定概念是统计独立性。你还需要知道统计上独立的两个随机事件发生的概率是 $P(A \cap B) = P(A)P(B)$。这是更一般的公式 $P(A \cap B) = P(A)P(B|A)$ 的推论。

1. 假如零假设为真，并将你实施一个检验得到的 p 值标识为 P。定义函数 $f(x) = \mathrm{Pr}(P > x)$。$f(x)$ 是什么？

（a）均匀分布

（b）x-y 相等线

（c）常数 0.05

（d）P 不是随机值

2. 在前面的习题中，我们看到了在 20 次实验中至少有一次不正确地拒绝零假设的概率是如何远远地超过了 5%。现在让我们考虑一个就像我们在高通量实验中所做的那样的进行数千个检验的案例。

我们之前了解到，在零假设下，p 值小于 p 的概率为 p。如果我们进行 8793 次独立检验，错误拒绝至少一个零假设的概率是多少？

3. 假设我们需要进行 8793 次统计检验，并且我们想让出错的概率非常小，比如 5%。使用第 2 题的答案来确定我们必须将阈值（之前为 0.05）更改为多小才可以将至少出现一个错误的概率降低到 5%。

以下习题应该可以帮助你理解错误控制程序的概念。你可以将其视为定义一组指令，例如拒绝"所有 p 值小于 0.0001 的零假设"或"拒绝 p 值最小的 10 个特征的零假设"。然后，在知道 p 值是随机变量的情况下，我们使用统计理论来计算如果我们按照这个程序做平均会犯多少错误。更准确地说，我们通常会发现这些比率的界限，这意味着我们证明它们比某个预定值要小。

如文中所述，我们可以计算不同的错误率。FWER 告诉我们至少有一个假阳性的概率。FDR 是预期拒绝零假设的错误率。

注 1：FWER 和 FDR 不是程序，而是错误率。我们将回顾这里的过程并使用蒙特卡洛模拟来估计它们的错误率。

注 2：我们有时使用口语化的术语——"挑选……基因"，来表示"拒绝……基因的零假设"。

4. 我们已经了解了 FWER。这是至少一次错误地拒绝零假设的概率。使用本章介绍的符号，这个概率写成这样：$\Pr(V>0)$。

我们在实践中想要做的是选择一个程序，保证这个概率小于预定值，例如 0.05。这里我们为了保持一般性，使用 α 而不是 0.05。

我们看到 $\Pr(V>0)\approx 1$，所以已经了解到"挑选所有 p 值小于 0.05 的基因"的过程失败了。那么我们还能做什么呢？

Bonferroni 过程假设我们已经为每个检验计算了 p 值，并询问我们应该选择什么常数 k 以使"选择 p 值小于 k 的所有基因"的过程具有 $\Pr(V>0)=0.05$。此外，我们通常希望保持保守而不是宽松，因此我们接受 $\Pr(V>0)\leq 0.05$ 的过程。

所以我们依赖的第一个结果是当所有的零假设都为真时这个概率最大：

$$\Pr(V>0)\leq\Pr(V>0\mid\text{所有的零假设都为真})$$

或者：

$$\Pr(V>0)\leq\Pr(V>0\mid m_1=0)$$

我们证明如果测试是独立的，那么：

$$\Pr(V>0\mid m_1=0)=1-(1-k)^m$$

并且我们选择 k 使得 $1-(1-k)^m=\alpha\Rightarrow k=1-(1-\alpha)^{1/m}$

这要求检验是独立的。Bonferroni 过程没有做出这个假设。正如我们之前看到的那样，设置 $k = \alpha/m$ 能够得到：$\Pr(V > 0) \leq \alpha$

在 R 中定义

```
alphas <- seq(0,0.25,0.01)
```

利用 $m > 1$ 的各种值，绘制 α/m 和 $1-(1-\alpha)^{1/m}$ 的图。

哪个程序更保守，是 Bonferroni 的还是 Sidek 的？

（a）它们是一样的

（b）Bonferroni 的

（c）取决于 m

（d）Sidek 的

5. 假设进行 8792 次零假设为真的 t 检验。为了模拟 p 值的结果，我们实际上不必生成原始数据。我们可以这样为均匀分布生成 p 值：pvals <- runif(8793,0,1)。使用我们学到的知识，使用 Bonferroni 校正设置阈值并报告 FWER。将种子设置为 1 并运行 10 000 次模拟。

6. 使用相同的种子，重复第 5 题，但是这次设置 Sidek 的阈值。

7. 在下面的习题中，我们将为实验数据定义错误控制程序。我们将根据 q 值制作基因列表。我们还将通过要求你创建蒙特卡洛模拟来评估你对假阳性和假阴性的理解。

加载基因表达数据：

```
library(GSE5859Subset)
data(GSE5859Subset)
```

我们对比较 sampleInfo 表中定义的两个组之间的基因表达差异感兴趣。

使用基因过滤器（genefilter）包中的 rowttests 函数计算每个基因的 p 值。

```
library(genefilter)
?rowttests
```

有多少基因的 p 值小于 0.05？

8. 应用 Bonferroni 校正以获得 0.05 的 FWER。在这个过程中，有多少基因被认为是显著的？

9. FDR 不是针对每个特定特征而是一系列特征的属性。q 值将 FDR 与单个特征相关联。为了定义 q 值，我们通过 p 值对我们检验的特征进行排序，然后计算具有最显著、两个最显著、三个最显著等列表的 FDR。具有 m 个最显著检验的列表的 FDR 被定义为第 m 个最显著特征的 q 值。换句话说，一个特征的 q 值是包含该基因的最大列表的 FDR。

在 R 中，我们可以使用带有 FDR 选项的 p.adjust 函数来计算 q 值。阅读 p.adjust 的帮助文件并计算我们的基因表达数据集中有多少基因达到了 q 值小于 0.05。

10. 现在使用 Bioconductor 上的 qvalue 包中的 qvalue 函数和 Storey 描述的过程来估计 q 值。有多少基因的 q 值小于 0.05？

11. 阅读 qvalue 的帮助文件并报告零假设为真的基因的估计比例 $\pi_0 = m_0/m$。

12. 利用 qvalue 函数得到的 q 值小于 0.05 阈值的基因数量比 p.adjust 更多。为什么会这样？绘制这两个估计值的比率图以帮助回答该问题。

（a）其中一个程序有缺陷

（b）这两个函数正在估计不同的东西

（c）qvalue 函数估计了零假设成立的基因比例，并提供了一个不太保守的估计

（d）qvalue 函数估计了零假设成立的基因比例，并提供了一个更保守的估计

13. 这个习题和剩下的一个更加高级。创建一个蒙特卡洛模拟，模拟 24 个样本（12 个病例和 12 个对照）的 8793 个基因的测量值。对于 100 个基因，使病例和对照之间的差异为 1。你可以使用下面提供的代码。使用蒙特卡洛模拟运行此实验 1000 次。对于每个实例，使用 t 检验计算 p 值并记录假阳性和假阴性的数量。如果我们使用 Bonferroni，q 值由 p.adjust 和 qvalue 函数计算，统计假阳性率和假阴性率。将以上三个模拟的种子设置为 1。Bonferroni 的假阳性率是多少？

```
n <- 24
m <- 8793
mat <- matrix(rnorm(n*m),m,n)
delta <- 1
positives <- 500
mat[1:positives,1:(n/2)] <- mat[1:positives,1:(n/2)]+delta
```

14. Bonferroni 的假阴性率是多少？
15. p.adjust 的假阳性率是多少？
16. p.adjust 的假阴性率是多少？
17. qvalues 的假阳性率是多少？
18. qvalues 的假阴性率是多少？

6.11 探索性数据分析基础

高通量数据分析相较于低数量数据分析，一个容易被忽略的好处是，数据分析中的问题更容易暴露出来。利用数千个测量数据进行分析，更容易发现一些问题苗头，而这些问题有时很难通过少量数据的分析发现到。完成这个任务最有力的方式就是探索性数据分析。这一节，我们就了解一些检测数据质量的基本方法。

火山图　这里我们继续使用基因表达 t 检验的数据。

```
library (genefilter)
library (GSE5859Subset)
data (GSE5859Subset)
g <- factor (sampleInfo$group)
```

```
results <- rowttests (geneExpression,g)
pvals <- results$p.value
```

然后，我们也利用零假设为真的数据集计算 p 值：

```
m <- nrow (geneExpression)
n <- ncol (geneExpression)
randomData <- matrix (rnorm (n*m),m,n)
nullpvals <- rowttests (randomData,g)$p.value
```

如前所述，当我们还可以报告效应大小时，仅报告 p 值是错误的。使用高通量数据，我们可以通过制作火山图（volcano plot）来可视化结果。火山图背后的想法是为所有特征显示这些统计量：在 y 轴处是 p 值的以 10 为底的负对数，在 x 轴处是效应大小。通过使用以 10 为底的负对数，"高显著性"的特征出现在图的上部。使用对数还可以让我们更好地区分小的和非常小的 p 值，例如 0.01 和 10^6。这是我们上面结果的火山图：

```
plot (results$dm,-log10 (results$p.value),xlab="Effect size", ylab="- log (base 10) p-values")
```

许多特征都具有较小的 p 值，但是效应值较小，表示数据可能有些问题。

p 值直方图　另一种可以得到数据全局结果的方法是制作 p 值的直方图。当把所有零假设数据制成直方图时，这个图会呈现均匀分布（图 6.11）。而用原始数据集时，较小的 p 值的概率就会很高：

```
Library(rafalib)
Mypar(1,2)
Hist(nullpvals,ylim=c(0,1400))
Hist(pvals,ylim=(0,1400)
```

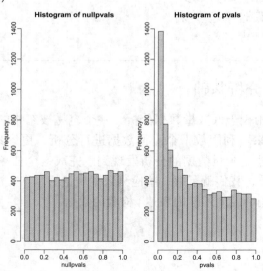

图 6.11　p 值直方图

我们展示了一个模拟案例：所有零假设都是真的（左）和来自上述基因表达的 p 值。

当我们预期大多数假设为零假设，但却不能得到 p 值的均匀分布时，就表明数据中具有某些不可预测的特征，比如有些样本之间具有一定的关联性。

如果我们可以置换这些结果、计算 p 值，并且样本之间互相独立，我们应当能够得到一个均匀分布（结果见图 6.12）。但是，下列数据不是均匀分布：

```
permg <- sample (g)
permresults <- rowttests (geneExpression,permg)
hist (permresults$p.value)
```

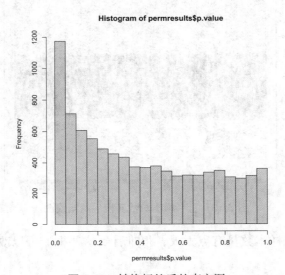

图 6.12 转换标签后的直方图

在后续的章节中，我们将会看到，这个数据各列之间不是独立的，这就暗示，计算 p 值是不恰当的。

数据箱线图和直方图 在高通量数据中，都通常会有数千个测量值。如前所述，这能帮助我们发现数据的质量问题。比如，一个样品的分布与其它样品完全不一样，那么这个样品就存在问题。尽管这些差异中，有可能是真实的生物学问题引起的，但大多数情况下都是由于技术问题引起的。这里，我们引用 Bioconductor 上的一组数据来说明。在这组数据分析中，对一个样品"意外地"使用了以 10 为底而不是以 2 为底的对数。

```
library (Biobase)
library (GSE5859)
data (GSE5859)
ge <- exprs (e)      ## ge 表示基因表达
ge[,49 ] <- ge[,49 ]/log2 (exp (1))    ## 模拟错误
```

然后，利用箱线图 6.13 看一下数据的分布，就可以把错误的数据突出出来。

```
library (rafalib)
mypar (1, 1)
boxplot (ge,range=0, names=1 :ncol (e),col=ifelse (1 :ncol (ge)==49, 1, 2))
```

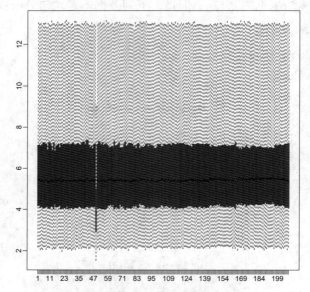

图 6.13   所有样本对数转换后的箱线图

请注意，这里的样本数量有点太大，很难看到这些框。可以改为简单地显示没有框的箱线图 6.14：

```
qs <- t (apply (ge,2, quantile,prob=c (0.05, 0.25, 0.5, 0.75, 0.95)))
matplot (qs,type="l", lty=1)
```

我们把这种图叫做 kaboxplot，因为是 Karl Broman 首先使用的。

另外，也可以对所有样本做直方图。因为数据较多，所以就可以使用较小的直方

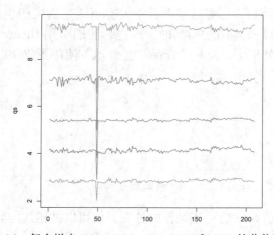

图 6.14   每个样本 0.05、0.25、0.5、0.75 和 0.95 的分位数图

来做直方图，然后对每个直方图的高度进行光滑处理，最后就会形成一个平滑直方图（smooth histogram）。先调整一下平滑曲线的高度，这样就确保每个样本直方图的"单位"一致，就会得到一个以 x_0 为中心的平滑直方图（图 6.15）：

```
mypar (1, 1)
shist (ge,unit=0.5)
```

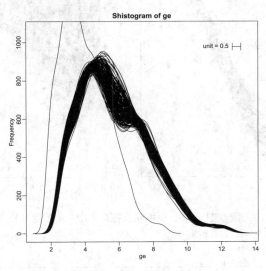

图 6.15 每个样本的平滑直方图

MA 图 散点图和相关性并不是检测重复问题的最佳工具。通过检查应该相同的值之间的差异，可以获得更好的描述重复。因此，更好的图是散点图的旋转，y 轴表示差异，x 轴表示平均值。该图最初被命名为 Bland-Altman 图，但在基因组学中它通常被称为 MA 图。MA 的名称来自与微阵列（microarray）数据一起使用的关系图，这个图描述了红色对数强度减去（minus，M）绿色强度与平均（average，A）对数强度的关系。

```
x <- ge[,1]
y <- ge[,2]
mypar (1, 2)
plot (x,y)
plot ((x+y)/2, x-y)
```

注意当把图旋转过来后，两者间的差别会变得更明显（图 6.16）。

```
sd (y-x)
## [1] 0.2025465
```

散点图虽然可以显示出强烈的相关关系，但是在这里并不一定就有用。

在后续章节中，我们将继续介绍树形图、热图和多维尺度变换作图。

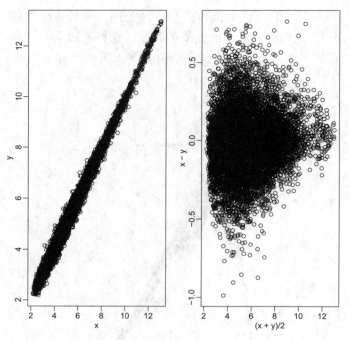

图 6.16　散点图（左）和相同数据的 M 与 A 的对比图（右）

6.12　习题

　　我们将使用一些 Bioconductor 包。这些包是使用 biocLite 函数进行安装的，你可以从网上获取该功能：

```
source("http://www.bioconductor.org/biocLite.R")
```

　　或者你可以运行 rafalib 包中运行 bioc_install。

```
library(rafalib)
bioc_install()
```

　　下载并安装 Bioconductor 上的 SpikeInSubset 包，然后加载包和 mas133 数据：

```
library(rafalib)
install_bioc("SpikeInSubset")
library(SpikeInSubset)
data(mas133)
```

　　现在绘制下面前两个样本的图并计算相关性：

```
e <- exprs(mas133)
plot(e[,1],e[,2],main=paste0("corr=",signif(cor(e[,1],e[,2]),3)),cex=0.5)
```

```
k <- 3000
b <- 1000      #缓冲
polygon(c(-b,k,k,-b),c(-b,-b,k,k),col="red",density=0,border="red")
```

1. 盒子里面的点占多大比例?

2. 现在用对数制作样本图:

```
plot(log2(e[,1]),log2(e[,2]))
k <- log2(3000)
b <- log2(0.5)
polygon(c(b,k,k,b),c(b,b,k,k),col="red",density=0,border="red")
```

进行对数运算有什么好处?

（a）尾部不主导整个图：95% 的数据并不只占据图的一小部分

（b）仅有较少的点

（c）呈指数增长

（d）我们总是进行对数运算

3. 绘制 MA 图:

```
e <- log2(exprs(mas133))
plot((e[,1]+e[,2])/2,e[,2]-e[,1],cex=0.5)
```

我们绘制的两个样本是重复的（它们是来自同一批 RNA 的随机样本）。数据的相关性在原始尺度上为 0.997，在对数尺度上为 0.96。高相关性有时与重复的证据相混淆。然而，重复意味着观察值之间的差异非常小。用距离或差异能更好地对其进行测量。

这个比较的比率对数的标准差是多少?

4. 我们看到多少 2 以上的差异倍数?

7

统计模型

所有的模型都是错误的，但是有些是有用的。

——George E. P. Box

当我们在文献中看到一个 p 值时，就意味着某种概率分布被用来量化零假设。许多情况下概率分布的选择是相对容易的。比如，在品茶实验中，我们可以使用简单的概率计算来确定零假设。多数情况下，文献中的 p 值都是基于样本平均值或者利用线性方程的最小平方差来进行计算的。这些统计值的零假设分布可以基于中心极限定理（CLT）近似为正态分布。

CLT 有强大的理论作为支撑，因此保障了这种近似是非常精确的。但是，这种近似并不是在任何情况都适用的（例如当样本量比较少的时候）。在前面的章节中我们介绍过当总体分布近似正态分布时，样本的平均值近似符合 t 分布。然而，这种近似缺乏理论的支持。实际上，我们现在正在做的是建模。在身高的例子中，基于以往的经验我们知道，这种近似会是一个非常好的模型。

但是，这并不意味着我们收集的所有数据都符合正态分布。略举一些例外，如投硬币、彩票中奖人数、美国国民收入等等。另外，正态分布不是唯一可以进行建模分析的参数分布。在本章中，我们将简要介绍几个在生命科学领域中经常用到的参数分布和它们的应用。我们将重点阐述理解高通量数据统计推断各种技术所涉及的模型和概念。为了完成这个目的，会引入一些贝叶斯统计的基本知识。关于这些分布的深入介绍，可以参考任何一本统计学书籍，比如这本 [1]。

7.1 二项式分布

我们首先介绍二项式分布（binomial distribution）。这个分布描述了在 N 次试验中能获得 $S = k$ 次成功的概率：

$$\Pr(S = k) = C_N^k p^k (1 - p)^{N-k}$$

这里，p 为一次成功的概率。二项式最典型的例子就是抛硬币：抛硬币 N 次，S 为得到正面的次数。在这个例子里，$p = 0.5$。

需要注意的是，S/N 是两个独立随机变量的平均值，因此依据 CLT 可知，当 N 足够大时，S 近似遵循正态分布。二项式分布在生命科学中用处非常多。最近，被广泛应

---

[1] https://www.stat.berkeley.edu/~rice/Book3ed/index.html

用到下一代测序的遗传变异类型读取和基因型鉴定中。二项式分布的一个特例可以近似为泊松分布（见下文）。

7.2 泊松分布

假设每个人只买一张彩票，赢得彩票的人数服从二项式分布，因为它是一个二进制事件的和。试验次数 N 就是人们买彩票的次数，这个值通常非常大。但是，每一期赢得彩票的人数 S 通常很少，也就是 0 ~ 3 人之间。这就意味着，利用正态分布进行近似就不适用了。但是为什么 CLT 在这里不适用了呢？虽然可以从数学角度进行解释，但是直觉上我们可以认为成功的次数之和接近且不等于零，因此它的分布不可能是正态的。这里我们快速模拟一下（结果见图 7.1）：

```
p=10^-7      ## 赢得彩票的几率：1/10000000
N=5*10^6     ## 已售出的彩票数：5 000 000
winners=rbinom (1000, N,p)   ## 抽取的样本量：1000
tab=table (winners)
plot (tab)
```

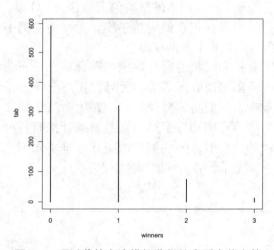

图 7.1　通过蒙特卡洛模拟获得的彩票中奖人数

```
prop.table(tab)
## 赢得彩票的人数
##      0      1      2      3      4
##  0.607  0.316  0.064  0.012  0.001
```

类似这样的例子：N 很大，但是 p 足够小使得 $N \times p$（称之为 λ）的值介于 0 到某个数值（比如 10）之间，那么 S 就会服从泊松分布（Poisson distribution），表示如下：

$$\Pr(S = k) = \frac{\lambda^k e^{-\lambda}}{k!}$$

泊松分布通常应用于 RNA 测序分析。因为在 RNA 测序实验中会对数千个分子取样，大多数的基因只占其中很小的一部分。因此，泊松分布是合适的。

那么泊松分布是如何起作用的呢？在实践操作中，泊松分布最常用的一个方式，就是对整个分析结果进行统计学性质的探究。比如，在没有重复样本（只有一个重复）的情况下，我们想利用 RNA 测序方法，找到有差异表达的基因。这时，用泊松分布分析就会发现，在零假设（对照和处理之间没有差异表达基因）前提下，量化结果的统计学变异程度取决于基因的数量。模拟展示见图 7.2：

```
N=10000      ## 基因数
lambdas=2 ^seq (1, 16, len=N)      ## 真实的基因表达量
y=rpois (N,lambdas)      ## 注意：零假设对所有的基因来说都是正确的
x=rpois (N,lambdas)
ind=which (y>0  & x>0)      ## 确保没有因为求比例和对数运算造成的 0 值
library (rafalib)
splot (log2 (lambdas),log2 (y/x),subset= ind)
```

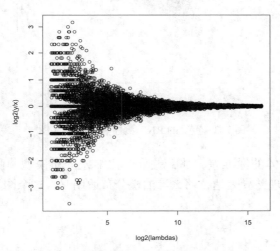

图 7.2 模拟 RNA 测序数据的 MA 图
重复测量遵循泊松分布。

λ 值越低，那么变异程度就越大。当基因数量比较少时，如果我们报告任何倍数变化为 2 或更大的情况，那么对于低丰度基因来说假阳性率就会非常高。

下一代测序实验和泊松分布　在本节中，我们将使用默认数据库来进行讲解：

```
library(parathyroidSE)      ## Bioconductor 上的 R 包
data(parathyroidGenesSE)
se <- parathyroidGenesSE
```

这个数据包含在了一个 SummarizedExperiment 对象中，这里就不具体展开了。我们需要知道该数据包含了一个矩阵数据，其中每一行代表一个基因组特征，每一列是

一个实验样本。利用 assay 函数可以提取这个数据。在这个矩阵中，每一个数据值显示的是比对到一个指定样本中一个指定基因的读长（reads）数。这样我们就可以做一个类似于我们使用技术性重复得到的图。图 7.3 显示出模型预测的行为出现在了实验的数据中：

```
x <- assay(se)[,23]
y <- assay(se)[,24]
ind=which(y>0 & x>0)      ## 确保没有因为求比例和对数运算造成的 0 值
splot((log2(x)+log2(y))/2,log(x/y),subset=ind)
```

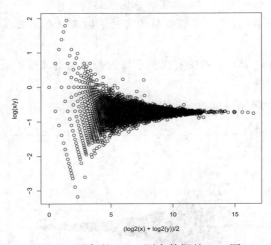

图 7.3　重复的 RNA 测序数据的 MA 图

如果计算 4 个个体的标准差，那么差异会比泊松分布模型预测的高很多。假设大多数基因在个体间呈现差异表达，那么当泊松分布适用时，这个图里就会呈现线性相关（图 7.4）：

```
library(rafalib)
library(matrixStats)
vars=rowVars(assay(se)[,c(2,8,16,21)])      ## 我们知道这里是 4 个
means=rowMeans(assay(se)[,c(2,8,16,21)])      ## 不同的个体
splot(means,vars,log="xy",subset=which(means>0&vars>0))      ## 使用数据子集作图
abline(0,1,col=2,lwd=2)
```

造成这个的原因是这里所绘制的变异包括了生物学变异。泊松分布不能解决这个问题。这就需要另外一种分布叫做负二项式分布（negative binomial distribution），这种分布就可以同时解决泊松分布和生物学变异的问题，更适合目前这个实验。它有两个参数，对于计数数据来说有更多的灵活性。有关负二项式分布在 RNA 测序上的应用可以参考这篇论文 [2]。泊松分布是负二项式分布的一个特例。

---

[2]　http://www.ncbi.nlm.nih.gov/pubmed/20979621

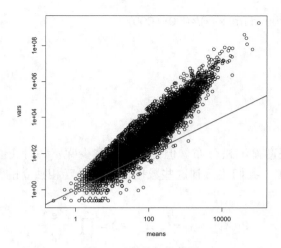

图 7.4 方差与均值图

总结性数据来自 RNA 测序数据。

7.3 最大似然估计

为了说明最大似然估计（maximum likelihood estimate，MLE）的概念，我们使用一个相对简单的数据集。这个数据集包含了回文结构在 HMCV 基因组的位置信息。我们读取回文结构所在的基因组位置，然后统计每 4000 bp 中所包含的回文序列的数量（结果见图 7.5）。

```
datadir="http://www.biostat.jhsph.edu/bstcourse/bio751/data"
x=read.csv (file.path (datadir,"hcmv.csv"))[, 2]
```

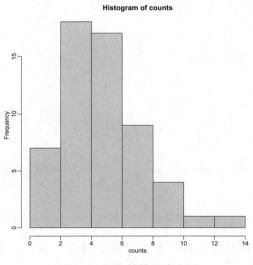

图 7.5 回文结构的直方图

```
breaks=seq (0, 4000*round (max (x)/4000),4000)
tmp=cut (x,breaks)
counts=table (tmp)
library (rafalib)
mypar (1, 1)
hist (counts)
```

计数数据看上去遵循泊松分布。但是 λ 值是多少呢？估计 λ 值的最常用办法就是 MLE。为了找到 MLE，我们注意到这些数据彼此都是互相独立的，并且发现观察值的概率是：

$$\mathrm{Pr}(X_1 = k_1, \cdots, X_n = k_n) = \prod_{i=1}^{n} \frac{\lambda^{k_i} e^{-\lambda}}{k_i!}$$

MLE 就是能够最大化下面似然值的 λ 值：

$$L(\lambda; \ X_1 = k_1, \cdots, X_n = k_n) = e^{\sum_{i}^{} \ln \mathrm{Pr}\,(X_i = k_i;\ \lambda)}$$

在实际操作中，为了方便，通常都会使用对数值，这也体现了上述表达的指数关系。下面，我们写代码来计算任一 λ 的似然值的对数，并使用 optimize 函数，来找到其中的最大值，并用图 7.6 显示出来：

```
l <- function(lambda) sum (dpois (counts,lambda,log=TRUE))
lambdas <- seq (3, 7, len=100)
ls <- exp (sapply (lambdas,l))
plot (lambdas,ls,type="l")
mle=optimize (l,c (0, 10),maximum=TRUE)
abline (v= mle$maximum)
```

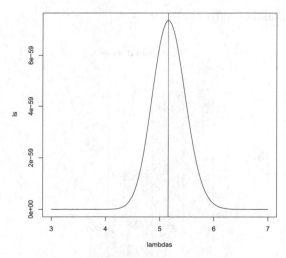

图 7.6 似然值与 λ 图

如果你做一些数学计算并且进行积分，就会发现，这是一个非常简单的例子，这里 MLE 就是平均值：

```
print (c(mle$maximum, mean(counts)))
## [1] 5.157894 5.157895
```

请注意观察值与泊松分布预测值的图 7.7 显示拟合结果非常好：

```
theoretical <- qpois ((seq (0, 99)+0.5)/100, mean (counts))
qqplot (theoretical,counts)
abline (0, 1)
```

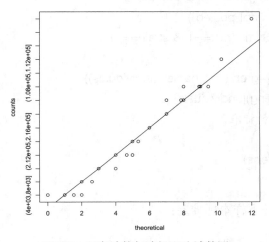

图 7.7   观察计数与泊松理论计数图

这样，我们就可以对回文结构的数量建立泊松分布模型，其 λ 值等于 5.16。

7.4   连续正值的分布

不同的基因在不同生物学重复中都会有变异。在后续的分层模型章节中，我们将会介绍一种在基因组数据分析中最具影响力的统计方法 [3]。与之前简单的方法相比，这个模型在检测差异表达的基因方面有巨大的改善。这种改善是通过对基因变异的分布进行建模分析获得的。这一节，我们将要介绍这一方法中用到的参数模型（parametric model）。

我们想对基因特异的标准误的分布进行建模分析。它们呈现正态分布吗？需要记住的是，即使我们有几千个基因，但是我们是在对总体的标准差进行建模，因此在这里 CLT 不能适用。

我们将利用一组小鼠的基因表达实验来进行分析，在这个实验中既有技术性重复，又有生物学重复。我们先加载数据，然后计算特异基因表达的技术性重复标准误和生物学重复标准误（两处实为标准差——译者注）（结果见图 7.8）：

---

[3] http://www.ncbi.nlm.nih.gov/pubmed/16646809

```
library (Biobase)        ## Bioconductor 上的 R 包
install_github ("genomicsclass/maPooling")
library (maPooling)       ## course github repo 上的 R 包
data (maPooling)
pd=pData (maPooling)
## 确定生物学重复和技术性重复的样本
strain=factor (as.numeric (grepl ("b", rownames (pd))))
pooled=which (rowSums (pd)==12 & strain==1)
techreps=exprs (maPooling[,pooled])
individuals=which (rowSums (pd)==1 & strain==1)
## 移除重复
individuals=individuals[-grep ("tr", names (individuals))]
bioreps=exprs (maPooling)[,individuals]
### 现在计算基因特异的标准差
library (matrixStats)
techsds=rowSds (techreps)
biosds=rowSds (bioreps)
```

接下来就可以看一下样本标准差：

```
### 现在作图
library (rafalib)
mypar ()
shist (biosds,unit=0.1, col=1, xlim=c (0, 1.5))
shist (techsds,unit=0.1, col=2, add=TRUE)
legend ("topright", c ("Biological", "Technical"), col=c (1, 2), lty=c (1, 1))
```

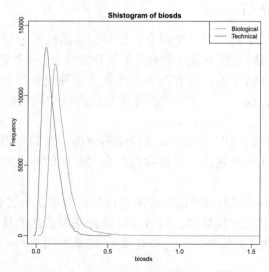

图 7.8　生物学方差和技术性方差的直方图

由图可知，在这个实验中，生物学重复比技术重复的变异程度要高很多。这充分表明，在不同生物学变异种，基因（表达）确实存在明显的变异。

如果我们想对这种变异程度进行建模分析，首先会注意到分布曲线的右尾十分的大，因此正态分布在这里并不合适。另外，由于标准差都是正值，所以它的对称性分布特性会受限。QQ 图可以很好地对这一点进行呈现。

qqnorm (biosds)
qqline (biosds)

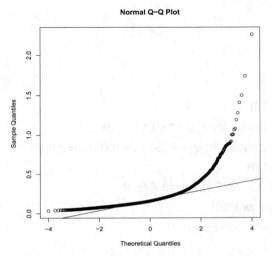

图 7.9 样本标准差的正态 QQ 图

有些参数分布，正好符合标准差的这两个明显特征：正值、非常大的右侧尾巴。其中有代表性的分布是伽马分布（gamma distribution）和 F 分布（F distribution）。伽马分布的密度公式如下：

$$f(x;\ \alpha,\ \beta) = \frac{\beta^{\alpha} x^{\alpha-1} e^{-\beta x}}{\Gamma(\alpha)}$$

这公式由 α 和 β 两个参数定义，分别间接决定了位置和尺度信息。这两个参数也决定了分布的形态。关于细节可以参考这本书[4]。

伽马分布最典型的两个例子是卡方分布和指数分布。早先，我们利用卡方分析了 2×2 的数据结构。在卡方中，$\alpha = v/2$，$\beta = 2$，v 是数据的自由度。对于指数分布，$\alpha = 1$，$\beta = \lambda$，λ 是比值。

F 分布源于方差分析，也是正值，并有大的右尾。两个参数决定了分布的形状：

$$f(x, d_1, d_2) = \frac{1}{B\left(\dfrac{d_1}{2}, \dfrac{d_2}{2}\right)} \left(\frac{d_1}{d_2}\right)^{\frac{d_1}{2}} x^{\frac{d_1}{2}-1} \left(1 + \frac{d_1}{d_2} x\right)^{-\frac{d_1+d_2}{2}}$$

这里 B 为贝塔函数（beta function），d_1 和 d_2 为自由度，这两个值与方差分析有关。

---

[4] https://www.stat.berkeley.edu/~rice/Book3ed/index.html

F 分布有时还会用到第三个参数，叫做尺度参数（scale parameter）。

　　方差建模　后续一节（7.8）中会介绍如何利用分层模型来改善方差估计。在这些情况下，模拟方差的分布在数学上很容易。这里使用分层模型[5]就表明基因的抽样标准差符合缩放的 F 统计分布（scaled F-statistics），因此方差建模可以表示如下：

$$s^2 \sim s_0^2 F_{d,d_0}$$

d 是在计算 s^2 时的自由度。比如，在比较 3 比 3 时，自由度就是 4。这个定下了，还剩下两个参数可以依据数据进行调整。d_0 决定位置，s_0 决定尺度。下面是一个 F 分布的例子（结果见图 7.10）：

```
library(rafalib)
mypar(3,3)
sds=seq(0,2,len=100)
for(d in c(1,5,10)){
  for(s0 in c(0.1, 0.2, 0.3)){
    tmp=hist(biosds,main=paste("s_0 =",s0,"d =",d),
      xlab="sd",ylab="density",freq=FALSE,nc=100,xlim=c(0,1))
    dd=df(sds^2/s0^2,11,d)
    ## 乘以均一化常数，以确保图上的相同范围
    k=sum(tmp$density)/sum(dd)
    lines(sds,dd*k,type="l",col=2,lwd=2)
    }
}
```

　　那么，哪个 s_0 和 d 更符合我们数据呢？因为 MLE 不能很好地适用于这个特殊的分布，所以这是一个相当高级的话题。Bioconductor 中有一个 limma 包提供了一个函数可以估计这些参数：

```
library(limma)
estimates=fitFDist(biosds^2,11)
theoretical<- sqrt(qf((seq(0,999)+0.5)/1000, 11, estimates$df2)*estimates$scale)
observed <- biosds
```

　　QQ 图和直方图（图 7.11）显示拟合模型确实能够提供一个合理的近似：

```
mypar(1,2)
qqplot(theoretical,observed)
abline(0,1)
tmp=hist(biosds,main=paste("s_0 =", signif(estimates[[1]],2),
                "d =", signif(estimates[[2]],2)),
    xlab="sd", ylab="density", freq=FALSE, nc=100, xlim=c(0,1), ylim=c(0,9))
```

---

[5] http://www.ncbi.nlm.nih.gov/pubmed/16646809

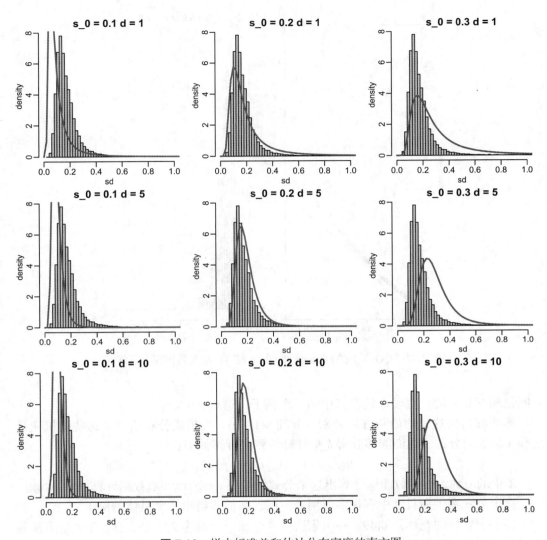

图 7.10　样本标准差和估计分布密度的直方图

```
dd=df(sds^2/estimates$scale,11,estimates$df2)
k=sum(tmp$density)/sum(dd)        ## 一个正态化的常数用来确保图中的面积是一样的
lines(sds, dd*k, type="l", col=2, lwd=2)
```

7.5　习题

1. 假设你有一个瓮，里面装有蓝球和红球。如果从中有放回地（即放回已挑选的球）随机选取 N 个球，我们可以把每次选取的结果作为一个值为 1 或者 0 的随机变量 X_1，$\cdots$，X_N。如果红球的比例是 p，那么每一个红球的分布是 $\Pr(X_i = 1) = p$。

这被称为伯努利试验（Bernoulli trial）。因为我们把球放回了，所以这些随机变量

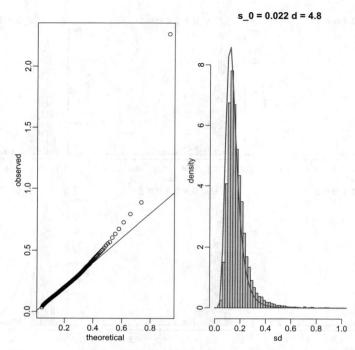

图 7.11　QQ 图（左）和密度图（右）表明模型与数据拟合良好

之间是相互独立的。翻硬币就是其中的一个例子，这里 $p = 0.5$。

你能够得出这里均值和方差分别为 p 和 $p(1-p)$。二项式分布给出了这些随机变量之和（S_N）的分布。我们能够获得 k 个红球的概率计算如下：

$$\Pr(S_N = k) = C_N^k p^k (1-p)^{N-k}$$

R 中的 dbimon 函数能够计算出这个公式的结果。pbinom 函数则计算 $\Pr(S_N \leq k)$。这个公式在生命科学中有很多应用。下面，我们将给出几个具体的例子。

怀一个女孩的概率是 0.49。一个家庭有 4 个孩子，其中 2 个是女孩，2 个是男孩的概率是多少（你可以假设每个结果都是独立的）？

2. 用你在第 1 题中学到的知识来回答下列问题：

一个家庭有 10 个孩子，其中 6 个是女孩，4 个是男孩的概率是多少（假设没有双胞胎）？

3. 基因组有 3 亿个碱基。C、G、T、A 分别大约占 20%、20%、30% 和 30%。假设随机选择 20 个连续的碱基，那么其中 GC 的含量（即 G 和 C 数量之和所占的比例 [①]）严格高于 0.5 的概率是多少？

4. 赢得彩票的概率是 1/175223510。如果 20 000 000 人各买一张彩票，那么多于一个人赢得彩票的概率是多少？

5. 我们可以证明当 N 足够大且 p 不趋近于 0 或者 1 时，二项式分布可以近似为正态分布。这表明

[①] 原文 proportion of Gs of Cs 有误，应为 proportion of Gs and Cs。——译者注

$$\frac{S_N - \mathrm{E}(S_N)}{\sqrt{\mathrm{var}(S_N)}}$$

为近似正态分布，均值为 0，标准差为 1。利用独立随机变量之和的结果，我们可以推出 $\mathrm{E}(S_N) = Np$ 以及 $\mathrm{var}(S_N) = Np(1 - p)$。

基因组有 3 亿个碱基。C、G、T、A 分别大约占 20%、20%、30% 和 30%。假设随机选择 20 个连续的碱基，那么其中 GC 的含量大于 0.35 且小于或者等于 0.45 的准确概率是多少？

6. 针对上一个问题，该概率的正态近似是多少？

7. 重复第 5 题（原文误为第 4 题——译者注），但是选取 1000 个连续碱基。GC 的含量大于 0.35 且小于等于 0.45 的正态近似和准确概率的差值（基于绝对值计算）是多少？

8. 基因组中的 C 可以被甲基化[6]或者非甲基化。假设我们有大量的（几百万个）细胞，其中比例为 p 的 C 被甲基化了。我们把这些细胞的 DNA 打碎，随机选取片段。最终获得 N 个含有 C 的片段。这表明得到 k 个甲基化的 C 的概率是二项式分布：

```
exact = dbinom(k,N,p)
```

我们可以使用正态分布来近似这个概率：

```
a <- (k+0.5 - N*p)/sqrt(N*p*(1-p))
b <- (k-0.5 - N*p)/sqrt(N*p*(1-p))
approx = pnorm(a) - pnorm(b)
```

计算 approx 与 exact 的差值，其中：

```
N <- c(5,10,50,100,500)
p <- seq(0,1,0.25)
```

比较 C 的比例为 p 时的准确概率和近似概率，其中 $k = 1，\cdots，N-1$。并为每一个 p 和 N 的组合做准确概率和近似概率的图。

（a）当 p 值接近 0.5 时，即使 N 很小（等于 10），正态近似值也比较准确

（b）当 p 值接近 0 或者 1 时，即使 N 很大，正态近似值也不准确

（c）当 N 很大时，所有的近似值都是准确的

（d）当 $p = 0.01$ 时，如果 $N = 5$、10、30 近似值十分不准确，如果 $N = 100$ 近似值准确性还可以

9. 在前面的问题中，我们发现当 p 值很小时，正态近似不准确。如果 N 很大，我们则可以利用泊松近似。

之前我们计算过中奖概率为 1/175223510、20 000 000 人各买一张彩票的情况下，一人或者以上中奖的概率。使用二项式分布，我们可以计算正好两个人中奖的概率：

---

[6] http://en.wikipedia.org/wiki/DNA_methylation

```
N <- 20000000
p <- 1/175223510
dbinom(2,N,p)
```

如果我们使用了正态近似，就会很大程度上低估这个值：

```
a <- (2+0.5 – N*p)/sqrt(N*p*(1–p))
b <- (2–0.5 – N*p)/sqrt(N*p*(1–p))
pnorm(a) – pnorm(b)
```

为了使用泊松近似，设定比率 $\lambda = Np$ 代表 20 000 000 人中中奖的人数。注意这个近似带来的改善：

```
dpois(2,N*p)
```

在此例中，因为 N 很大、Np 不等于 0，所以实际是一样的。这面两个是使用泊松分布所需要的假设。如果多于一个人中奖，泊松近似是多少？

10. 现在我们可以看一下回文结构是否在 HCMV 基因组的某些部分过度存在。确保下载最新版的 dagdata，从人类巨细胞病毒基因组数据中加载回文结构数据。绘制出这个病毒基因组上的回文结构位置：

```
library(dagdata)
data(hcmv)
plot(locations,rep(1,length(locations)),ylab="",yaxt="n")
```

这些回文结构很罕见，因此 p 值很小。如果我们把整个基因组按照 4000 bp 的大小分成不同的直方，那么 Np 的值不是很小，也许可以使用泊松分布对每个直方内的回文结构的数量进行建模：

```
breaks=seq(0,4000*round(max(locations)/4000),4000)
tmp=cut(locations,breaks)
counts=as.numeric(table(tmp))
```

所以如果我们的模型是正确的，那么 counts 应该服从泊松分布。实际分布看上去是服从的：

```
hist(counts)
```

因此，如果 $X_1, \cdots, X_n$ 为代表计数的随机变量，那么 $\Pr(X_i = k) = \dfrac{\lambda^k e^{-\lambda}}{k!}$。为了更好地描述这个分布，我们需要知道 λ。这里将会使用 MLE 来获得 λ。我们可以把似然值写成概率的乘积。例如，当 $\lambda = 4$ 时：

```
probs <- dpois(counts,4)
likelihood <- prod(probs)
likelihood
```

注意这个值很小，因此通常情况下计算似然值的对数：

```
logprobs <- dpois(counts,4,log=TRUE)
loglikelihood <- sum(logprobs)
loglikelihood
```

现在编写一个函数，将 λ 和计数向量作为输入并返回似然值的对数。计算 lambdas=seq(0,15,len=300) 时的似然值的对数，并作图。λ 取什么值能够使似然值的对数最大化？

11. 收集此数据集的目的是尝试确定是否在基因组上存在回文结构的数目高于预期的区域。我们可以绘制一个图并查看每个位置的计数：

```
library(dagdata)
data(hcmv)
breaks=seq(0,4000*round(max(locations)/4000),4000)
tmp=cut(locations,breaks)
counts=as.numeric(table(tmp))
binLocation=(breaks[-1]+breaks[-length(breaks)])/2
plot(binLocation,counts,type="l",xlab=)
```

计数值最高的直方的中心值是多少？

12. 计数的最大值是什么？

13. 一旦我们确定了回文结构最多的位置，我们想要想知道这个数值是否能够偶然出现。如果 X 是一个泊松随机变量，其比率为：

```
lambda = mean(counts[ – which.max(counts) ])
```

看到计数大于等于 14 的概率是多少？

14. 当计数为 14 时，我们得到一个小于 0.001 的 p 值。为什么将此 p 值作为位置不同的有力证据会有问题呢？

（a）泊松分布仅仅是一个近似 [1]

（b）我们从 57 个区域中选出了计数最高的区域，因此需要多重检验进行调整

（c）λ 是一个随机变量的估计值，我们并没有考虑它的变异

（d）我们不知道效应值的大小

15. 使用 Bonferroni 校正来确定保证 FWER 为 0.05 的 p 值的阈值。这个 p 值的阈值是多少？

16. 绘制一个 QQ 图来检验一下我们的泊松模型是否拟合得很好：

```
ps <- (seq(along=counts) – 0.5)/length(counts)
lambda <- mean(counts[ –which.max(counts)])
poisq <- qpois(ps,lambda)
```

---

[1] 原文 in 应为 is。——译者注

```
plot(poisq,sort(counts))
abline(0,1)
```

你会如何描述这个 QQ 图？

（a）泊松分布是一个很差的近似

（b）除了一个点（我们实际上对这个区域实际感兴趣）外，泊松分布是一个非常好的近似

（c）数据中有太多的 1

（d）正态分布提供了一个更好的近似

17. 加载 tissuesGeneExpression 数据包：

```
library(tissuesGeneExpression)
```

现在加载这个数据集，并选择与子宫内膜相关的列：

```
library(genefilter)
y = e[,which(tissue=="endometrium")]
```

你会得到一个包含 15 个样本的矩阵 y。计算前三个样本的样本方差。然后绘制一个 QQ 图来检验数据是否服从正态分布。以下哪项是正确的？

（a）除了少数异常值外，数据服从正态分布

（b）方差不服从正态分布，但是取平方根后服从该分布

（c）正态分布在这里不可用：左尾估计过高，右尾估计不足

（d）正态分布几乎完美地拟合了这个数据

18. 现在使用 limma 包中的 fitFDist 函数拟合具有 14 个自由度的 F 分布。

19. 现在利用观察到的样本方差与 F 分布分位数绘制 QQ 图。以下哪一项最能描述这个 QQ 图？

（a）拟合的 F 分布提供了完美的拟合

（b）如果我们剔除 0.1% 的最低值数据，F 分布提供了一个很好的拟合

（c）正态分布提供了更好的拟合

（d）如果我们剔除 0.1% 的最高值数据，F 分布提供了一个很好的拟合

7.6　贝叶斯统计

高通量数据一个最大的特点是，尽管我们想报告特定特征，但通常都会得到许多相关的结果。比如，测量数千个基因的表达、代表蛋白质结合的数千个峰的高度，或者全基因组水平 CpG 的甲基化水平等等。但是，到目前为止，我们在处理这些特征时，通常是按照彼此互相独立的方式来进行的，在分析某一特征时都会忽略掉其它的特征。在这一节中，我们将会学习如何利用统计建模，把各个特征整合到一起分析。这其中最成功的方法就是分层模型，这种模型是以贝叶斯统计（Bayesian statistics）为

基础建立起来的。

贝叶斯定理　首先，我们学习一下贝叶斯定理（Bayesian theorem）。以假想中的囊性纤维化检验（cystic fibrosis test）方法为例说明。假设这个方法检测的准确性达到99%。我们使用以下的公式：

$$\text{Prob}(+\,|\,D=1)=0.99,\ \text{Prob}(-\,|\,D=0)=0.99$$

这里 + 表示检测为阳性，D 代表真实得病（1）或不得病（0）的情况。

假如，随机挑选一个人并且其检测为阳性，那么这个人患病的概率是多少？表述如下：

$$\text{Prob}(D=1\,|\,+)$$

在实际中，3900 人中会有 1 个患囊性纤维化，也就是 $\text{Prob}(D=1)=0.00025$。

我们将会使用贝叶斯定理来回答这个问题，这个定理数学表述如下：

$$\Pr(A\,|\,B)=\frac{\Pr(B\,|\,A)\Pr(A)}{\Pr(B)}$$

应用到囊性纤维化这个例子上，就是：

$$
\begin{aligned}
\text{Prob}(D=1\,|\,+) &= \frac{P(+\,|\,D=1)\cdot P(D=1)}{\text{Prob}(+)}\\[2mm]
&= \frac{P(+\,|\,D=1)\cdot P(D=1)}{P(+\,|\,D=1)\cdot P(D=1)+P(+\,|\,D=0)\cdot P(D=0)}\\[2mm]
&= \frac{0.99\times 0.00025}{0.99\times 0.00025+0.01\times 0.99975}=0.02
\end{aligned}
$$

由此可见，虽然检测手段的准确性能达到 0.99，但是检测为阳性患病的概率只有0.02。这个结果对于一些人来说有些违反常识。造成这一结果的原因是我们必须要乘以非常罕见事件（即一个随机挑选的人患病）的概率。为了说明这个，我们采用蒙特卡洛模拟来看一下实际情况。

模拟　下面的模拟过程是为了可视化贝叶斯定理。在这个模拟中，从总体中随机取样 1500 人，在这个总体中患病率为 5%：

```
set.seed (3)
prev <- 1/20
## 之后，我们会把 1000 个人排列成 80 行 20 列。
M <- 50; N <- 30
## 他们有疾病吗?
d <- rbinom (N*M,1, p= prev)
```

下面就看一下，在检测准确性为 90% 的情况下，患病的概率是多少：

```
accuracy <- 0.9
test <- rep(NA,N*M)
## 对照是阳性吗?
test[d==1] <- rbinom(sum(d==1), 1, p=accuracy)
## 病例是阳性吗?
test[d==0] <- rbinom(sum(d==0), 1, p=1-accuracy)
```

在这个例子中，由于对照（健康）要比患病的多很多，即使有较低的假阳性率，在检测阳性的人群中，对照（健康）仍然要多于患病的数量。

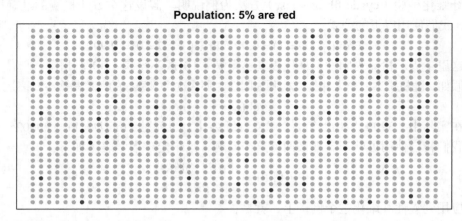

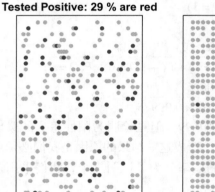 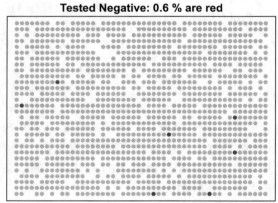

图 7.12　贝叶斯定理的模拟演示

上部的图显示每个个体，红色表示病例。每个人都做测试，准确性有 90%。
检测阳性的（正确或错误）显示在左下角窗格中。检测阴性的显示在右下角窗格中。

图 7.12 中，顶端图中红色点表示的是生病个体 $P(D=1)$。左下角显示的是 $\Pr(D=1\mid+)$，右下角是 $\Pr(D=0\mid+)$。

贝叶斯统计的应用　Jos Iglesias 是一名职业棒球运动员。自从 2013 年 4 月份开始他的职业生涯以来，表现非常出色：

月份	打数（At Bats）	安打数（H）	打击率（AVG）
四月	20	9	.450

打击率（AVG）统计是衡量成功的一种方式。粗略地说，它告诉我们击球时的成功率。0.450 的 AVG 意味着在 Jos 已击的球（At Bats）中 45% 都是成功的。正如我们将看到的那样，这个值相当得高。需要注意的是到目前为止除了 1941 年 Ted Williams 达到过这一成绩外，还没有一个运动员能在一个赛季中达到过 0.400！为了说明分层模

型的强大之处，我们将在他击球次数超过 500 次之后，尝试预测 Jos 在该赛季结束时的打击率。

使用我们迄今为止学到的技术——频率论技术，我们能做的最好的事情就是提供一个置信区间。我们可以将击球的结果视为成功率为 p 的二项式。所以如果成功率确实是 0.450，那么打数为 20 时的标准误为：

$$\sqrt{\frac{0.450-(1-0.450)}{20}} = 0.111$$

这就意味着，我们的置信区间为 0.450 ± 0.222，即 $0.228 \sim 0.672$。

这种预测方法有两个问题。首先，范围太大，因此用处不大。其次，数据分布以 0.450 为中心，这就意味着我们最好的猜测就是这位新选手将会打破 Ted Williams 的纪录。如果你一直关注、跟踪棒球赛事，那么你就会觉得后面这一结论是错误的。这是因为你正在潜意识地使用分层模型将过去几年棒球数据信息考虑了进去。下面，我们就展示如何对这种直觉进行量化。

首先，对过去三个赛季，所有拥有超过 500 次击球数的击球手的打击率进行分布分析（结果见图 7.13）：

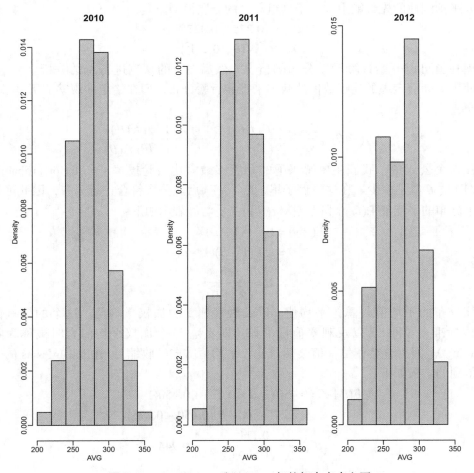

图 7.13 2010、2011 和 2012 三年的打击率直方图

从图中可以看到，打击率是 0.275，标准差为 0.027。由此可见 0.450 是非常少见的成绩，因为这个值与平均值的差值已经超过标准差的 6 倍还多。那么到底是 Jos 比较幸运，还是这个成绩真的是过去 50 年里最好的成绩？或许，二者的成分都有，那么他的幸运成分占多少，个人实力又占多少？如果我们被说服他只是幸运儿，有可能过高估计了他的个人能力，那么就应该把他交易到相信 0.450 这个观测值是他个人能力的球队中去。

分层模型　分层模型（hierarchical model）对于我们是如何看到 0.450 观察值的进行了数学量化描述。首先，我们随机挑选一个运动员，这个运动员的个人能力为 θ，然后我们得到成功率为 θ 的 20 次随机事件的结果。

$\theta \sim N(\mu, \tau^2)$：随机挑选 1 个运动员的随机性

$Y \mid \theta \sim N(\theta, \sigma^2)$：这个运动员在一次具体比赛中（比如击球 20 次）的表现随机性

注意，这里有两个水平（这也就是叫做"分层"的原因）：运动员间的变异度和击球时由幸运成分造成的变异度。在贝叶斯框架内，第一分层称之为先验分布（prior distribution），第二分层称为抽样分布。

现在，我们就利用这个模型对 Joe 的数据进行分析。假设我们想要用他真实的打击率 θ 来预测他的先天能力。对于这组数据的分层模型就是：

$$\theta \sim N(0.275, 0.027^2)$$
$$Y \mid \theta \sim N(\theta, 0.111^2)$$

现在就可以开始计算后验分布的情况，然后对 θ 的预测进行总结分析。在这里，可以使用贝叶斯定理的连续数值的版本来推导后验分布，即在给定的观察值下，参数 θ 的分布：

$$f_{\theta/Y}(Y/\theta) = \frac{f_{\theta/Y}(Y/\theta)f_\theta(\theta)}{f_Y(Y)} = \frac{f_{Y/\theta}(Y/\theta)f_\theta(\theta)}{f_\theta f_{Y/\theta}(Y/\theta)f_\theta(\theta)}$$

在这个公式中，我们主要感兴趣的是能够最大化后验概率（posterior probability）$f_{\theta/Y}(\theta/Y)$ 的 θ 值是多少。在这个例子里，$f_{\theta/Y}(\theta/Y)$ 后验分布符合正态分布，因此可以计算这个分布的平均值 $E(\theta/y)$ 和方差 $var(\theta/y)$。平均值表示如下：

$$E(\theta/y) = B\mu + (1 - B)Y$$
$$= \mu + (1 - B)(Y - \mu)$$
$$B = \frac{\sigma^2}{\sigma^2 + \tau^2}$$

该分布的平均值是总体平均值 μ 以及观察值 Y 的加权平均值。这个的权重依赖于总体标准差（即 τ）以及观察值标准差（即 σ）。这个加权平均值有时被称为收缩（shrinking）。因为它会使估计值会朝着先验平均值方向"收缩"，在 Joe Iglesias 的例子中，得到的结果如下：

$$E(\theta \mid Y = 0.450) = B \times 0.275 + 0.450(1 - B)$$
$$= 0.275 + (1 - B)(0.450 - 0.275)$$
$$B = \frac{0.111^2}{0.111^2 + 0.027^2} = 0.944$$
$$E(\theta \mid Y = 0.450) \approx 0.285$$

方差：

$$\text{var}(\theta \mid y) = \frac{1}{1/\sigma^2 + 1/\tau^2} = \frac{1}{1/0.111^2 + 1/0.027^2} = 0.000069$$

由此，标准差就是 0.026。从整个推导过程来看，最开始我们利用 95% 置信区间来分析运动员的数据，并给出 Jos 的数据是：0.450 ± 0.220。然后，利用贝叶斯模型结合其他运动员和其它赛季的表现数据来计算后验概率。这个分析实际上叫做经验贝叶斯分析（empirical Bayes approach），因为在分析过程中，这个先验是用数据构建的。从后验结果中，我们得出了 95% 的置信区间（以平均值为中心有 95% 机会出现的区域）。在这个例子中，置信区间结果是：0.285 ± 0.026。

这个贝叶斯可信区间（Bayesian credible interval）意味着如果有队伍被 0.450 的成绩惊艳到，我们应当考虑与其交易 Jos。因为，我们预测出他的能力只是比平均值高一点而已。有意思的是，红袜队（Red Sox）在 7 月份把 Jos 交易给了底特律老虎队（Detroit Tigers）。下面是 Jos Iglesias 在之后 5 个月的成绩：

月份	打数	安打数	打击率
四月	20	9	.450
五月	26	11	.423
六月	86	34	.395
七月	83	17	.205
八月	85	25	.294
九月	50	10	.200
总计（除四月）	330	97	.293

尽管两个置信区间都包括了他最终的表现，但是贝叶斯置信区间能够给出更加准确的预测。特别是，它预测出了 Jos 在这个赛季剩余的比赛中成绩不太可能像之前一样好。

7.7 习题

1. 囊性纤维化测试的准确率为 99%。具体来说，我们的意思是：

$$\text{Prob}(+ \mid D) = 0.99，\text{Prob}(- \mid \text{no } D) = 0.99$$

一般人群的囊性纤维化率为 1/3900，Prob(D) = 0.00025。如果我们随机选择一个人并且他们测试为阳性，那么他们囊性纤维化 Prob(D | +) 的概率是多少？提示：使用贝叶斯规则。

$$\text{Pr}(A \mid B) = \frac{\text{Pr}(B \mid A)\,\text{Pr}(A)}{\text{Pr}(B)}$$

2.（高阶）首先下载一些棒球的统计数据。

```
tmpfile <- tempfile()
tmpdir <- tempdir()
download.file("http://seanlahman.com/files/database/lahman-csv_2014-02-14.zip",tmpfile)
## this shows us files
filenames <- unzip(tmpfile,list=TRUE)
players <- read.csv(unzip(tmpfile,files="Batting.csv",exdir=tmpdir),as.is=TRUE)
unlink(tmpdir)
file.remove(tmpfile)
```

我们将使用 dplyr 包[7] 来获取 2010、2011 和 2012 年打数超过 500 次（AB≥500）的数据。

```
dat <- filter(players,yearID>=2010, yearID <=2012) %>% mutate(AVG=H/AB) %>%
filter(AB>500)
```

打击率的平均值是多少？

3. 打击率的标准差是多少？

4. 使用探索性数据分析来确定以下哪个分布接近打击率：

（a）正态

（b）泊松

（c）F 分布

（d）均匀分布

5. 现在是四月、打数为 20，Jos Iglesias 的打击率为 0.450（非常好）。我们可以将其视为 20 次试验的二项式分布，成功概率为 p。p 的样本估计值为 0.450。我们对标准差的估计是多少？提示：这是二项式除以 20 的总和。

6. 二项式分布近似于正态分布，因此我们的抽样分布近似均值 $Y = 0.45$ 和标准差 $\sigma = 0.11$ 的正态分布。早些时候，我们使用棒球数据库来确定我们的先验分布是均值 $\mu = 0.275$ 和标准差 $\tau = 0.027$ 的正态分布。我们还看到这是打击率的后验平均预测。

你对未来打击率的贝叶斯预测是什么？

$$E(\theta \mid y) = B\mu + (1 - B)Y$$
$$= \mu + (1 - B)(Y - \mu)$$

$$B = \frac{\delta^2}{\delta^2 + \tau^2}$$

7.8 分层模型

在这一节中，我们将用数学理论来介绍一个广泛应用于高通量数据分析中的方法。

---

[7] http://cran.rstudio.com/web/packages/dplyr/vignettes/introduction.html

总的思路是，使用两个分层构建一个分层模型。一个分层描述的是样本 / 单位间的变异度，另外一个分层描述的是特征间的变异度。这个有点类似于上一节的棒球比赛的例子，第一分层是运动员之间的变异度，第二分层是一个运动员成功的变异度。第一分层的变异度可以通过我们目前已经讲解过的所有模型和方法来计算，比如 t 检验。第二分层允许我们"借取"所有特征的信息，然后报告每一个统计推断的信息。

现在我们用一个实例来说明，这个例子是在基因表达中广泛使用的例子。这个模型主要由 Bioconductor 中的 limma 函数完成。这个思路已在被其它一些分析 RNA 测序的流程广泛采用，比如 edgeR[8] 和 DESeq2[9]。这个数据包提供了一个 t 检验分析的替代方案。这个方案通过方差建模，大大地提升了模型的表现。尽管在棒球例子中，我们对平均值进行了建模分析，但是在这个例子中，我们对方差进行建模分析。方差建模需要更高级的数学知识，但二者在概念上实际是一样的。我们先从一个实际例子讲起。

火山图（图 7.14）表示了对一个 6 次重复（两组，每组个 3 次重复）的基因表达数据应用 t 检验后得到的效应值（x 轴）和 p 值（y 轴）。其中 16 个基因在两组数据间存在差异表达。只有这 16 个基因备择检验为真，用蓝色标出。

```
library(SpikeInSubset)      ## Bioconductor 上的包
data(rma95)
library(genefilter)
fac <- factor(rep(1:2,each=3))
tt <- rowttests(exprs(rma95),fac)
smallp <- with(tt, p.value < .01)
spike <- rownames(rma95) %in% colnames(pData(rma95))
cols <- ifelse(spike,"dodgerblue",ifelse(smallp,"red","black"))
with(tt, plot(-dm, -log10(p.value), cex=.8, pch=16,
    xlim=c(-1,1), ylim=c(0,4.5),
    xlab="difference in means",
    col=cols))
abline(h=2,v=c(-.2,.2), lty=2)
```

这里我们把 y 轴（p 值）最大值设为 4.5，但是有 1 个蓝色点的 p 值小于 10^{-6}（因此，这里只有 15 个蓝点）。观察这个图我们可以发现两个显而易见的结果。第一个结果就是，只有一个基因的阈值达到 5% FDR 的要求：

```
sum(p.adjust(tt$p.value,method = "BH")[spike] < 0.05)
## [1] 1
```

这个结果与样本量小有关，每组只有 3 个样本。第二个结果就是，如果不使用统计推断，而是简单地将所用基因的 t 统计值进行排序，就会得到众多假阳性结果。比

---

[8] http://www.ncbi.nlm.nih.gov/pubmed/19910308
[9] http://www.ncbi.nlm.nih.gov/pubmed/25516281

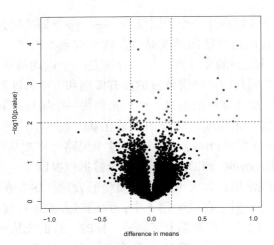

图 7.14　两组比较的 t 检验火山图

插入基因用蓝色表示。其余基因中，p 值小于 0.01 的用红色表示。

如，前 10 个基因中有 6 个基因是假阳性：

```
table (top50=rank(tt$p.value)<= 10, spike)      # t 统计量和 p 值的秩是一样的
##           spike
## top50    FALSE    TRUE
## FALSE    12604      12
## TRUE         6       4
```

从火山图（图 7.15）上还可以看到，大多数基因的效应值都比较小，这就表明标准误会比较小。我们可以使用这个图来进行确认：

```
tt$s <- apply(exprs(rma95), 1, function(row)
  sqrt(.5*(var(row[1:3]) + var(row[4:6])))))
with(tt, plot(s, -log10(p.value), cex=.8, pch=16,
          log="x",xlab="estimate of standard deviation",
          col=cols))
```

这时，分层模型就派上用场了。如果我们可以对所有基因的方差分布做出一个假设，就可以利用这个分布来改善之前"较小"估计的结果。在前一些章节里，我们已经讲过如何利用 F 分布来近似观察到的方差分布：

$$s^2 \sim s_0^2 F_{d,d_0}$$

因为在这组数据中，我们有数千个数据点，因此就可以检查这个假设并估计参数 s_0 和 d_0。这种分析方法称为经验贝叶斯，因为这个模型用已有数据（经验）来构建先验分布。

现在，将棒球例子中所学到的内容应用到标准误的估计中。根据前面的方法，首先得到每个基因的观察值 s_g，这是一个抽样分布，可以作为一个先验分布。然后，在此基础上计算方差 σ_g^2 的后验分布，并且得到一个后验平均值。关于计算细节可以参考

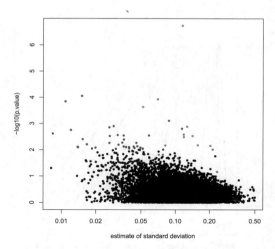

图 7.15 p 值与标准差估计值图

这篇文献[10]。

$$E\left[\sigma_g^2 \mid s_g\right] = \frac{d_0 s_0^2 + d s_g^2}{d_0 + d}$$

和棒球的例子一样，后验平均值使得观察值方差 s_g^2 向着总体方差 s_0^2 的方向缩减，并且权重值与样本量以及先验分布的形状相关。这二者又受自由度 d 和 d_0 影响。

对上面的图进行加权处理后，40 个基因的方差估计缩减如下：

经过这种校对后，一个重要的效果就是原先标准差接近于 0 的基因，其标准差不再接近于 0（因为它们全都趋近于 s_0）。现在，我们创建一个 t 检验版本的分层分析，这里不用样本标准差，而是用后验平均值或者"缩减"的方差估计，如图 7.16 所示。我们把这种分析称为适度 t 检验（moderated t-test）。应用这种分析后，在火山图（图 7.17）中就会看到明显改善的：

```
library(limma)
fit <- lmFit(rma95, model.matrix(~ fac))
ebfit <- ebayes(fit)
limmares <- data.frame(dm=coef(fit)[,"fac2"], p.value=ebfit$p.value[,"fac2"])
with(limmares, plot(dm, -log10(p.value),cex=.8, pch=16,
    col=cols,xlab="difference in means",
    xlim=c(-1,1), ylim=c(0,5)))
abline(h=2,v=c(-.2,.2), lty=2)
```

前 10 位的基因中假阳性的数量减少到 2 个：

---

[10] http://www.ncbi.nlm.nih.gov/pubmed/16646809

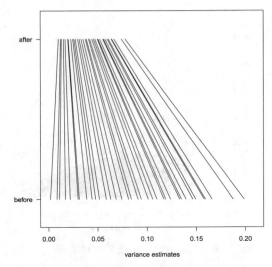

图 7.16   估算如何向先验预期进行收缩的图示

选取了 40 个基因。

table (top50=rank(limmares$p.value)<= 10, spike)

spike
top50   FALSE   TRUE
FALSE   12608   8
TRUE   2   8

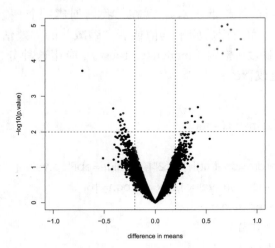

图 7.17   两组比较的缓和 t 检验的火山图

插入基因用蓝色表示。其余基因中，p 值小于 0.01 的用红色表示。

7.9   习题

加载以下数据（可以从 Bioconductor 安装）并使用 exprs 提取数据矩阵：

```
library(Biobase)
library(SpikeInSubset)
data(rma95)
y <- exprs(rma95)
```

该数据集来自一项实验，其中从同一背景池中获取 RNA 数据来创建 6 个重复样本。然后通过人工将来自 16 个基因的 RNA 以不同的量添加到每个样品中。这些量（以 pmol/L 为单位）和基因 ID 存储在此处：

```
pData(rma95)
```

这些数量在前三个阵列以及后三个阵列中是相同的。所以我们像这样定义两个组：

```
g <- factor(rep(0:1,each=3))
```

并创建一个索引，记录哪些行与人工添加的基因相关联：

```
spike <- rownames(y) %in% colnames(pData(rma95))
```

1. 因为这 6 个样本差异仅是由采样造成的（它们都来自相同的背景 RNA 库），所以只有这 16 个基因是差异表达的。

使用 rowttest 函数对每个基因进行 t 检验。

p 值小于 0.01（无多重比较校正）的基因中不是人工添加的（假阳性）占多少比例？

2. 现在计算每个基因的组内样本标准差（你可以使用组 1）。根据 p 值阈值，将基因分为真阳性、假阳性、真阴性和假阴性。绘制一个箱线图，比较每组的样本标准差。以下哪一项最能描述箱线图？

（a）所有组的标准差相似

（b）平均而言，真阴性具有更大的变异性

（c）假阴性具有更大的变异性

（d）假阳性具有较小的标准差

3. 在前两个问题中，我们观察到的结果与样本标准差相关的随机变异性导致 t 统计量偶然较大的事实一致。

我们在 t 检验中使用的样本标准差是一个估计值，并且只有一个成对的三份样本，因此，与 t 检验中分母相关的变异性可能很大。

以下步骤执行基本的 limma 分析。因为我们感兴趣的是组之间的差异，而不是截距，所以我们指定 coef = 2。在 eBayes 这一步骤使用分层模型，能够重新估计基因特异的标准误。

```
library(limma)
fit <- lmFit(y, design=model.matrix(~ g))
colnames(coef(fit))
fit <- eBayes(fit)
```

这是原始的、新的、基于分层模型的估计值与基于样本的估计值图：

```
sampleSD = fit$sigma
posteriorSD = sqrt(fit$s2.post)
```

哪个最能描述分层模型的作用？
（a）将所有标准差估计值移近 0.12
（b）增加标准差的估计值以增加 t
（c）降低标准偏差的估计值
（d）减少效应值的估计值

4. 在 t 检验的分母中使用这些新的标准差估计值并计算 p 值。你可以这样做：

```
library(limma)
fit = lmFit(y, design=model.matrix(~ g))
fit = eBayes(fit)
## second coefficient relates to diffences between group
pvals = fit$p.value[,2]
```

p 值小于 0.01（无多重比较校正）的基因中不是人工添加的（假阳性）占多少比例？

与之前的火山图相比，请注意对于效应值的较小的基因其 p 值不再小了。

8

距离和降维

8.1　引言

距离的概念非常直观。例如，当我们将动物聚类为子集时（图 8.1），我们隐含地定义了一个距离，该距离使我们能够说出哪些动物彼此"接近"。

图 8.1　动物聚类

我们对高维数据进行的许多分析都直接或间接地与距离相关。许多聚类和机器学习技术都依赖于能够使用特征或预测指标定义距离。例如，要创建在基因组学和其它高通量领域中经常使用的热图（heatmap），必须明确地计算距离。

在图 8.2 中，将列和行聚类后存储在矩阵中的测量值用颜色表示。（附带说明：红色和绿色是热图的常见颜色主题，但也是许多色盲人员最难辨认的两种颜色。）在这里，我们将学习理解和创建热图所必要的数学知识和计算技能。我们首先回顾距离的数学定义。

8.2　欧式距离

作为回顾，让我们定义笛卡尔平面上两个点 A 和 B 之间的距离（图 8.3）。
A 和 B 之间的欧式距离（Euclidean distance）很简单：

$$\sqrt{(A_x - B_x)^2 + (A_y - B_y)^2}$$

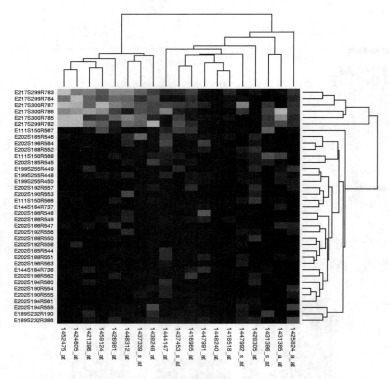

图 8.2　热图实例（来自 Gaeddal, 01.28.2007 Wikimedia Commons）

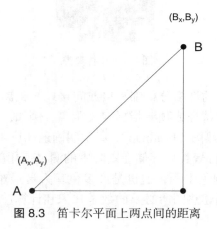

图 8.3　笛卡尔平面上两点间的距离

8.3　高维数据的距离

　　我们引入一个包含来自 189 个样本的 22 215 个基因的基因表达测量值的数据集。R 的对象可以这样进行下载：

```
library(devtools)
install_github("genomicsclass/tissuesGeneExpression")
```

这个数据中有来自 8 个组织的 RNA 表达水平，每个组织有多个个体。

```
library(tissuesGeneExpression)
data(tissuesGeneExpression)
dim(e)      ## e 包含基因表达数据
## [1] 22215   189
table(tissue)     ## tissue[i] 告诉我们 e[,i] 代表的组织
## tissue
##  cerebellum  colon  endometrium  hippocampus  kidney  liver
##          38     34           15           31      39     26
```

我们想在此数据集的背景下描述样本之间的距离。我们也想寻找在样品间表现相似的基因。

因为数学距离是在点之间进行计算的，所以为了定义距离，我们需要知道点是什么。使用高维数据时，点不再在笛卡尔平面上。相反，它们的维度更高。例如，样本 i 是由 22 215 个维度空间中的一个点定义的：$(Y_{1,i}, \cdots, Y_{22215,i})^{\mathrm{T}}$。特征 g 是由 189 个维度空间 $(Y_{g,1}, \cdots, Y_{g,189})^{\mathrm{T}}$ 中的一个点定义。

定义点后，欧氏距离的定义方法与二维定义的方法非常相似。例如，两个样本 i 和 j 之间的距离为：

$$\mathrm{dist}(i,j) = \sqrt{\sum_{g=1}^{22215} (Y_{g,i} - Y_{g,j})^2}$$

两个特征 h 和 g 的距离为：

$$\mathrm{dist}(h,g) = \sqrt{\sum_{i=1}^{189} (Y_{h,i} - Y_{g,i})^2}$$

注意：在实践操作中，通常在对每个特征的数据进行标准化后再计算它们之间的距离。这相当于计算 1 减去相关性。这样做是因为特征之间整体水平的差异通常不是由于生物效应而是由于技术原因造成的。有关此主题的更多详细信息，请参见该文稿[1]。

矩阵代数的距离   样本 i 和 j 之间的距离可以写成

$$\mathrm{dist}(i,j) = (Y_i - Y_j)^{\mathrm{T}}(Y_i - Y_j)$$

Y_i 和 Y_j 列数分别为 i 和 j。由于使用矩阵乘法可以更快地进行计算，因此该结果在实践中非常方便。

举例说明   现在，我们可以使用上面的公式来计算距离。让我们计算样本 1 和 2 之间（两个肾脏）的距离，然后计算样本 87（结肠）。

```
x <- e[,1]
y <- e[,2]
z <- e[,87]
sqrt(sum((x-y)^2))
```

---

[1] http://master.bioconductor.org/help/course-materials/2002/Summer02Course/Distance/distance.pdf

```
## [1] 85.8546
sqrt(sum((x-z)^2))
## [1] 122.8919
```

不出所料，肾脏之间距离更小。一种更快的计算方法是使用矩阵代数：

```
sqrt(crossprod(x-y))
##                [,1]
## [1,]   85.8546
sqrt(crossprod(x-z))
##                [,1]
## [1,]  122.8919
```

现在如果要一次计算所有距离，可以使用 dist 函数。因为它计算每一行之间的距离，而我们感兴趣的是样本之间的距离，因此，我们对矩阵进行转置：

```
d <- dist(t(e))
class(d)
## [1] "dist"
```

请注意这会产生一个 dist 类的对象，同时为了要使用行和列索引获取条目，我们需要将其转为矩阵：

```
as.matrix(d)[1,2]
## [1] 85.8546
as.matrix(d)[1,87]
## [1] 122.8919
```

重要的是要记住，如果我们在 e 上运行 dist，则将计算所有基因之间的成对距离。它将尝试创建一个 22215 × 22215 矩阵，该矩阵可能会使您的 R 会话崩溃。

8.4 习题

如果您还没有这样做，请安装数据包 tissueGeneExpression：

```
library(devtools)
install_github("genomicsclass/tissuesGeneExpression")
```

这个数据包含了 8 个组织的 RNA 表达水平，每个组织都有几个生物学重复。我们将我们认为来自同一群体的样本（例如来自不同个体的肝组织）称为生物学重复：

```
library(tissuesGeneExpression)
data(tissuesGeneExpression)
```

head(e)

head(tissue)

1. 海马体有多少生物学重复？
2. 样本 3 和 45 之间的距离是多少？
3. 基因 210486_at 和 200805_at 的距离是多少
4. 如果我运行命令（不要运行它！）：

d = as.matrix(dist(e))

这个矩阵有多少个单元格（行数乘以列数）？
5. 计算所有成对样本的距离：

d = dist(t(e))

阅读 dist 的帮助文件。

d 中有多少距离值？提示：d 的长度是多少？
6. 为什么第 5 题的答案不是 ncol(e)^2？
（a）R 在那里犯了一个错误
（b）0 的距离被排除在外
（c）因为我们利用了对称性：只存储了全距离矩阵的下三角矩阵，因此只有 ncol(e)*(ncol(e)-1)/2 个值
（d）因为它等于 nrow(e)^2

8.5 降维动机

可视化数据是高通量数据分析中最重要的步骤之一。正确的可视化方法可能会揭示实验数据存在的问题，这些问题可能会使恰当的标准分析的结果完全没有用。

我们已经显示了可视化列或行的全局属性的方法，但是由于数据的高维度，揭示列之间或行之间的关系的图更加复杂。例如，要比较 189 个样本中的每个样本，我们将必须创建 17 766 个 MA 图。由于点的维数很高，因此无法创建一个散点图。

我们将介绍基于降维的用于探索性数据分析的强大技术。一般的想法是将数据集缩小为较少的维数，但大致会保留一些重要的属性。例如样本之间的距离等。如果我们能够缩小到二维，那么可以轻松地绘制图。这背后的技术是奇异值分解（singular value decomposition，SVD），该技术在其它情况下也很有用。在介绍 SVD 背后相当复杂的数学之前，我们将通过一个简单的示例来阐明其背后的思想。

示例：二维降到一维 我们以双胞胎身高为例来说明。这里模拟了 100 个二维点，这些二维点代表每个人平均高度的标准偏差数值。每个点都是一对双胞胎：

为了便于说明，将其视为高通量基因表达数据，其中每对双胞胎代表 N 个样本，两个高度代表来自两个基因的基因表达数据。

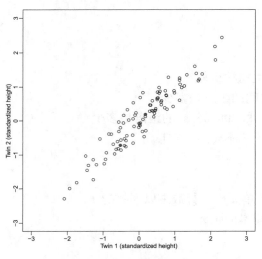

图 8.4　模拟的双胞胎身高

我们对任意两个样本之间的距离感兴趣，可以使用 dist 来进行计算。例如，这是图 8.4 中两个橙色点之间的距离：

```
d=dist(t(y))
as.matrix(d)[1,2]
## [1] 1.140897
```

如果制作二维图太复杂，只能制作一维图该怎么办？例如，我们可以将数据简化为保留点之间距离的一维矩阵吗？

如果回顾该图，将任意一对点用线连接，则该线的长度就是两个点之间的距离。这些线倾向于沿着对角线的方向。我们之前已经看到可以通过绘制并旋转 MA 图使对角线落在 x 轴上（图 8.5）：

```
z1 = (y[1,]+y[2,])/2      # 和
z2 = (y[1,]−y[2,])        # 距离
z = rbind(z1, z2)         # 矩阵现在和 y 的维度一样
thelim <− c(−3,3)
mypar(1,2)
plot(y[1,],y[2,],xlab="Twin 1 (standardized height)",
     ylab="Twin 2 (standardized height)",
     xlim=thelim,ylim=thelim)
points(y[1,1:2],y[2,1:2],col=2,pch=16)
plot(z[1,],z[2,],xlim=thelim,ylim=thelim,xlab="Average height",ylab="Difference in height")
points(z[1,1:2],z[2,1:2],col=2,pch=16)
```

稍后，我们将开始使用线性代数来表示此类数据的转换。在这里，我们可以将 y 乘以矩阵，从而得到 z：

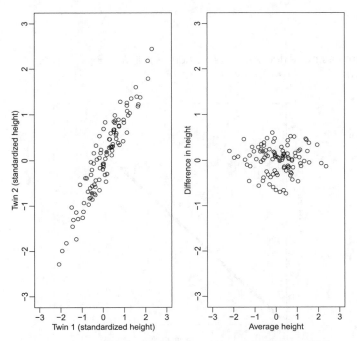

图 8.5 双胞胎身高高度散点图（左）和 MA 散点图（右）

$$A = \begin{pmatrix} 1/2 & 1/2 \\ 1 & -1 \end{pmatrix} \Rightarrow z = Ay$$

请记住，我们可以通过简单地乘以 A^{-1} 来进行变换，如下所示

$$A^{-1} = \begin{pmatrix} 1 & 1/2 \\ 1 & -1/2 \end{pmatrix} \Rightarrow y = A^{-1}z$$

旋转　在上面的图中，相对于其它点之间的距离，两个橙色点之间的距离保持大致相同。这对所有成对的点都是成立的。我们上面执行的这种简单的重新缩放的变换实际上会使距离完全相同。我们要做的是乘以一个标量以便保留每个点的标准差。如果将 y（列向量）视为具有标准差 σ 的独立随机变量，则请注意 M 和 A 的标准差为：

$$\text{sd}\left[Z_1\right] = \text{sd}\left[\frac{Y_1 + Y_2}{2}\right] = \frac{1}{\sqrt{2}}\sigma \text{ 并且 sd}\left[Z_2\right] = \text{sd}\left[Y_1 - Y_2\right] = \sqrt{2}\,\sigma$$

这就意味着，如果把上面的转换改为：

$$A = \frac{1}{\sqrt{2}}\begin{pmatrix} 1 & 1 \\ 1 & -1 \end{pmatrix}$$

那么 Y 的标准差与 Z 的方差相同。另外，请注意 $A^{-1}A = I$。我们将具有这些属性的矩阵称为正交矩阵（orthogonal matrices），并且它保证保留上述标准差属性。这样，距离就完全保留了下来（结果见图 8.6）：

```
A <- 1/sqrt(2)*matrix(c(1,1,1,-1),2,2)
z <- A%*%y
d <- dist(t(y))
```

```
d2 <- dist(t(z))
mypar(1,1)
plot(as.numeric(d),as.numeric(d2))        # as.numeric 将距离转换为长向量
abline(0,1,col=2)
```

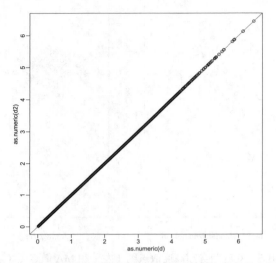

图 8.6   从原始数据计算出的距离和旋转后的距离是相同的

我们称这个特定的变换为 y 的旋转。

```
mypar(1,2)
thelim <- c(-3,3)
plot(y[1,],y[2,],xlab="Twin 1 (standardized height)",
    ylab="Twin 2 (standardized height)",
    xlim=thelim,ylim=thelim)
points(y[1,1:2],y[2,1:2],col=2,pch=16)
plot(z[1,],z[2,],xlim=thelim,ylim=thelim,xlab="Average height",ylab="Difference in height")
points(z[1,1:2],z[2,1:2],col=2,pch=16)
```

应用此变换的首要原因是因为我们注意到为了计算点之间的距离，我们遵循了原始图中对角线的方向，该方向在旋转后落在水平方向或 z 的第一个维度上。因此，这种旋转实际上实现了我们最初想要的功能：我们可以仅仅利用一个维度来保留点之间的距离（结果见图 8.7）。让我们删除 z 的第二维并重新计算距离（结果见图 8.8）：

```
d3 = dist(z[1,])      ## 使用第一个维度计算的距离
mypar(1,1)
plot(as.numeric(d),as.numeric(d3))
abline(0,1)
```

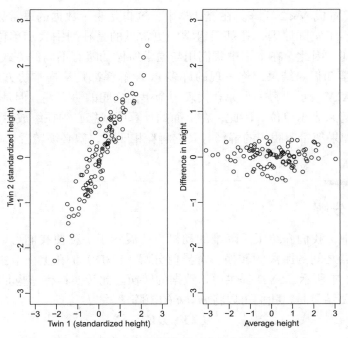

图 8.7 双胞胎身高度散点图（左）和旋转后（右）

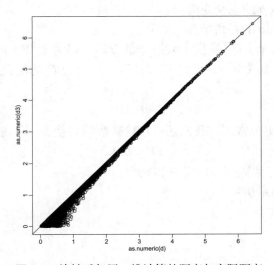

图 8.8 旋转后仅用一维计算的距离与实际距离

　　仅用一个维度计算的距离就可以很好地逼近实际距离，并且可以非常有效地减少维度：从两个维度减少到一个。转换后的数据的第一个维度实际上是第一个主成分。这一想法促使我们使用主成分分析（principle component analysis，PCA）和奇异值分解（singular value decomposition，SVD）来更普遍地降低维度。

　　与其它说明有所不同的重要说明　如果在网络上搜索 PCA 的描述，你会发现它与此处的描述方式有所不同。这主要是因为以行表示单位更为常见。因此，在此处的例子中，Y 将被转置成 $N \times 2$ 矩阵。在统计学中，这也是表示数据的最常见方式：个体在行中。但是，出于实际原因，在基因组学中更常见的是在列中表示单位。例如，基因是行，样本是列。因此，在本书中我们用与通常所做的略有不同的方式解释 PCA 及其附带的所有数学知识。结果，你发现的许多 PCA 解释都是从样本协方差矩阵开始的，该矩阵通常用 X^TX 表示，每一个元素代表两个单位之间的协方差。但是对于这种情况，我们需要 X 的行来表示单位。因此，在上面的计算中，您必须在缩放后计算 YY^T。

基本上，如果您希望我们的解释与其它解释相匹配，就必须转置这里的矩阵。

8.6 奇异值分解

在上一节中，我们介绍了了降维的动机，并展示了一种使我们可以仅用一个维度来模拟二维的点之间的距离的转换。奇异值分解（SVD）是在上一节中所使用的算法的概括。如例子中所示，SVD 提供原始数据的转换。此转换具有一些非常有用的属性。

SVD 的主要结果是，我们可以将 $m \times n$ 的矩阵 Y 写为：

$$U^TY = DV^T$$

这里：

- U 代表的是 $m \times p$ 的正交矩阵
- V 代表的是 $p \times p$ 的正交矩阵
- D 代表的是 $n \times p$ 的对角矩阵

其中，$p = \min(m, n)$。U^T 提供了数据 Y 的旋转。因为 $U^TY = VD$ 各列的可变性（准确来讲是平方和）正在减小，因此这非常有用。又因为 U 是正交的，所以我们可以把 SVD 这样写：

$$Y = UDV^T$$

实际上，该公式更为常用。我们还可以这样改写转换：

$$YV = UD$$

Y 的这种转换还导致矩阵列的平方和减小。

将 SVD 应用于的示例：

```
library(rafalib)
library(MASS)
n <- 100
y <- t(mvrnorm(n,c(0,0), matrix(c(1,0.95,0.95,1),2,2)))
s <- svd(y)
```

我们可以立即看到应用 SVD 所进行的转换非常类似于我们在示例中使用的转换：

```
round(sqrt(2)*s$u, 3)
##         [,1]     [,2]
## [1,] -0.994  -1.006
```

[2,] −1.006   0.994

　　旋转后绘制的图（图 8.9）显示了我们所说的主成分：第二个（主成分）相对第一个（主成分）作图。要从 SVD 获得主成分，我们只需要 $U^T Y = VD$ 的列：

```
PC1 = s$d[1]*s$v[,1]
PC2 = s$d[2]*s$v[,2]
plot(PC1,PC2,xlim=c(−3,3),ylim=c(−3,3))
```

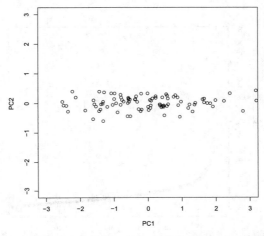

图 8.9　双胞胎身高数据，第二主成分对第一主成分作图

　　这有什么用？　　SVD 令人惊艳的用途目前还不是很明显，因此让我们看一些例子。在此示例中，我们将大大减小 V 的维数，并且仍然能够重构 Y。

　　以之前使用的基因表达数据为例计算 SVD。我们将提取 100 个基因的子集以便更快地进行计算。

```
library(tissuesGeneExpression)
data(tissuesGeneExpression)
set.seed(1)
ind <- sample(nrow(e),500)
Y <- t(apply(e[ind,],1,scale))        # 标准化数据
```

　　svd 命令返回三个矩阵（仅对于 D 返回对角线结果）

```
s <- svd(Y)
U <- s$u
V <- s$v
D <- diag(s$d)        ## 转换成矩阵
```

　　首先请注意我们实际上可以重建 y：

```
Yhat <- U %*% D %*% t(V)
resid <- Y - Yhat
max(abs(resid))
## [1] 3.508305e-14
```

如果我们查看 **UD** 的平方和，就会发现最后几个非常接近 0（也许我们有一些重复的列），结果如图 8.10 所示。

```
plot(s$d)
```

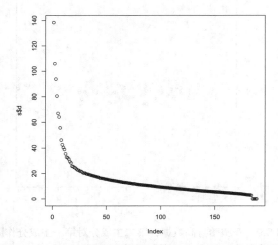

图 8.10 基于基因表达数据计算出的 **D** 的对角线条目

这意味着 **V** 中最后的列对 **Y** 的重构影响很小。要查看这一点，请考虑一个极端的例子，其中 **V** 的最后一项为 0。在这种情况下，根本不需要 **V** 的最后一列。由于 SVD 的计算方式，**V** 的列对 **Y** 的重构的影响越来越小。通常将其描述为"解释较少的方差"。这表示对于一个大型矩阵，当到达最后一列时，可能没有剩下太多需要"解释"的。我们来看一下如果删除最后四列会发生什么：

```
k <- ncol(U)-4
Yhat <- U[,1:k] %*% D[1:k,1:k] %*% t(V[,1:k])
resid <- Y - Yhat
max(abs(resid))
## [1] 3.508305e-14
```

最大残差实际上是 0，这意味着 $\hat{Y}$ 实际上与 **Y** 相同，但是我们传输信息需要的维度少了 4。

通过查看 d，我们可以看到在此特定数据集中，我们可以仅保留 94 列来获得良好的近似值。图 8.11 对于查看每一列解释多少可变性很有用：

```
plot(s$d^2/sum(s$d^2)*100,ylab="Percent variability explained")
```

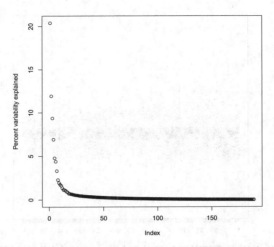

图 8.11 基于基因表达数据获得的每个主成分所解释的方差百分比

我们还可以绘制一个累积图（图 8.12 ）：

```
plot(cumsum(s$d^2)/sum(s$d^2)*100,ylab="Percent variability explained",ylim=c(0,100),type
="l")
```

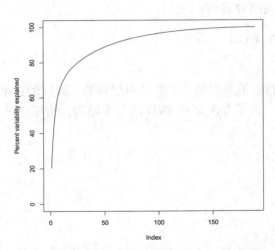

图 8.12 基于基因表达数据获得的主成分所解释的累计方差百分比

尽管我们从 189 个维度开始，但是我们仅用 95 个即可得出 Y（结果见图 8.13 ）：

```
k <- 95      ## 从 189 个中取
Yhat <- U[,1:k] %*% D[1:k,1:k] %*% t(V[,1:k])
resid <- Y - Yhat
boxplot(resid,ylim=quantile(Y,c(0.01,0.99)),range=0)
```

因此，通过使用仅一半的维度我们保留了数据中大多数的变异性：

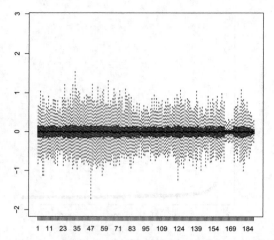

图 8.13 使用 95 个主成分重建的基因表达表与 189 个维度的原始数据进行比较的残差

```
var(as.vector(resid))/var(as.vector(Y))
## [1] 0.04076899
```

我们说我们解释了 96% 的变异性。

请注意我们可以利用 D 计算此比例：

```
1−sum(s$d[1:k]^2)/sum(s$d^2)
## [1] 0.04076899
```

因此，D 中的条目告诉我们每个主成分对解释的变异性的贡献。

高度相关的数据　为了方便理解 SVD 的工作原理，构建了一个具有两个高度相关列的数据集。

例如：

```
m <− 100
n <− 2
x <− rnorm(m)
e <− rnorm(n*m,0,0.01)
Y <− cbind(x,x)+e
cor(Y)
##              x           x
## x   1.0000000    0.9998873
## x   0.9998873    1.0000000
```

在此例中，由于 Y[,1]-Y[,2] 的所有条目都接近于 0，因此第二列几乎没有添加任何 "信息"。而 Y[,1]-rowMeans(Y) 和 Y[,2]-rowMeans(Y) 甚至更接近于 0，因此，报告 rowMeans(Y) 效率更高。rowMeans(Y) 原来是 U 上第一列中所表示的信息。SVD 帮助我们注意到，仅需第一列就解释了几乎所有的可变性：

```
d <- svd(Y)$d
d[1]^2/sum(d^2)
## [1] 0.9999441
```

当具有很多相关的列时，我们可以大大减少维度：

```
m <- 100
n <- 25
x <- rnorm(m)
e <- rnorm(n*m,0,0.01)
Y <- replicate(n,x)+e
d <- svd(Y)$d
d[1]^2/sum(d^2)
## [1] 0.9999047
```

8.7 习题

对于这些例子，我们将使用：

```
library(tissuesGeneExpression)
data(tissuesGeneExpression)
```

在开始这些练习之前，要再次强调，在使用 SVD 时，SVD 实际上的解并不是唯一的。这是因为 $UDV^T = (-U)D(-V)^T$。事实上，我们可以翻转 U 中每一列的符号，同时也翻转 V 中的相应列，我们将得到相同的解。下面是一个例子：

```
s = svd(e)
signflips = sample(c(-1,1),ncol(e),replace=TRUE)
signflips
```

现在我们切换每一列的符号并检查我们得到的答案是否相同。这里我们使用 sweep 函数。如果 x 是一个矩阵而 a 是一个向量，那么 sweep(x,1,a,FUN="*") 将函数 FUN 应用于每一行 i:FUN(x[i,],a[i])，即 x[i,]*a[i]。如果我们使用 2 而不是 1，sweep 会将其应用于列。要了解 sweep，请阅读 ?sweep。

```
newu= sweep(s$u,2,signflips,FUN="*")
newv= sweep(s$v,2,signflips,FUN="*")
identical(s$u %*% diag(s$d) %*% t(s$v), newu %*% diag(s$d) %*% t(newv))
```

因为 SVD 算法的不同实现可能会给出不同的符号，这可能导致相同的代码在不同的计算机系统中运行时产生不同的答案。所以知道这一点很重要。

1. 计算 e 的 SVD

```
s = svd(e)
```

现在计算每一行的均值：

```
m = rowMeans(e)
```

U 的第一列与 m 之间的相关性是什么？

2. 在第 1 题中，我们看到了第一列如何与 e 的行的平均值相关的。如果我们改变这些均值，列之间的距离不会改变。例如，改变均值不会改变距离：

```
newmeans = rnorm(nrow(e))      ## 加入随机值来创建新的均值
newe = e+newmeans      ## 改变均值
sqrt(crossprod(e[,3]−e[,45]))
sqrt(crossprod(newe[,3]−newe[,45]))
```

所以不妨将每一行的均值设为 0，因为它无助于我们近似列的距离。我们将 y 定义为去除趋势的 e 并重新计算 SVD：

```
y = e − rowMeans(e)
s = svd(y)
```

我们证明了 UDV^T 等于 y 直到数值误差：

```
resid = y − s$u %*% diag(s$d) %*% t(s$v)
max(abs(resid))
```

可以通过两种方式使上述计算更有效。首先，使用 crossprod。其次，不创建对角矩阵。在 R 中，我们可以将矩阵 x 乘以向量 a。结果是行 i 等于 x[i,]*a[i] 的矩阵。运行以下例子可以发现这一点。

```
x=matrix(rep(c(1,2),each=5),5,2)
x*c(1:5)
```

这个等于：

```
sweep(x,1,1:5,"*")
```

这意味着我们不必将 s$d 转换为矩阵。

以下哪一项给了我们与 diag(s$d)%*%t(s$v) 相同的结果？

（a）s$d %*% t(s$v)

（b）s$d*t(s$v)

（c）t(s$d*s$v)

（d）s$v*s$d

3. 如果我们定义 vd = t(s$d*t(s$v))，那么下面哪个不等于 UDV^T：

（a）tcrossprod(s$u,vd)

（b）s$u %*% s$d*t(s$v)

（c）s$u %*% (s$d*t(s$v))

（d）tcrossprod(t(s$d*t(s$u)), s$v)

4. 设 z = s$d*t(s$v)。我们展示了一个推导证明因为 **U** 是正交的，所以 e[,3] 和 e[,45] 之间的距离与 y[,3] 和 y[,45] 之间的距离相同，同时等于 vd [,3] 和 vd[,45]

z = s$d*t(s$v)
d was defined in question 2.1.5
sqrt(crossprod(e[,3]−e[,45]))
sqrt(crossprod(y[,3]−y[,45]))
sqrt(crossprod(z[,3]−z[,45]))

请注意 z 的列有 189 个条目，而 e 的列有 22215 个。

实际距离之间的绝对值差异是多少：

sqrt(crossprod(e[,3]−e[,45]))

以及仅使用 z 的两个维度的近似值？

5. 为了使第 4 题中的近似值在 10% 以内，我们需要使用多少个维度？

6. 计算样本 3 和所有其它样本之间的距离。

7. 使用二维近似重新计算这个距离。这个近似距离和实际距离之间的 Spearman 相关值是多少？

最后一个习题展示了如何仅使用两个维度来粗略地了解实际距离。

8.8 映射

前面我们已经描述了降维的概念以及 SVD 和主成分分析的一些应用，下面我们将主要介绍更多的其背后数学相关的细节。我们从映射（projection）开始。映射是线性代数的概念，可帮助我们理解对高维数据执行的许多数学运算。更多信息可以在线性代数书中查看。在这里，我们进行简要地回顾，然后提供一些与数据分析相关的示例。

作为回顾，请记住映射使点与子空间（subspace）之间的距离最小。

我们使用图 8.14 来说明映射，其中上部的箭头指向空间中的一个点。在这个特殊的卡通中，空间是二维的，但是我们应该抽象地思考。该空间为笛卡尔平面 [①]。卡通人物站立的线是点的子空间。对该子空间的映射是最接近原点的位置。几何告诉我们，可以通过从该点到该空间放置一条垂直线（虚线）来找到最接近的点。卡通人物站在映射上，此人从原点到新的映射点必须走的距离称为坐标。

为了解释映射，我们将使用标准矩阵代数来表示点：$\vec{y} \in \mathbb{R}^N$ 是 N 维空间中的一个

[①] 原文将 plane 误为 plan。——译者注

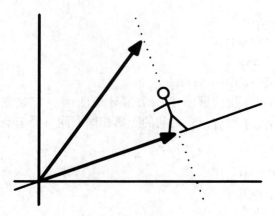

图 8.14　映射示例

点，$L \subset \mathbb{R}^N$ 是较小的子空间。

举一个 $N=2$ 的例子　如果我们让 $Y = \begin{pmatrix} 2 \\ 3 \end{pmatrix}$。我们可以作图 8.15：

```
mypar (1,1)
plot(c(0,4),c(0,4),xlab="Dimension 1",ylab="Dimension 2",type="n")
arrows(0,0,2,3,lwd=3)
text(2,3,"Y",pos=4,cex=3)
```

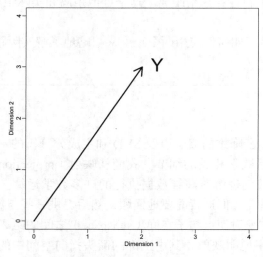

图 8.15　Y 的几何表示

我们可以立即就通过将该向量映射到如下空间来定义坐标系：$\begin{pmatrix} 1 \\ 0 \end{pmatrix}$（$x$ 轴）和 $\begin{pmatrix} 0 \\ 1 \end{pmatrix}$（$y$ 轴）。Y 到这些点定义的子空间的投影分别为 2 和 3：

$$Y = \begin{pmatrix} 2 \\ 3 \end{pmatrix} = 2\begin{pmatrix} 1 \\ 0 \end{pmatrix} + 3\begin{pmatrix} 0 \\ 1 \end{pmatrix}$$

我们说 2 和 3 是坐标，$\begin{pmatrix} 1 \\ 0 \end{pmatrix}$ 和 $\begin{pmatrix} 0 \\ 1 \end{pmatrix}$ 是基数。

现在，我们定义一个新的子空间。图 8.16 中的红线是子集 **L**，该子集由满足 $c\vec{v}$ [其中 $\vec{v} = (2\ 1)^T$] 的点定义。$\vec{y}$ 在 **L** 上的投影是 **L** 上最接近 $\vec{y}$ 的点。因此，我们需要找到 c，使得 $\vec{y}$ 和 $c\vec{v} = (2c,\ c)$ 之间的距离最小。在线性代数中，我们了解到这些点之间的差与空间正交 [①]，因此：

$$(\vec{y} - \hat{c}\vec{v}) \cdot \vec{v} = 0$$

即，

$$\vec{y} \cdot \vec{v} - \hat{c}\vec{v} \cdot \vec{v} = 0$$

则，

$$\hat{c} = \frac{\vec{y} \cdot \vec{v}}{\vec{v} \cdot \vec{v}}$$

这里的"·"表示点积：$\vec{x} \cdot \vec{y} = x_1 y_1 + \cdots x_n y_n$。

以下 R 代码确认该方程式是正确的：

```
mypar(1,1)
plot(c(0,4),c(0,4),xlab="Dimension 1",ylab="Dimension 2",type="n")
arrows(0,0,2,3,lwd=3)
abline(0,0.5,col="red",lwd=3)        # 如果 x=2c，y=c，那么斜率等于 0.5（y=0.5x）
text(2,3," Y",pos=4,cex=3)
y=c(2,3)
x=c(2,1)
cc = crossprod(x,y)/crossprod(x) segments(x[1]*cc,x[2]*cc,y[1],y[2],lty=2) text(x[1]*cc,x[2]*
cc,expression(hat(Y)),pos=4,cex=3)
```

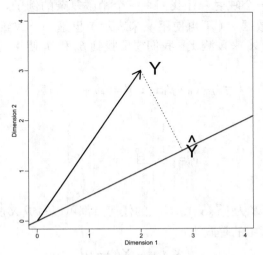

图 8.16 **Y** 在新子空间上的映射

[①] 若内积空间中两向量的内积为 0，则称它们是正交的。——译者注

注意，如果 $\vec{v}$ 使得 $\vec{v} \cdot \vec{v} = 1$，那么 $\hat{c}$ 就是 $\vec{y} \cdot \vec{v}$ 并且空间 L 不变。这种简化是我们喜欢正交矩阵的原因之一。

示例：样本均值是一个映射　设 $\vec{y} \in \mathbb{R}^N$，$L \subset \mathbb{R}^N$ 是由下面向量所张成的空间：

$$\vec{v} = \begin{pmatrix} 1 \\ \vdots \\ 1 \end{pmatrix}; \quad L = \{\hat{c}\,\vec{v};\ c \in \mathbb{R}^N\}$$

在这个空间中，向量的所有成分都是相同的数字，因此我们可以认为该空间代表常量：在映射中，每个维度将是相同的值。那么什么 c 能够使 $\hat{c}\,\vec{v}$ 和 $\vec{y}$ 之间的距离最小？

在谈论这样的问题时，有时我们会使用例如上面的例子中的二维图形。我们简单地抽象并认为 $\vec{y}$ 是 N 维空间中的一个点，而 L 是由较少数量的值定义的子空间，在这种情况下仅为一个：c。

回到我们的问题，我们知道映射是：

$$\hat{c} = \frac{\vec{y} \cdot \vec{v}}{\vec{v} \cdot \vec{v}}$$

在这种情况下，其实就是在计算平均值：

$$\hat{c} = \frac{\vec{y} \cdot \vec{v}}{\vec{v} \cdot \vec{v}} = \frac{\sum_{i=1}^{N} Y_i}{\sum_{i=1}^{N} 1} = \overline{Y}$$

这里也可以使用微积分进行简单计算：

$$\frac{\partial}{\partial c} \sum_{i=1}^{N} (Y_i - c)^2 = 0 \Rightarrow -2 \sum_{i=1}^{N} (Y_i - \hat{c}) = 0 \Rightarrow$$

$$Nc = \sum_{i=1}^{N} Y_i \Rightarrow \hat{c} = \overline{Y}$$

示例：回归也是一个映射　让我们举一个稍微复杂的例子。简单的线性回归也可以通过映射来解释。数据 Y（不再使用 $\vec{y}$ 来表示）也是一个 N 维向量，并且我们的模型使用一条直线 $\beta_0 + \beta_1 X_i$ 来预测 Y_i。我们想要找到 β_0 和 β_1 使 Y 与以下定义的空间之间的距离最小：

$$L = \{\beta_0 \vec{v}_0 + \beta_1 \vec{v}_1;\ \vec{\beta} = (\beta_0 + \beta_1) \in \mathbb{R}^2\}$$

这里，

$$\vec{v}_0 = \begin{pmatrix} 1 \\ 1 \\ \vdots \\ 1 \end{pmatrix} \text{ 且；} \quad \vec{v}_1 = \begin{pmatrix} X_1 \\ X_2 \\ \vdots \\ X_N \end{pmatrix}$$

我们的 $N \times 2$ 矩阵 X 为 $[\vec{v}_0\ \vec{v}_1]$，L 上的任何点都可以写成 $X\vec{\beta}$。

正交投影的多维版本的等式为：

$$X^{\mathrm{T}}(\vec{y} - X\vec{\beta}) = 0$$

因此，

$$X^{\mathrm{T}}X\hat{\vec{\beta}} = X^{\mathrm{T}}\vec{y}$$
$$\hat{\beta} = (X^{\mathrm{T}}X)^{-1}X^{\mathrm{T}}\vec{y}$$

因此，对 L 的映射就是：

$$X(X^{\mathrm{T}}X)^{-1}X^{\mathrm{T}}\vec{y}$$

8.9 旋转

映射最有用的应用之一是坐标旋转。在数据分析中，简单的旋转可以使数据的可视化和解释更加容易。我们将描述旋转背后的数学原理，并给出一些数据分析示例。

从之前的例子开始：

$$Y = \begin{pmatrix} 2 \\ 3 \end{pmatrix} = 2\begin{pmatrix} 1 \\ 0 \end{pmatrix} + 3\begin{pmatrix} 0 \\ 1 \end{pmatrix}$$

注意，这里的 2 和 3 就是坐标，结果如图 8.17 所示。

```
library(rafalib)
mypar()
plot(c(-2,4),c(-2,4),xlab="Dimension 1",ylab="Dimension 2",
    type="n",xaxt="n",yaxt="n",bty="n")
text(rep(0,6),c(c(-2,-1),c(1:4)),as.character(c(c(-2,-1),c(1:4))),pos=2)
text(c(c(-2,-1),c(1:4)),rep(0,6),as.character(c(c(-2,-1),c(1:4))),pos=1)
abline(v=0,h=0)
arrows(0,0,2,3,lwd=3)
segments(2,0,2,3,lty=2)
segments(0,3,2,3,lty=2)
text(2,3," Y",pos=4,cex=3)
```

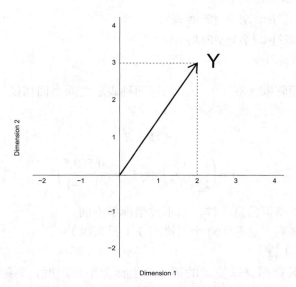

图 8.17　沿维度 1（1,0）和维度 2（0,1）绘制坐标为（2,3）的图

但是，在数学上我们可以用其它线性组合表示点（2,3）：

$$Y = \begin{pmatrix} 2 \\ 3 \end{pmatrix}$$

$$= 2.5 \begin{pmatrix} 1 \\ 1 \end{pmatrix} + (-1) \begin{pmatrix} 0.5 \\ -0.5 \end{pmatrix}$$

新坐标就是：

$$Z = \begin{pmatrix} 2.5 \\ -1 \end{pmatrix}$$

从图 8.18 上可以看到，坐标是对新基重新定义空间的映射：

```
library(rafalib)
mypar()
plot(c(-2,4),c(-2,4),xlab="Dimension 1",ylab="Dimension 2",
    type="n",xaxt="n",yaxt="n",bty="n")
text(rep(0,6),c(c(-2,-1),c(1:4)),as.character(c(c(-2,-1),c(1:4))),pos=2)
text(c(c(-2,-1),c(1:4)),rep(0,6),as.character(c(c(-2,-1),c(1:4))),pos=1)
abline(v=0,h=0)
abline(0,1,col="red")
abline(0,-1,col="red")
arrows(0,0,2,3,lwd=3)
y=c(2,3)
x1=c(1,1)        ## 新基
x2=c(0.5,-0.5)       ## 新基
c1 = crossprod(x1,y)/crossprod(x1)
c2 = crossprod(x2,y)/crossprod(x2)
segments(x1[1]*c1,x1[2]*c1,y[1],y[2],lty=2)
segments(x2[1]*c2,x2[2]*c2,y[1],y[2],lty=2)
text(2,3,"Y",pos=4,cex=3)
```

我们可以使用矩阵乘法在（2，3）的这两种表示之间来回切换。

$$Y = AZ$$

$$A^{-1}Y = Z$$

$$A = \begin{pmatrix} 1 & 0.5 \\ 1 & -0.5 \end{pmatrix} \Rightarrow A^{-1} = \begin{pmatrix} 0.5 & 0.5 \\ 1 & -1 \end{pmatrix}$$

这样，Z 和 Y 所携带信息一样，只不过坐标系不同。

示例：双胞胎身高 这是 100 个二维点 Y（图 8.19）

这是旋转：$Z = A^{-1}Y$

我们在这里旋转数据，以使 Z 的第一个坐标为平均高度，而第二个为双胞胎高度之间的差。

我们已经使用 SVD 来找到主成分。有时将 SVD 视为旋转是有用的，（例如 $U^{\mathrm{T}}Y$），它为我们提供了一个新的坐标系 DV^{T}，其中维度按其所解释的方差大小排序（结果见图 8.20 ）。

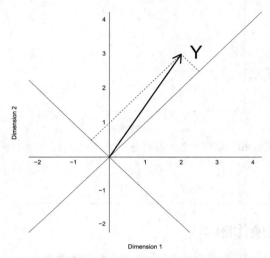

图 8.18 相对于原始维度，在旋转空间中为向量（2,3）做图

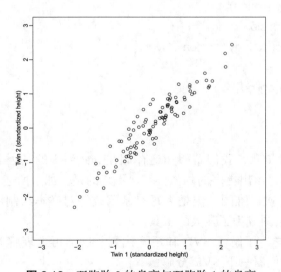

图 8.19 双胞胎 2 的身高与双胞胎 1 的身高

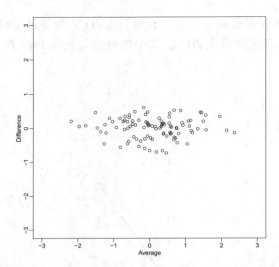

图 8.20　双胞胎 2 的身高与双胞胎 1 的身高的旋转图

8.10　多维尺度变换作图

我们将以一个基因表达为例来看一下多维尺度变换（multi-dimensional scaling，MDS）作图的重要性。为了简化说明，我们将仅考虑三个组织：

```
library(rafalib)
library(tissuesGeneExpression)
data(tissuesGeneExpression)
colind <- tissue%in%c("kidney","colon","liver")
mat <- e[,colind]
group <- factor(tissue[colind])
dim(mat)
## [1] 22215      99
```

作为一个探索性步骤，我们希望知道存储在 mat 列中的基因表达谱是否在组织之间比在整个组织之间显示出更多的相似性[1]。不幸的是，如上所述，我们无法绘制多维点。通常，我们更喜欢二维图，但是为每对基因或每对样本绘制图是不切实际的。在这种情况下，MDS 绘图成为了强大的工具。

MDS 背后的数学　了解了 SVD 和矩阵代数，这样再去理解 MDS 就相对简单了。出于说明目的，让我们看一下 SVD 分解：

$$Y = UDV^{\mathrm{T}}$$

并假设前两列的平方和 $U^{\mathrm{T}}Y = DV$ 比其它所有列的平方和大得多。这个可以写成：

---

[1] 此处应理解为比较组织内的相似性和组织间的相似性。——译者注

$d_1 + d_2 \gg d_3 + \cdots d_n$，其中，$d_i$ 为矩阵 $\boldsymbol{D}$ 的第 i 个条目。此时，就会有：

$$\boldsymbol{Y} \approx \begin{bmatrix} \boldsymbol{U}_1 & \boldsymbol{U}_2 \end{bmatrix} \begin{pmatrix} d_2 & 0 \\ 0 & d_1 \end{pmatrix} \begin{bmatrix} \boldsymbol{V}_1 & \boldsymbol{V}_2 \end{bmatrix}$$

暗示，第 i 列约为：

$$\boldsymbol{Y}_i \approx \begin{bmatrix} \boldsymbol{U}_1 & \boldsymbol{U}_2 \end{bmatrix} \begin{pmatrix} d_2 & 0 \\ 0 & d_1 \end{pmatrix} \begin{pmatrix} v_{i,1} \\ v_{i,2} \end{pmatrix} \begin{bmatrix} \boldsymbol{U}_1 & \boldsymbol{U}_2 \end{bmatrix} \begin{pmatrix} d_1 v_{i,1} \\ d_2 v_{i,2} \end{pmatrix}$$

如果定义二维向量如下：

$$\boldsymbol{Z}_i = \begin{pmatrix} d_1 v_{i,1} \\ d_2 v_{i,2} \end{pmatrix}$$

那么，

$$
\begin{aligned}
(\boldsymbol{Y}_i - \boldsymbol{Y}_j)^{\mathrm{T}}(\boldsymbol{Y}_i - \boldsymbol{Y}_j) &\approx \{[\boldsymbol{U}_1 \ \boldsymbol{U}_2] (\boldsymbol{Z}_i - \boldsymbol{Z}_j)\}^{\mathrm{T}} \{[\boldsymbol{U}_1 \ \boldsymbol{U}_2] (\boldsymbol{Z}_i - \boldsymbol{Z}_j)\} \\
&= (\boldsymbol{Z}_i - \boldsymbol{Z}_j)^{\mathrm{T}} [\boldsymbol{U}_1 \ \boldsymbol{U}_2]^{\mathrm{T}} [\boldsymbol{U}_1 \ \boldsymbol{U}_2] (\boldsymbol{Z}_i - \boldsymbol{Z}_j) \\
&= (\boldsymbol{Z}_i - \boldsymbol{Z}_j)^{\mathrm{T}} (\boldsymbol{Z}_i - \boldsymbol{Z}_j) \\
&= (Z_{i,1} - Z_{j,1})^2 + (Z_{i,2} - Z_{j,2})^2
\end{aligned}
$$

该推导告诉我们，样本 i 和 j 之间的距离近似于二维点之间的距离。

$$(\boldsymbol{Y}_i - \boldsymbol{Y}_j)^{\mathrm{T}}(\boldsymbol{Y}_i - \boldsymbol{Y}_j) \approx (Z_{i,1} - Z_{j,1})^2 + (Z_{i,2} - Z_{j,2})^2$$

由于 $\boldsymbol{Z}$ 是二维向量，因此我们可以通过绘制 $\boldsymbol{Z}_1$ 与 $\boldsymbol{Z}_2$ 的关系来可视化每个样本之间的距离，并目视检查点之间的距离。这是示例数据集的图：

```
s <- svd(mat-rowMeans(mat))
PC1 <- s$d[1]*s$v[,1]
PC2 <- s$d[2]*s$v[,2]
mypar(1,1)
plot(PC1,PC2,pch=21,bg=as.numeric(group))
legend("bottomright",levels(group),col=seq(along=levels(group)),pch=15,cex=1.5)
```

可以看到，图 8.21 中各个点按预期的组织类型分开。这样，上述近似值的精度取决于前两个主成分解释的方差比例。如上所示，可以通过绘制方差解释图 8.22 来清晰地看到这一点：

```
plot(s$d^2/sum(s$d^2))
```

尽管前两个主成分（PC）可以解释超过 50% 的变异性，但仍有很多信息无法显示。不过，这个图对于通过可视化了解点之间距离是非常有用。另外，请注意我们还可以绘制其它维度来探索数据规律。图 8.23 是第三个主成分和第四个主成分：

```
PC3 <- s$d[3]*s$v[,3]
PC4 <- s$d[4]*s$v[,4]
mypar(1,1)
plot(PC3,PC4,pch=21,bg=as.numeric(group))
legend("bottomright",levels(group),col=seq(along=levels(group)),pch=15,cex=1.5)
```

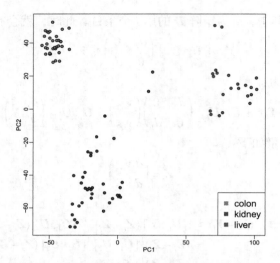

图 8.21　组织基因表达数据的多维变换图（MDS）

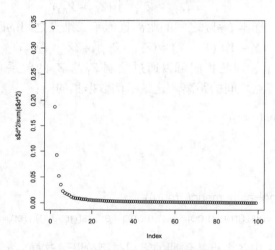

图 8.22　每个主成分解释的方差

　　注意第 4 个主成分在肾脏样品中显示出强烈的分离。稍后我们将要学习的批次效应可能会解释这一发现。

　　cmdscale　尽管我们使用了上面的 svd 函数，但是有一个专门用于 MDS 的特殊函数。它以距离对象作为参数，然后利用主成分分析来求出能够提供该距离的最佳近似值的 k 个维度。此函数效率更高，因为它不必执行完整的 SVD（这很耗时）。默认情况下，它返回二维，但是我们可以通过参数 k 进行更改，k 默认为 2（结果见图 8.24）。

```
d <- dist(t(mat))
mds <- cmdscale(d)
mypar()
plot(mds[,1],mds[,2],bg=as.numeric(group),pch=21,
    xlab="First dimension",ylab="Second dimension")
legend("bottomleft",levels(group),col=seq(along=levels(group)),pch=15)
```

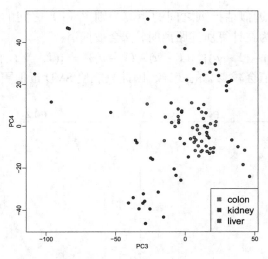

图 8.23 第三和第四个主成分

这两种方法等效于任意符号更改。

```
mypar(1,2) for(i in 1:2){
    plot(mds[,i],s$d[i]*s$v[,i],main=paste("PC",i))
    b = ifelse(cor(mds[,i],s$v[,i]) > 0, 1, −1)
    abline(0,b) ##b is 1 or −1 depending on the arbitrary sign "flip"
}
```

为什么是任意符号? 因为只要将 U 的样本列乘以 −1,我们就可以将 V 的任何列乘以 −1,因此 SVD 不是唯一的。如下:

$$-1 \times UD \times (-1) \times V^{\mathrm{T}} = UDV^{\mathrm{T}}$$

为什么减去均值? 在上述所有计算中,在计算 SVD 之前,我们先减去行均值。

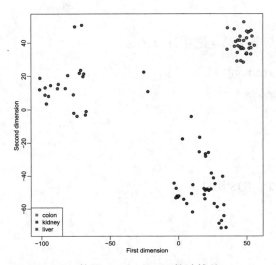

图 8.24 使用 cmdscale 函数计算的 MDS

如果我们试图做的是近似估计列之间的距离，则 Y_i 和 Y_j 之间的距离与 $Y_i - \mu$ 和 $Y_j - \mu$ 之间的距离相同，因为在计算所述距离时，μ 会被抵消：

$$\{(Y_i - \mu) - (Y_j - \mu)\}^{\mathrm{T}} \{(Y_i - \mu) - (Y_j - \mu)\} = \{(Y_i - Y_j)\}^{\mathrm{T}} \{Y_i - Y_j\}$$

由于删除行平均值会减少总的变异，因此只能使 SVD 近似更好（图 8.25）。

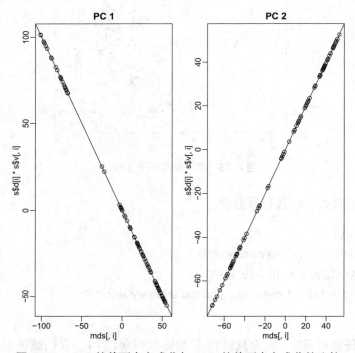

图 8.25　MDS 的前两个主成分与 SVD 的前两个主成分的比较

8.11　习题

1. 使用我们在 8.7 节中第 4 题中计算的 z：

```
library(tissuesGeneExpression)
data(tissuesGeneExpression)
y = e − rowMeans(e)
s = svd(y)
z = s$d ∗ t(s$v)
```

我们可以制作一个 MDS 图：

```
library(rafalib)
ftissue = factor(tissue)
mypar(1,1)
```

```
plot(z[1,],z[2,],col=as.numeric(ftissue))
legend("topleft",levels(ftissue),col=seq_along(ftissue),pch=1)
```

现在对原始数据运行 cmdscale 函数：

```
d = dist(t(e))
mds = cmdscale(d)
```

z 的第一个维度与 MDS 中的第一个维度之间相关性的绝对值是多少？

2. z 的第二个维度与 MDS 中的第二个维度之间相关性的绝对值是多少？

3. 加载以下数据集：

```
library(GSE5859Subset)
data(GSE5859Subset)
```

计算 svd 并计算 z。

```
s = svd(geneExpression−rowMeans(geneExpression))
z = s$d * t(s$v)
```

z 的哪个维度与结果 sampleInfo$group 最相关？

4. 这个最大相关是多少？

5. z 的哪个维度与结果 sampleInfo$group 的相关性第二高？

6. 请注意，这些测量是在两个月内进行的：

```
sampleInfo$date
```

我们可以这样提取月份：

```
month = format(sampleInfo$date, "%m")
month = factor(month)
```

z 的哪个维度与结果 month 的相关性第二高？

7. 这个相关性是多少？

8. （高阶）同一个维度同时与组和日期相关。

以下也是相关的：

```
table(sampleInfo$g,month)
```

那么这个第一个维度是与组直接相关还是仅通过月来与组相关的？请注意，与月份的相关性更高。这与我们将在稍后了解的批次效应有关。

在第 3 题中，我们看到其中一个维度与 sampleInfo$group 高度相关。现在取 U 的第 5 列并按基因染色体分层。删除 chrUn 并绘制按染色体分层后的 U_5 值的箱线图。

哪条染色体看起来与其它染色体不同？复制并粘贴在 geneAnnotatio 中出现的名称。

基于上一个习题的答案，猜测 sampleInfo$group 代表什么？

8.12 主成分分析

上面我们已经提到主成分分析，并指出了它与 SVD 的关系。在这里，我们将提供进一步的数学细节。

示例：双胞胎身高 我们以一个模拟示例说明了降维的动机，并显示了一个与主成分分析密切相关的旋转。

在这里，我们专门解释什么是主成分。

设 Y 为代表我们数据的 $2 \times N$ 矩阵（图 8.26）。这里我们测量 2 个基因的表达，每列都是一个样本。假设我们的任务是找到一个 2×1 的向量 u_1，使得 $u_1^T v_1 = 1$，并使得 $(u_1^T Y)^T (u_1^T Y)$ 最大化。可以将其视为 Y 的每个样本或者列到由 u_1 生成的子空间中的投影。因此，我们正在寻找一种变换，在此变换中坐标显示出高的变异性。

让 $u = (1, 0)^T$。该投影简单地给了我们双胞胎 1 的高度，下面用橙色显示（图 8.27）。平方和显示在标题中。

```
mypar(1,1)
plot(t(Y), xlim=thelim, ylim=thelim,
    main=paste("Sum of squares :",round(crossprod(Y[1,]),1)))
abline(h=0)
apply(Y,2,function(y) segments(y[1],0,y[1],y[2],lty=2))
## NULL
points(Y[1,],rep(0,ncol(Y)),col=2,pch=16,cex=0.75)
```

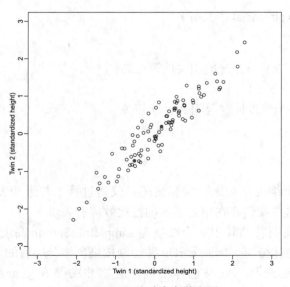

图 8.26 双胞胎身高散点图

我们可以找到变化更大的方向吗？$u = \begin{pmatrix} 1 \\ -1 \end{pmatrix}$ 怎么样？但它不能满足 $u^{\mathrm{T}}u = 1$，那么

试一下 $u = \begin{pmatrix} 1/\sqrt{2} \\ -1/\sqrt{2} \end{pmatrix}$

```
u <- matrix(c(1,-1)/sqrt(2),ncol=1)
w=t(u)%*%Y
mypar(1,1)
plot(t(Y),
main=paste("Sum of squares:",round(tcrossprod(w),1)),xlim=thelim,ylim=thelim)
abline(h=0,lty=2)
abline(v=0,lty=2)
abline(0,-1,col=2)
Z = u%*%w
for(i in seq(along=w))
  segments(Z[1,i],Z[2,i],Y[1,i],Y[2,i],lty=2)
points(t(Z), col=2, pch=16, cex=0.5)
```

这个变换与双胞胎之间的差异有关。我们知道这很小，平方和也证实了这一点。

最后，让我们尝试：

$$u = \begin{pmatrix} 1/\sqrt{2} \\ -1/\sqrt{2} \end{pmatrix}$$

```
u <- matrix(c(1,1)/sqrt(2),ncol=1)
w=t(u)%*%Y
mypar()
plot(t(Y), main=paste("Sum of squares:",round(tcrossprod(w),1)),
    xlim=thelim, ylim=thelim)
abline(h=0,lty=2)
abline(v=0,lty=2)
abline(0,1,col=2)
points(u%*%w, col=2, pch=16, cex=1)
Z = u%*%w
for(i in seq(along=w))
  segments(Z[1,i], Z[2,i], Y[1,i], Y[2,i], lty=2)
points(t(Z),col=2,pch=16,cex=0.5)
```

这是一个重新缩放的平均高度，它具有更大的平方和。有一个数学过程可以确定哪个 v 使平方和最大，而 SVD 为我们提供了该函数。

主成分　使平方和最大化的正交向量：

$$(u_1^{\mathrm{T}}Y)^{\mathrm{T}}(u_1^{\mathrm{T}}Y)$$

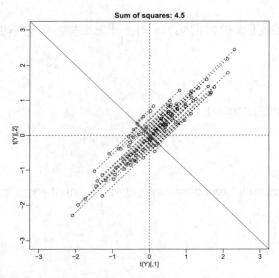

图 8.27 数据映射到由（1 0）生成的空间上

$u_1^T Y$ 被称为第一个主成分。用于获得此主成分的权重称为负载。在旋转语境下，这也称为第一个主成分的方向，即新坐标（图 8.28）。

要获得第二个主成分，我们重复上面的练习，用的是残差：

$$r = Y - u_1^T Y v_1$$

第二个主成分是具有以下属性的向量：

$$v_2^T v_2 = 1$$
$$v_2^T v_1 = 2$$

并且使得 $(rv_2)^T r v_2$ 最大化。

当 Y 为 $N \times m$ 时，我们重复查找第 3，4，$\cdots$，m 个主成分。

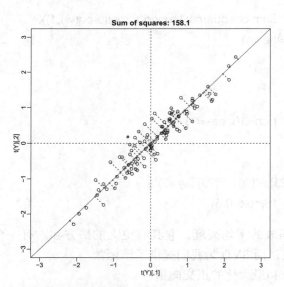

图 8.28 数据映射到由第一主成分生成的空间上

prcomp 函数 我们已经展示了如何使用 SVD 获得主成分。但是，R 具有一个专门用于计算主成分的函数。在这种情况下，数据默认中心化。下面的函数：

```
pc <- prcomp(t(Y))
```

其结果与任意符号翻转的 SVD 结果相同（图 8.29）：

```
s <- svd(Y – rowMeans(Y)) mypar(1,2)
for(i in 1:nrow(Y)){
plot(pc$x[,i], s$d[i]*s$v[,i]) }
```

这个方法可以得到负载：

```
pc$rotation
##                 PC1          PC2
## [1,]     0.7072304    0.7069831
## [2,]     0.7069831   –0.7072304
```

与（一次符号翻转）相等：

```
s$u
##                 [,1]         [,2]
## [1,]    –0.7072304   –0.7069831
## [2,]    –0.7069831    0.7072304
```

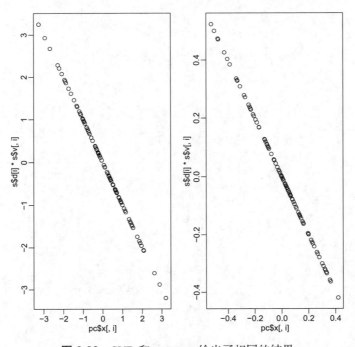

图 8.29 SVD 和 prcomp 给出了相同的结果

解释的等效方差项包括在：

pc$sdev
[1] 1.2542672   0.2141882

因为 prcomp 假定先前讨论的顺序：单位 / 样本在行中，特征在列中，所以我们将 **Y** 转置。

9

基础机器学习

机器学习（machine learning）是一个非常广泛的主题，也是一个非常活跃的研究领域。在生命科学中，机器学习主要应用于生物医学数据的分析，其中许多是被称为"精准医学"的内容。一般的想法是预测或发现已测预测因子的结果。比如，我们可以从基因表达谱中发现新型癌症吗？我们可以根据一系列基因型预测药物反应吗？在这里，我们将简要介绍两个主要的机器学习组件：聚类和分类预测。有很多很好的资源可用于学习有关机器学习的更多信息，例如 Trevor Hastie、Robert Tibshirani 和 Jerome Friedman 撰写的优秀教科书《统计学习的要素：数据挖掘、推理和预测》。可以找到这本书的免费 PDF[1]。

9.1 聚类

我们将演示用组织基因表达数据进行聚类（clustering）分析所需的概念和代码：

```
library(tissuesGeneExpression)
data(tissuesGeneExpression)
```

为了说明聚类在生命科学中的主要应用，假设我们不知道它们是不同的组织，并且对聚类感兴趣。第一步是计算每个样本之间的距离：

```
d <- dist(t(e))
```

分层聚类　通过计算每对样本之间的距离，我们需要用聚类算法将它们分成几组。分层聚类是可用于执行此操作的众多聚类算法之一。每个样本都被分配到自己的组，然后该算法迭代地继续进行，在每个步骤将两个最相似的簇连接在一起，并一直持续到只有一个组为止。尽管我们已经定义了样本之间的距离，但是我们还没有定义组与组之间的距离。有多种方法可以完成，它们都依赖于各个成对的距离。hclust 的帮助文件包括详细信息。

我们可以使用 hclust 函数根据上面定义的距离执行分层聚类。该函数返回一个 hclust 对象，该对象描述使用上述算法创建的分组。plot 方法用树或树状图（dendrogram）表示这些关系：

---

[1] http://statweb.stanford.edu/~tibs/ElemStatLearn/

```
library(rafalib)
mypar()
hc <- hclust(d)
hc
```

```
##
## 运行：
## hclust(d = d)
##
## 聚类方法    ：完全
## 距离        ：欧式
## 目标的数目：189
plot(hc,labels=tissue,cex=0.5)
```

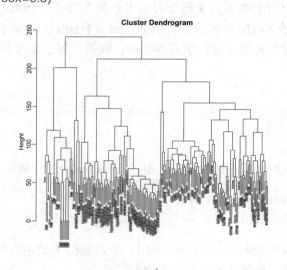

图 9.1 树状图显示组织基因表达数据的分层聚类

　　该技术是否"发现"了由不同组织定义的聚类？在图 9.1 中，很难看到不同的组织，因此我们使用 rafalib 包中的 myplclust 函数添加颜色（结果见图 9.2）。

```
myplclust(hc, labels=tissue, lab.col=as.fumeric(tissue), cex=0.5)
```

　　在视觉上，似乎聚类技术已经发现了不同的组织。但是，分层聚类没有定义特定的聚类，而是定义了上面的树状图。通过树状图，我们可以查看两组之间的高度，从而确定两组之间的距离。要定义聚类，我们需要在一定距离处"切割树"，并将该距离内的所有样本分组到下面的组中。为了可视化，我们在希望剪切的高度绘制一条水平线，并定义了该线（结果见图 9.3）。我们以 120 为例：

```
myplclust(hc, labels=tissue, lab.col=as.fumeric(tissue),cex=0.5)
abline(h=120)
```

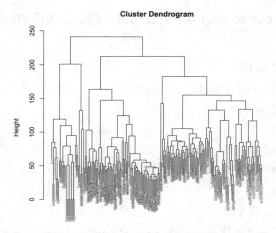

图 9.2 树状图显示组织基因表达数据的分层聚类
颜色表示组织。

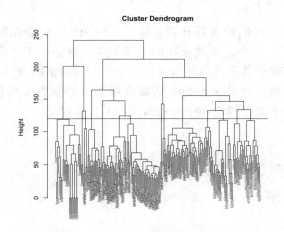

图 9.3 树状图显示组织基因表达数据的分层聚类
颜色表示组织，水平线定义实际的簇。

如果使用上面的线将树切割成簇，我们可以检查簇如何与实际组织重叠：

```
hclusters <- cutree(hc, h=120)
table(true=tissue, cluster=hclusters)
```

##		cluster													
## true		1	2	3	4	5	6	7	8	9	10	11	12	13	14
##	cerebellum	0	0	0	0	31	0	0	0	2	0	0	5	0	0
##	colon	0	0	0	0	0	0	34	0	0	0	0	0	0	0
##	endometrium	0	0	0	0	0	0	0	0	0	0	15	0	0	0
##	hippocampus	0	0	12	19	0	0	0	0	0	0	0	0	0	0
##	kidney	9	18	0	0	0	10	0	0	2	0	0	0	0	0
##	liver	0	0	0	0	0	0	0	24	0	2	0	0	0	0
##	placenta	0	0	0	0	0	0	0	0	0	0	0	0	2	4

我们也可以要求 cutree 返回给定数目的簇。然后，该函数能够按照请求的簇数自动计算高度：

```
hclusters <- cutree(hc, k=8)
table(true=tissue, cluster=hclusters)
##                  cluster
## true             1   2   3   4   5   6   7   8
##   cerebellum     0   0  31   0   0   2   5   0
##   colon          0   0   0  34   0   0   0   0
##   endometrium   15   0   0   0   0   0   0   0
##   hippocampus    0  12  19   0   0   0   0   0
##   kidney        37   0   0   0   0   2   0   0
##   liver          0   0   0   0  24   2   0   0
##   placenta       0   0   0   0   0   0   0   6
```

在这两种情况下，我们确实都看到，除了某些例外，每个组织都由一个唯一簇来代表。在某些情况下，一个组织散布在两个组织中，这是由于选择了太多簇所致。选择簇的数量通常是实践中具有挑战性的步骤，也是研究的活跃领域。

k 均值 我们还可以使用 kmeans 函数进行聚类以执行 k 均值（k-means）聚类。例如，让我们在前两个基因的空间中对样本执行 k 均值聚类：

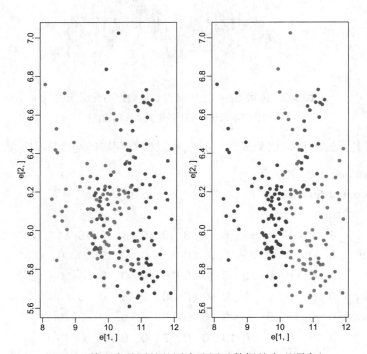

图 9.4 前两个基因的基因表达图（数据的出现顺序）

其颜色代表组织（左）和 k 均值形成的簇（右）。

```
set.seed(1)
km <- kmeans(t(e[1:2,]), centers=7)
names(km)
## [1]  "cluster"       "centers"       "totss"     "withinss"
## [5]  "tot.withinss"  "betweenss"     "size"      "iter"
## [9]  "ifault"
mypar(1,2)
plot(e[1,], e[2,], col=as.fumeric(tissue), pch=16)
plot(e[1,], e[2,], col=km$cluster, pch=16)
```

在图 9.4 的左图中，颜色表示实际的组织，而在图 9.4 的右图中，颜色表示由 k 均值定义的簇。从列表结果中我们可以看到，这种特定的聚类练习效果不佳：

```
table(true=tissue,cluster=km$cluster)
##              cluster
## true          1    2    3    4    5    6    7
##   cerebellum   0    1    8    0    6    0   23
##   colon        2   11    2   15    4    0    0
##   endometrium  0    3    4    0    0    0    8
##   hippocampus 19    0    2    0   10    0    0
##   kidney       7    8   20    0    0    0    4
##   liver        0    0    0    0    0   18    8
##   placenta     0    4    0    0    0    0    2
```

这很可能是由于前两个基因不能提供有关组织类型的信息。我们可以在上面的第一幅图中看到这一点。如果我们改为使用所有基因进行 k 均值聚类，则可获得更好的结果。为了可视化，我们可以使用 MDS 图（图 9.5）：

```
km <- kmeans(t(e), centers=7)
mds <- cmdscale(d)
mypar(1,2)
plot(mds[,1], mds[,2])
plot(mds[,1], mds[,2], col=km$cluster, pch=16)
```

将结果制成表格，我们看到与分层聚类得到的答案相似。

```
table(true=tissue,cluster=km$cluster)
##              cluster
## true          1    2    3    4    5    6    7
##   cerebellum   0    0    5    0   31    2    0
##   colon        0   34    0    0    0    0    0
```

```
## endometrium   0 15  0  0  0  0  0
## hippocampus   0  0 31  0  0  0  0
## kidney        0 37  0  0  0  2  0
## liver         2  0  0  0  0  0 24
## placenta      0  0  0  6  0  0  0
```

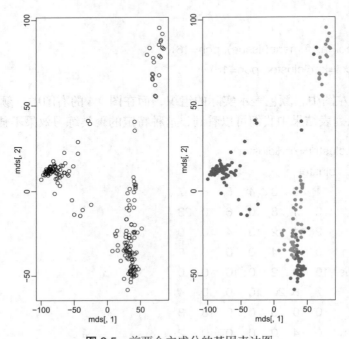

图 9.5 前两个主成分的基因表达图
其颜色代表组织（左）和使用所有基因发现的簇（右）。

热图 热图（heatmap）在基因组学文献中无处不在。它们是非常有用的图，用于可视化所有样本的部分行上的测量值。可以在通过分层聚类创建的顶部和侧面添加树状图（dendrogram）。我们将演示如何在 R 中创建热图。让我们首先定义一个调色板：

```
library(RColorBrewer)
hmcol <- colorRampPalette(brewer.pal(9, "GnBu"))(100)
```

现在，选择所有样本中变异最大的基因：

```
library(genefilter)
rv <- rowVars (e)
idx <- order (-rv)[1:40]
```

尽管 R 中包含了一个热图函数，但是我们建议使用 CRAN 上 gplots 包中的 heatmap.2 函数，因为它定制化更强。例如，它会通过拉伸填充窗口。在这里，我们添加颜色来指示上部的组织：

```
library (gplots)      ## 可从 CRAN 下载
cols <- palette(brewer.pal(8, "Dark2"))[as.fumeric(tissue)]
head (cbind(colnames(e),cols))
##                          cols
## [1,] "GSM11805.CEL.gz"   "#1B9E77"
## [2,] "GSM11814.CEL.gz"   "#1B9E77"
## [3,] "GSM11823.CEL.gz"   "#1B9E77"
## [4,] "GSM11830.CEL.gz"   "#1B9E77"
## [5,] "GSM11867.CEL.gz"   "#1B9E77"
## [6,] "GSM11875.CEL.gz"   "#1B9E77"
heatmap.2(e[idx,],labCol=tissue,
          trace="none",
          ColSideColors=cols,
          col=hmcol)
```

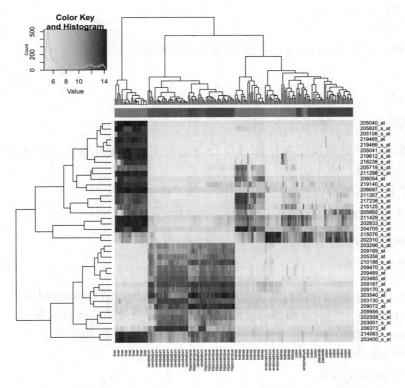

图 9.6 使用 40 个可变性最高的基因和 heatmap.2 函数创建热图

我们没有使用组织信息来创建此热图，我们仅用 40 个基因就可以很快看到组织之间能够很好地被分离开（结果见图 9.6）。

9.2 习题

1. 用以下方法创建一个不相关的随机矩阵：

```
set.seed(1)
m = 10000
n = 24
x = matrix(rnorm(m*n),m,n)
colnames(x)=1:n
```

使用带有默认参数的 hclust 函数对该数据的列运行分层聚类。创建一个树状图。
在树状图中，哪一对样本离彼此最远？

（a）7 和 23

（b）19 和 14

（c）1 和 16

（d）17 和 18

2. 将种子设为 1，set.seed(1) 并复制这个创建的矩阵：

```
m = 10000
n = 24
x = matrix(rnorm(m*n),m,n)
```

然后像第 1 题的解决方案中那样执行分层聚类，如果在高度 143 处使用 cuttree，
则找到聚类的数量。这个数字是一个随机变量。

根据蒙特卡洛模拟，这个随机变量的标准误是多少？

3. 用 4 个中心的血液 RNA 数据执行 kmeans 函数：

```
library(GSE5859Subset)
date(GSE5859Subset)
```

设置种子值为 10，在执行 5 个中心的 kmeans 之前设置好 set.seed(10)。
在 sampleInfo 中探索聚类和信息的关系。以下哪项最能描述你的发现？

（a）sampleInfo$group 驱动聚类，因为 0 和 1 在完全不同的聚类中

（b）年份驱动着聚类

（c）日期驱动着聚类

（d）聚类不依赖于 sampleInfo 的任何列

4. 加载数据：

```
library(GSE5859Subset)
date(GSE5859Subset)
```

选择样本方差最高的 25 个基因。这个函数可能会有帮助：

```
install.packages("matrixStats")
library(matrixStats)
?rowMads    ## 由于有一个异常样本存在，所以我们使用 mads
```

使用 heatmap.2 制作一个热图，显示带有颜色的 sampleInfo$group，将日期作为标签，用染色体标记行，并按比例缩放行。

我们从这张热图中学到了什么？

（a）该数据看起来就像是由 rnorm 生成的

（b）chr1 中的一些基因是非常多变的

（c）一组 chrY 基因在 0 组中较高，似乎驱动了聚类。在这些聚类中，似乎是按月聚类的

（d）一组 chrY 基因在 10 月比 6 月更高，似乎驱动了聚类。在这些聚类中，似乎是通过 samplInfo$group 进行聚类

5. 创建一个完全独立于 sampleInfo$group 的随机数据集，如下所示：

```
set.seed(17)
m = nrow(geneExpression)
n = ncol(geneExpression)
x = matrix(rnorm(m*n),m,n)
g = factor(sampleInfo$g)
```

用这些数据创建两个热图。用标签或颜色显示组 g。首先，取用 rowttests 获得的 p 值最小的 50 个基因。然后取标准差最大的 50 个基因。

下列哪个陈述是正确的？

（a）g 和 x 之间没有关系，但在 8793 次检验中，有些会偶然出现显著性。用 t 检验选择基因会得到一个欺骗性的结果

（b）这两种方法产生了类似的热图

（c）用 t 检验选择基因是一种更好的方法，因为它允许我们检测两组基因。它似乎能找到隐藏的信号

（d）标准差最大的基因增加了图的可变性，让我们找不到两组之间的差异

9.3 条件概率和期望

预测问题可以分为分类结果和连续结果。但是，由于条件概率与条件期望之间的联系，许多算法都可以应用于这两种算法。

对于分类数据，例如二进制结果，如果在给定一组预测变量 $X = (X_1, \cdots, X_p)^{\mathrm{T}}$ 的情况下，Y 是任何可能结果 k 的概率，

$$f_k(x) = \mathrm{Pr}\,(Y = k \mid X = x)$$

那么，就可以优化我们的预测。具体来说，对于任何 x，我们预测具有最大概率 $f_k(x)$ 的 k。

为了简化下面的说明，我们将考虑二进制数据的情况。你可以将概率 $\Pr(Y=1\,|\,X=x)$ 视为 $X=x$ 的总体分层中 1 的比例。给定期望值是所有 Y 值的平均值，在这种情况下期望值等于概率：$f(x) \equiv \mathrm{E}(Y\,|\,X=x) = \Pr(Y=1\,|\,X=x)$。因此，在下面的描述中，我们仅使用期望值，因为它更加一般化。

通常，期望值一个吸引人的数学属性就是它使预测变量 $\hat{Y}$ 和 Y 之间的期望距离最小化：

$$\mathrm{E}\{(\hat{Y}-Y)^2\,|\,X=x\}$$

预测背景下的回归　我们使用父子身高示例来说明如何将回归解释为机器学习技术。在示例中我们试图基于父亲的身高 X 来预测儿子的身高 Y（结果见图 9.7）。在这里，只有一个预测因子。现在，如果要求预测一个随机选择的儿子的身高，我们将使用平均身高：

```
library(rafalib)
mypar(1,1)
data(father.son,package="UsingR")
x=round(father.son$fheight)     ## 四舍五入
y=round(father.son$sheight)
hist(y,breaks=seq(min(y),max(y)))
abline(v=mean(y),col="red",lwd=2)
```

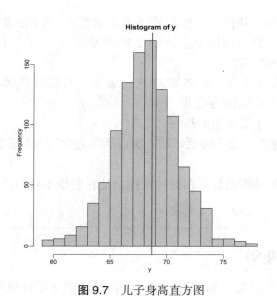

图 9.7　儿子身高直方图

在这个例子中，我们还可以将 Y 的分布近似为正态，这意味着均值会最大化概率密度。

假设我们获得了更多信息。我们被告知，这个随机选择的儿子的父亲身高为 71 英寸（比平均值高 1.25 个标准差）（结果见图 9.8）。我们现在的预测是什么？

```
mypar(1,2)
plot(x,y,xlab="Father's height in inches",ylab="Son's height in inches",
    main=paste("correlation =",signif(cor(x,y),2)))
abline(v=c(−0.35,0.35)+71,col="red")
hist(y[x==71],xlab="Heights",nc=8,main="",xlim=range(y))
```

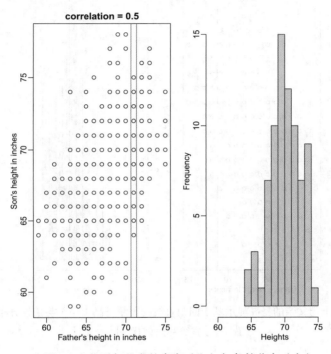

图 9.8　儿子与父亲的身高（左）与条件分布（右）
左：红线表示父亲身高 71 英寸时所定义的分层。右：71 英寸父亲所定义分层的儿子身高分布。

　　最好的猜测值仍然是期望值，但从所有的数据来看，分层已经改变了，只有 Y 与 $X = 71$。我们可以分层取平均值，也就是条件期望。因此对任意 x 的预测是：

$$f(x) = \mathrm{E}(Y \mid X = x)$$

　　由于使用微积分该数据近似于二元正态分布，因此可以证明：

$$f_k(x) = \mu_Y + \rho \frac{\sigma_Y}{\sigma_X}(X - \mu_X)$$

　　如果从样本中估算出这五个参数，则会得到回归直线（结果见图 9.9）：

```
mypar(1,2)
plot(x,y,xlab="Father's height in inches",ylab="Son's height in inches",
    main=paste("correlation =",signif(cor(x,y),2)))
abline(v=c(−0.35,0.35)+71,col="red")
```

```
fit <- lm(y~x)
abline(fit,col=1)
hist(y[x==71],xlab="Heights",nc=8,main="",xlim=range(y))
abline(v = fit$coef[1] + fit$coef[2]*71, col=1)
```

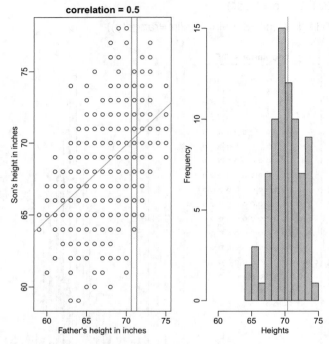

图 9.9　儿子与父亲的身高显示基于回归直线的预测身高（左）与条件分布（右）

右：用垂直线表示回归预测。

在这种特定情况下，回归直线为 Y 提供了最佳预测功能。但通常情况下并非如此，因为在典型的机器学习问题中，最优 $f(x)$ 很少是一条简单的线。

9.4　习题

在这些习题中记住当我们的数据是 0 和 1 时概率和期望是一样的，这一点很有用。我们可以算一下，但是这里用 R 代码：

```
n = 1000
y = rbinom(n,1,0.25)
## 1 的比例 Pr(Y)
sum(y==1)/length(y)
## Y 的期望值
mean(y)
```

1. 随机生成一些数据来模拟男性（0）和女性（1）的身高：

```
n = 1000
set.seed(1)
men = rnorm(n,176,7)        # 身高以厘米为单位
women = rnorm(n,162,7)         # 身高以厘米为单位
y = c(rep(0,n),rep(1,n))
x = round(c(men,women))
## 混合
ind = sample(seq(along=y))
y = y[ind]
x = x[ind]
```

1. 使用上面生成的数据，$E(Y \mid X = 176)$ 是什么？
2. 现在使用第 1 题中生成的数据绘制 X=seq(160,178) 的 $E(Y \mid X = x)$ 的图。

如果你是根据身高来预测女性或男性并希望你的成功概率大于 0.5，那么你预测女性的最大身高是多少？

9.5　平滑

平滑是一项非常强大的技术，可用于所有数据分析。当数据分布形状未知但假定为平滑时，可用于估计 $f(x)$。一般的想法是将期望具有相似期望的数据点分组并计算平均值，或拟合一个简单的参数模型。我们用一个基因表达示例来说明两种平滑技术。

以下数据是复制的 RNA 样品的基因表达测量值。

```
## 下面的三个包都可从 Bioconductor 下载
library(Biobase)
library(SpikeIn)
library(hgu95acdf)
## 警告：当加载'hgu95acdf'时可用'utils::tail'替换先前的导入
## 警告：当加载'hgu95acdf'时可用'utils::head'替换先前的导入
date(SpikeIn95)
```

我们考虑比较两个重复样本（Y = 对数比，X = 平均值）的 MA 图中使用的数据，并以平衡 X 的不同层的点数的方式抽取下采样（代码未显示，结果见图 9.10）：

```
library(rafalib)
mypar()
plot(X,Y)
```

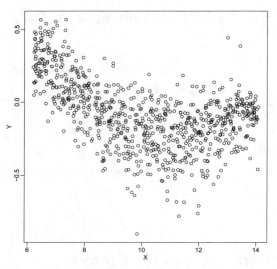

图 9.10 从两个阵列比较基因表达的 MA 图

在 MA 图中，我们看到 Y 依赖于 X。这种依赖性必定有些偏差，因为它们是基于重复的结果，这意味着 Y 应该平均为 0 且与 X 无关。我们要预测 $f(x) = \mathrm{E}(Y \mid X=x)$，这样我们就可以消除这种偏见。线性回归无法捕获 $f(x)$ 中的可视曲率（结果见图 9.11）：

```
mypar()
plot(X,Y)
fit <- lm(Y~X)
points(X,Y,pch=21,bg=ifelse(Y>fit$fitted,1,3))
abline(fit,col=2,lwd=4,lty=2)
```

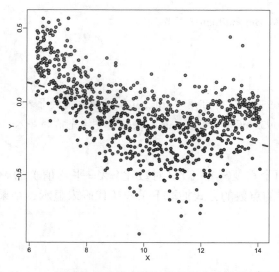

图 9.11 MA 图比较具有拟合回归线的两个阵列的基因表达
这两种颜色分别代表正负残差。

拟合线上方的点（绿色）和下方的点（紫色）分布不均。因此，我们需要另一种更灵活的方法。

9.6 直方平滑

这次不拟合一条线，让我们回到分层并计算均值。这被称为直方平滑（bin smoothing）。通常的想法是，下面的曲线足够"平滑"，因此在小直方中，曲线近似恒定。如果我们假设曲线是恒定的，则该区间中的所有 Y 都具有相同的期望值。例如，在图 9.12 中，如果我们使用大小为 1 的直方，我们将突出显示以 8.6 为中心的直方中的点，以及以 12.1 为中心的直方中的点。我们还用虚线显示了这些直方中 Y 的拟合平均值（代码未显示）：

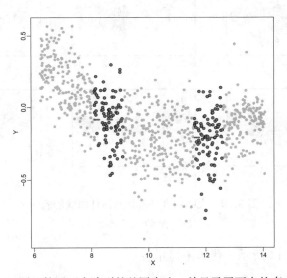

图 9.12　MA 图比较了两个阵列的基因表达，并显示了两点的直方平滑拟合

通过计算每个点附近的直方的均值，我们可以得出基本曲线 $f(x)$ 的估计。图 9.13 显示了从 x 的最小值到最大值的过程。我们还显示了 10 种中间情况（代码未显示）：

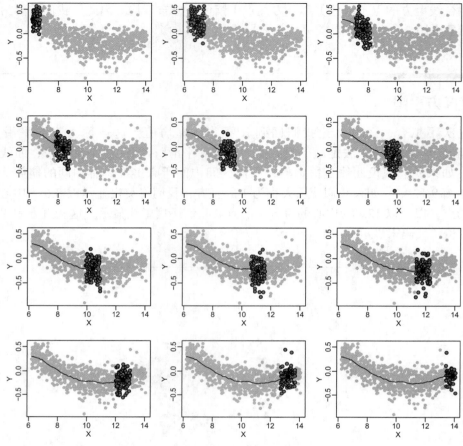

图 9.13 说明直方平滑如何估计曲线的插图

显示过程的 12 个步骤。

最终结果如图 9.14 所示（代码未显示）：

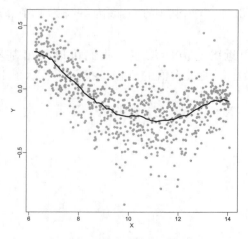

图 9.14 带有曲线的 MA 图

显示了直方平滑曲线。

R 中有几个函数可以实现直方平滑。一个例子是 ksmooth。但是实际上，我们通常更喜欢使用比拟合常数稍微复杂些的模型的方法。例如，上面的最终结果有些摇摆不定。接下来我们将解释用诸如 loess（局部加权回归）的方法对此进行改进。

9.7 局部加权回归

局部加权回归（local weighted regression，loess）在原理上类似于直方平滑。主要区别在于我们用直线或抛物线近似了局部行为。这使我们能够扩展直方的大小，从而使估算值稳定。从图 9.25 中，我们看到对两个直方进行拟合的线比用于直方平滑器的线略大（代码未显示）。我们可以使用更大的直方，因为拟合线可提供更大的灵活性。

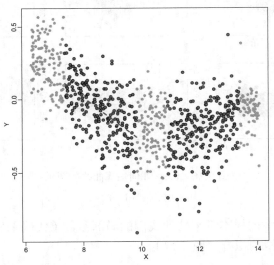

图 9.15　MA 图比较了两个阵列的基因表达，并显示了两点的直方局部回归拟合

正如为直方平滑器所做的那样，图 9.16 显示了导致 loess 拟合过程的 12 个步骤（代码未显示）：

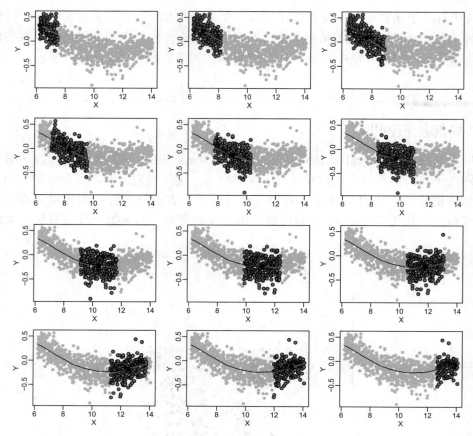

图 9.16 loess 如何估算曲线的图示

显示该过程的 12 个步骤。

由于我们使用更大的样本量来估计我们的局部参数（代码未显示），因此最终结果是比直方平滑器更平滑的拟合（图 9.17）：

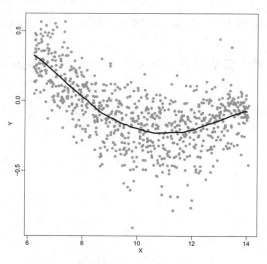

图 9.17 用局部加权回归生成的 MA 图

loess 函数为我们执行以下分析（结果见图 9.18）：

```
fit <- loess(Y~X, degree=1, span=1/3)
newx <- seq(min(X),max(X),len=100)
smooth <- predict(fit,newdata=data.frame(X=newx))
mypar ()
plot(X,Y,col="darkgrey",pch=16)
lines(newx,smooth,col="black",lwd=3)
```

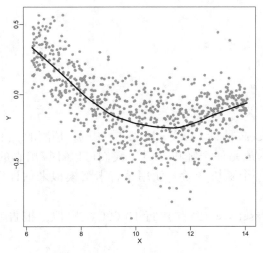

图 9.18　loess 函数拟合的 loess

　　loess 和典型的直方平滑器之间还有其它三个重要区别。第一个是，loess 保持了局部拟合中使用的点数不变，而不是使直方大小保持不变。此数字是通过 span 参数控制的，该参数需要一个比例。例如，如果 N 是数据点的数量且 span=0.5，则对于给定的 x，loess 将使用与 x 的 0.5*N 个最接近点进行拟合。第二个区别是，当拟合参数模型以获得 $f(x)$ 时，loess 使用加权最小二乘，对于接近 x 的点，权重更高。第三个区别是，loess 可以坚固地拟合局部模型。实现了一种迭代算法，其中在一次迭代中拟合模型之后，检测异常值并降低权重以进行下一次迭代。要使用此选项，我们使用参数 family="symmetric"。

9.8　习题

　　1. 生成以下数据：

```
n = 1000
set.seed(1)
men = rnorm(n,176,7)      # 身高以厘米为单位
```

```
women = rnorm(n,162,7)      # 身高以厘米为单位
y = c(rep(0,n),rep(1,n))
x = round(c(men,women))
## 混合
ind = sample(seq(along=y))
y = y[ind]
x = x[ind]
```

设置种子数为 5，set.seed(5)，随机抽取 250 个样本：

```
set.seed(5)
N = 250
ind = sample(length (y),N)
y = y[ind]
x = x[ind]
```

根据默认参数用 loess 估计 $f(x) = E(Y | X = x)$。预测的 $f(168)$ 是多少？

2. 上述 loess 估计值是一个随机变量。我们可以计算出它的标准误。这里我们用蒙特卡洛来证明它是一个随机变量。使用蒙特卡洛模拟来估计你估计的 $f(168)$ 的标准误。

设置种子为数 5，set.seed(5) 并执行 10 000 次模拟，报告基于估计的 loess 的标准误。

9.9   分类预测

在这里，我们简要介绍机器学习的主要任务：分类预测（class prediction）。实际上，许多人将分类预测称为机器学习，有时我们会互换使用这两个术语。我们将对这个大主题进行非常简短的介绍，重点介绍一些具体示例。

我们在此提供的一些示例是由 Trevor Hastie、Robert Tibshirani 和 Jerome Friedman 主编的优秀教科书《统计学习的要素：数据挖掘、推理和预测》所启发的[2]。

类似于回归中的推断，机器学习研究结果 Y 与协变量 X 之间的关系。在机器学习中，我们称 X 为预测变量或特征。机器学习和推断之间的主要区别在于，在机器学习中，我们主要对使用 X 预测感兴趣的 Y。虽然在机器学习中也使用了统计模型，但是它们主要是获得结果（预测 Y）的一种方法；而在推断中，我们估计和解释模型参数。

在这里，我们介绍理解机器学习所需的主要概念，以及两个特定的算法：回归算法和 k 最近邻域（k-nearest neighbor，kNN）。请记住，这里没有介绍许多流行的算法。

在上一节中，我们介绍了非常简单的单预测器案例。但是，大多数机器学习与多个预测变量有关。为了方便说明，我们以 X 是二维的而 Y 是二进制的情况为例。我们

---

[2] http://statweb.stanford.edu/~tibs/ElemStatLearn/

使用上述书中的示例，模拟具有非线性关系的情况。在下面的图中，我们使用颜色表示 $f(x_1, x_2) = E(Y \mid X_1 = x_1, X_2 = x_2)$ 的实际值。以下代码用于创建相对复杂的条件概率函数。我们创建稍后使用的测试和训练数据（代码未显示）。图 9.19 是 $f(x_1, x_2)$ 的图，红色代表接近 1 的值，蓝色代表接近 0 的值，而黄色代表介于两者之间的值。

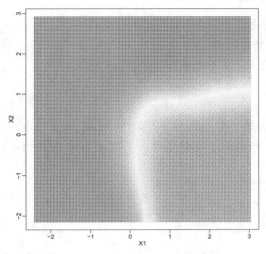

图 9.19 $Y = 1$ 的概率是 X_1 和 X_2 的函数

红色接近于 1，黄色接近于 0.5，蓝色接近于 0。

如果显示蓝色 $[E(Y \mid X = x) > 0.5$ 和最深处的点 $]$，则会看到边界区域，该边界区域表示我们从预测 0 切换到 1 的边界；如果我们用红色表示 $E(Y \mid X = x) > 0.5$ 的点，用蓝色表示其余的点，我们可以看到边界区域，即我们从预测 0 切换到预测 1 的边界（图 9.20）。

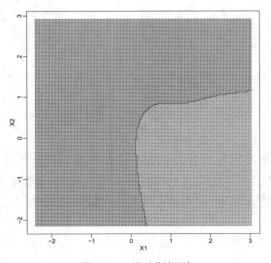

图 9.20 贝叶斯规则

该线划分了概率大于 0.5（红色）和小于 0.5（蓝色）的部分空间。

上面的图与我们看不到的"真相"有关。大多数机器学习方法都与估计 $f(x)$ 有关。典型的第一步通常是考虑一个称为训练集的样本，以估计 $f(x)$。我们将回顾两种特定的机器学习技术。首先，我们需要回顾用于评估这些方法性能的主要概念。

训练和测试集　在本章第一幅图中的代码中（未显示），我们创建了一个测试集和一个训练集，并绘制它们（图9.21）：

```
# x、test、cols 和 coltest 是在没有显示的代码中创建的
# x 训练 x1 和 x2，test 测试 x1 和 x2
# cols (0= 蓝色，1= 红色) 是训练观察
# coltests 是测试观察
mypar(1,2)
plot(x,pch=21,bg=cols,xlab="X1",ylab="X2",xlim=XLIM,ylim=YLIM)
plot(test,pch=21,bg=coltest,xlab="X1",ylab="X2",xlim=XLIM,ylim=YLIM)
```

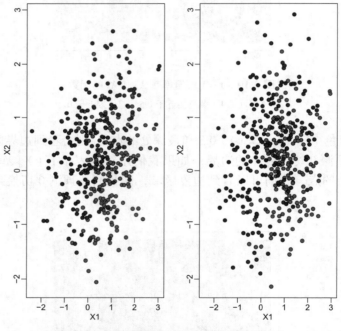

图 9.21　训练数据（左）和测试数据（右）

你会注意到测试集和训练集具有相似的全局属性，因为它们是由相同的随机变量生成的（右下角为蓝色），但在构造上却有所不同。我们创建测试和训练集是为了利用一个与拟合模型或训练算法所使用的数据不同的数据来检测过度训练。我们将在下面看到其重要性。

回归预测　解决这个机器学习问题的第一个简单方法就是拟合一个两变量的线性回归模型：

```
## x 和 y 在第一个图中被创建（代码未显示）
# y 是训练集的结果
X1 <- x[,1]      ## 这里有协变量
X2 <- x[,2]
fit1 <- lm(y~X1+X2)
```

一旦有了拟合值，就可以用 $\hat{f}(x_1, x_2)=\hat{\beta}_0+\hat{\beta}_1 x_1+\hat{\beta}_2 x_2$ 估计 $f(x_1, x_2)$。为了提供实际的预测，我们简单预测 $f(x_1, x_2) > 0.5$ 时结果为 1。现在我们检查测试和训练集中的错误率，并绘制边界区域：

```
## 利用训练集预测
yhat <- predict(fit1)
yhat <- as.numeric(yhat>0.5)
cat("Linear regression prediction error in train:",1-mean(yhat==y),"\n")
## 训练集线性回归预测误差：0.295
```

我们可以使用 predict 函数快速获取任何一组值的预测值：

```
yhat <- predict(fit1,newdata=data.frame(X1=newx[,1],X2=newx[,2]))
```

现在，我们可以创建一个图 9.22，显示预测 1 的位置和预测 0 的位置以及边界。我们还可以使用 predict 函数来获取测试集的预测值。请注意，我们无法在测试集上拟合模型：

```
colshat <- yhat
colshat[yhat>=0.5] <- mycols[2]
colshat[yhat<0.5] <- mycols[1]
m <- -fit1$coef[2]/fit1$coef[3]        # 边界斜率
b <- (0.5 - fit1$coef[1])/fit1$coef[3]      # 边界截距
##prediction on test
yhat <- predict(fit1,newdata=data.frame(X1=test[,1],X2=test[,2]))
yhat <- as.numeric(yhat>0.5)
cat("Linear regression prediction error in test:",1-mean(yhat==ytest),"\n")
## 测试集线性回归预测误差：0.3075
plot(test,type="n",xlab="X1",ylab="X2",xlim=XLIM,ylim=YLIM)
abline(b,m)
points(newx,col=colshat,pch=16,cex=0.35)
## 测试集在第一个图中被创建（代码未显示）
points(test,bg=cols,pch=21)
```

测试集和训练集的错误率非常相似。因此，我们似乎并未过分训练。这并不奇怪，因为我们将 2 个参数模型拟合到 400 个数据点。但是，请注意边界是一条线。因为我

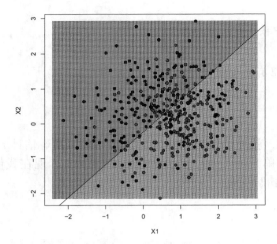

图 9.22　使用以 X_1 和 X_2 作为预测因子的线性回归模型来估计 1 的概率
生成的预测图分为大于 0.5（红色）和小于 0.5（蓝色）的部分。

们正在为数据拟合平面，所以这里没有其它选择。线性回归方法过于严格。其严格性使其稳定并避免了过度训练，但也使模型无法适应 Y 和 X 之间的非线性关系。我们在平滑部分中已看到过这一点。我们考虑的下一个机器学习技术类似于前面描述的平滑技术。

　　k 最近邻域　k 最近邻域（kNN）与直方平滑相似，但更易于适应多个维度。基本原理是，对于我们想要估计的任何点 x，我们寻找 k 个最近的点，然后取这些点的平均值。这样就会给我们一个 $f(x_1, x_2)$ 的估计，就像直方平滑器给我们一个曲线的估计一样。现在，我们可以通过 k 来控制灵活性。在这里，我们比较 $k = 1$ 和 $k = 100$。

```
library(class)
mypar(2,2)
for(k in c(1,100)){
  ## 利用训练集预测
  yhat <- knn(x,x,y,k=k)
  cat("KNN prediction error in train:",1-mean((as.numeric(yhat)-1)==y),"\n")
  ## 绘图
  yhat <- knn(x,test,y,k=k)
  cat("KNN prediction error in test:",1-mean((as.numeric(yhat)-1)==ytest),"\n")
}
## KNN 在训练集中的预测误差：0
## KNN 在测试集中的预测误差：0.375
## KNN 在训练集中的预测误差：0.2425
## KNN 在测试集中的预测误差：0.2825
```

　　为了直观地说明为什么当 $k = 1$ 时，在训练集中不会出错并且在测试集中会出现很多错误，且 $k = 100$ 获得更稳定的结果，我们显示了预测区域（代码未显示，结果见图 9.23）：

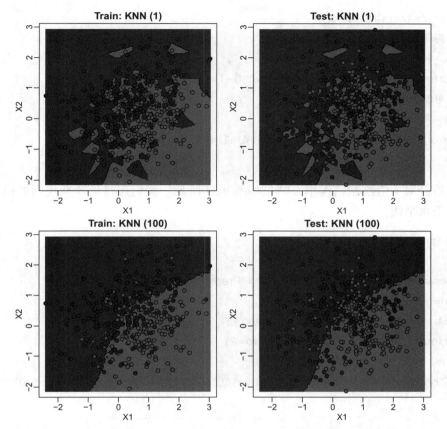

图 9.23 用 kNN 为 $k = 1$（顶部）和 $k = 200$（底部）获得的预测区域

同时显示了训练（左）和测试数据（右）。

当 $k = 1$ 时，我们在训练测试中不会出错，因为每个点都是它的最近邻域，并且它等于自己。但是，我们看到红色区域中有一些蓝色的岛，一旦移至测试集，它们就更容易出错。在 $k = 100$ 的情况下，没有这个问题，并且还看到通过线性回归提高了错误率。我们还可以看到，对 $f(x_1, x_2)$ 的估计更接近于事实。

贝叶斯规则　本节将比较各种 k 值的测试和训练集误差。利用贝叶斯规则（Bayes rule）E（$Y \mid X_1 = x_1$，$X_2 = x_2$），我们还将计算错误率。

我们首先计算错误率：

```
### 贝叶斯规则
yhat <- apply(test,1,p)
cat("Bayes rule prediction error in train",1-mean(round(yhat)==y),"\n")
## 贝叶斯规则在训练集中的预测误差 0.2775
bayes.error=1-mean(round(yhat)==y)
train.error <- rep(0,16)
test.error <- rep(0,16)
```

```
for(k in seq(along=train.error)){
  ## 利用训练集预测
  yhat <- knn(x,x,y,k=2^(k/2))
  train.error[k] <- 1-mean((as.numeric(yhat)-1)==y)
  ## 利用测试集预测
  yhat <- knn(x,test,y,k=2^(k/2))
  test.error[k] <- 1-mean((as.numeric(yhat)-1)==y)
}
```

然后针对 k 值绘制错误率，结果如图 9.24 所示。我们还将贝叶斯规则的错误率显示为一条水平线。

```
ks <- 2^(seq(along=train.error)/2)
mypar()
plot(ks,train.error,type="n",xlab="K",ylab="Prediction Error",log="x",
     ylim=range(c(test.error,train.error)))
lines(ks,train.error,type="b",col=4,lty=2,lwd=2)
lines(ks,test.error,type="b",col=5,lty=3,lwd=2)
abline(h=bayes.error,col=6)
legend("bottomright",c("Train","Test","Bayes"),col=c(4,5,6),lty=c(2,3,1),box.lwd=0)
```

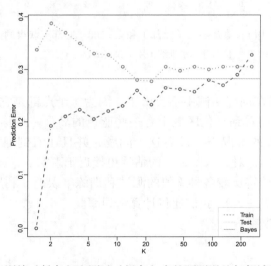

图 9.24　训练（粉色）和测试（绿色）中的预测误差与邻域数的关系
黄线表示使用贝叶斯规则获得的结果。

注意，这些错误率是随机变量，具有标准误差。在下一节中，我们将描述有助于减少这种可变性的交叉验证。然而，即使具有这种可变性，图 9.24 也清楚地显示了当使用低于 20 的值和高于 100 的值时过拟合的问题。

9.10 交叉验证

本节将描述交叉验证（cross-validation）：机器学习中用于方法评估和在预测或机器学习任务中选择参数的基本方法之一。假设我们有一组具有许多特征的观测值，并且每个观测值都与一个标签相关联。我们将其称为训练数据集。我们的任务是通过从训练数据中学习模式来预测任何新样本的标签。举一个具体的例子，我们关注基因表达值，其中每个基因都有一个特征。我们将获得一组新的未标记数据（测试数据），其任务是预测新样品的组织类型。

如果我们选择具有可调参数的机器学习算法，则必须提出一种为该参数选择最佳值的策略。我们可以尝试一些值，然后仅选择一个对我们的训练数据表现最佳的值。但是，我们已经看到了这如何导致过度拟合。

首先加载组织基因表达数据集：

```
library(tissuesGeneExpression)
date(tissuesGeneExpression)
```

为了便于说明，我们将丢弃其中一个样本不多的组织：

```
table(tissue)
## tissue
## cerebellum    colon  endometrium  hippocampus  kidney  liver
            38       34           15           31      39     26
##     placenta
##            6
ind <- which(tissue != "placenta")
y <- tissue[ind]
X <- t(e[,ind])
```

这个组织不是我们例子的一部分。

现在，让我们尝试使用 $k = 5$，对 k 个最近的邻域进行分类。当我们使用相同的数据进行训练和测试时，预测训练集中组织的平均误差是多少？

```
library(class)
pred <- knn(train = X, test = X, cl=y, k=5)
mean(y != pred)
## [1] 0
```

在 $k = 5$ 的情况下，训练集中的预测没有错误。如果我们使用 $k = 1$，该怎么办？

```
pred <- knn(train=X, test=X, cl=y, k=1)
```

```
mean(y != pred)
## [1] 0
```

试图对与训练模型相同的观察结果进行分类可能会产生误导。实际上，对于 kNN，使用 $k = 1$ 总是在训练集中给出 0 分类错误，因为我们使用了单个观测值对自身进行了分类。了解算法性能的可靠方法是用它对从未见过的样本进行预测。类似地，如果我们想知道可调参数的最佳值是多少，我们需要查看不同参数对来自训练数据外的样本会有怎样的预测效果。

交叉验证是机器学习中一种广泛使用的方法，它可以解决这种训练和测试数据的问题，同时仍然使用所有数据来测试预测的准确性。它通过将数据分成多个倍数来实现此目的。如果我们有 N 倍，则算法的第一步是使用（$N–1$）倍对算法进行训练，并在剩下的单个倍数上测试算法的准确性。然后将其重复 N 次，直到像测试集中那样使用了每个倍数为止。如果我们要测试 M 个参数设置，那么这是在外部循环中完成的，因此我们必须对该算法进行总共 $N \times M$ 次拟合。

我们将使用 caret 包中的 createFolds 函数来生成 5 倍的基因表达数据，这些数据在组织中是平衡的。注意，createFolds 函数也使用字母"k"，这个与 kNN 中的字母"k"完全无关。createFolds 函数的"k"表示要求创建多少倍，即上面的 N 个。knn 函数中的"k"用于分类新样本时使用多少个最接近的观察值。在这里，我们将创建 10 个倍数：

```
library(caret)
set.seed(1)
idx <- createFolds(y, k=10)
sapply(idx, length)
## Fold01 Fold02 Fold03 Fold04 Fold05 Fold06 Fold07 Fold08 Fold09 Fold10
##     18     19     17     17     18     20     19     19     20     16
```

倍数作为数字索引列表返回。因此，第一数据是：

```
y[idx[[1]]]       ## 标签
##  [1] "kidney"        "kidney"      "hippocampus"  "hippocampus"  "hippocampus"
##  [6] "cerebellum"    "cerebellum"  "cerebellum"   "colon"        "colon"
## [11] "colon"         "colon"       "kidney"       "kidney"       "endometrium"
## [16] "endometrium"   "liver"       "liver"
head(X[idx[[1]], 1:3])     ## 基因（只显示前 3 个基因）
##                      1007_s_at     1053_at       117_at
## GSM12075.CEL.gz       9.966782     6.060069      7.644452
## GSM12098.CEL.gz       9.945652     5.927861      7.847192
## GSM21214.cel.gz      10.955428     5.776781      7.493743
## GSM21218.cel.gz      10.757734     5.984170      8.525524
## GSM21230.cel.gz      11.496114     5.760156      7.787561
```

GSM87086.cel.gz   9.798633   5.862426   7.279199

我们可以看到，实际上，这些组织在 10 个倍数中的分布相当均匀：

```
sapply(idx, function(i) table(y[i]))
```

##	Fold01	Fold02	Fold03	Fold04	Fold05	Fold06	Fold07	Fold08
## cerebellum	3	4	4	4	4	4	4	4
## colon	4	3	3	3	4	4	3	3
## endometrium	2	2	1	1	1	2	1	2
## hippocampus	3	3	3	3	3	3	4	3
## kidney	4	4	3	4	4	4	4	4
## liver	2	3	3	2	2	3	3	3

##	Fold09	Fold10
## cerebellum	4	3
## colon	4	3
## endometrium	2	1
## hippocampus	3	3
## kidney	4	4
## liver	3	2

由于组织具有非常不同的基因表达谱，因此预测具有所有基因的组织将非常容易。为了方便说明，我们将尝试仅使用二维数据来预测组织类型。我们将使用 cmdscale 减小数据的维数（结果见图 9.25）：

```
library(rafalib)
mypar()
```

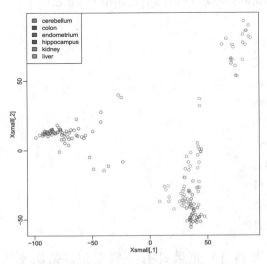

图 9.25 组织基因表达数据的前两个主成分

其颜色代表组织。我们始终将这两个 PC 用作我们的两个预测指标。

```
Xsmall <- cmdscale(dist(X))
plot(Xsmall,col=as.fumeric(y))
legend("topleft",levels(factor(y)),fill=seq_along(levels(factor(y))))
```

现在，我们可以尝试单一倍数的 kNN。除了第一倍数中的样本，在 Xsmall 中我们对所有样本进行 knn 函数处理。我们使用方括号内的代码 -idx[[1]] 删除某些样本。然后，我们在测试集中使用这些样本。cl 参数用于训练数据的真实分类或标签（此处为组织）。我们使用 5 个观测值对我们的 kNN 算法进行分类：

```
pred <- knn(train=Xsmall[ -idx[[1]], ], test=Xsmall[ idx[[1]], ], cl=y[ -idx[[1]] ], k=5)
table(true=y[ idx[[1]] ], pred)
```

##	pred					
## true	cerebellum	colon	endometrium	hippocampus	kidney	liver
## cerebellum	2	0	0	1	0	0
## colon	0	4	0	0	0	0
## endometrium	0	0	1	0	1	0
## hippocampus	1	0	0	2	0	0
## kidney	0	0	0	0	4	0
## liver	0	0	0	0	0	2

```
mean(y[ idx[[1]] ] != pred)
## [1] 0.1666667
```

现在我们会看到有一些错误分类。我们在其余倍数的方面做得如何呢？

```
for (i in 1:10) {
  pred <- knn(train=Xsmall[ -idx[[i]], ], test=Xsmall[ idx[[i]], ], cl=y[ -idx[[i]] ], k=5)
  print(paste0(i,") error rate: ", round(mean(y[ idx[[i]] ] != pred),3)))
}
## [1] "1) error rate: 0.167"
## [1] "2) error rate: 0.105"
## [1] "3) error rate: 0.118"
## [1] "4) error rate: 0.118"
## [1] "5) error rate: 0.278"
## [1] "6) error rate: 0.05"
## [1] "7) error rate: 0.105"
## [1] "8) error rate: 0.211"
## [1] "9) error rate: 0.15"
## [1] "10) error rate: 0.312"
```

因此，我们可以看到每一倍数都有一些变化，错误率徘徊在 0.1 ~ 0.3。但是 k = 5 是 k 参数的最佳设置吗？为了探索 k 的最佳设置，我们需要创建一个外部循环，在其中尝试 k 的不同值，然后计算所有倍数的平均测试设置误差。

我们将尝试从 1 到 12 的每个 k 值。我们将使用 sapply 而不是使用两个 for 循环：

```
set.seed(1)
ks <- 1:12
res <- sapply(ks, function(k) {
    ## k 值从 1 到 12
    res.k <- sapply(seq_along(idx), function(i) {
    ## 循环完每一个 10 倍数交叉验证的倍数
    ## 使用 kNN 预测剩下的样本
    pred <- knn(train=Xsmall[ -idx[[i]], ],
                test=Xsmall[ idx[[i]], ],
                cl=y[ -idx[[i]] ], k = k)
    ## 分类错误的样本比
    mean(y[ idx[[i]] ] != pred)
  })
  ## 10 倍的平均值
  mean(res.k)
})
```

现在对于 k 的每个值，我们都有一个来自交叉验证过程的关联测试集错误率。

```
res
[1] 0.1978212 0.1703423 0.1882933 0.1750989 0.1613291 0.1500791 0.1552670
[8] 0.1884813 0.1822020 0.1763197 0.1761318 0.1813197
```

然后，我们可以绘制每个 k 值的错误率，这有助于我们查看在哪个区域可能存在最小错误率（结果见图 9.26）：

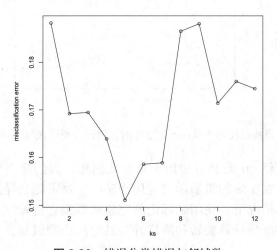

图 9.26 错误分类错误与邻域数

```
plot(ks, res, type="o",ylab="misclassification error")
```

请记住，由于训练集是一个随机样本，并且由于我们的倍数生成过程涉及随机数生成，因此我们通过此过程选择的 k 的"最佳"值也是一个随机变量。如果我们有新的训练数据，并且重新创建了倍数，则最优 k 值可能会有所不同。

最后，为了显示基因表达可以完美地预测组织，我们使用 5 维而不是 2 维，这可以完美预测（结果见图 9.27）：

```
Xsmall <- cmdscale(dist(X),k=5)
set.seed(1)
ks <- 1:12
res <- sapply(ks, function(k) {
  res.k <- sapply(seq_along(idx), function(i) {
    pred <- knn(train=Xsmall[ -idx[[i]], ],
                test=Xsmall[ idx[[i]], ],
                cl=y[ -idx[[i]] ], k = k)
    mean(y[ idx[[i]] ] != pred)
  })
  mean(res.k)
})
plot(ks, res, type="o",ylim=c(0,0.20),ylab="misclassification error")
```

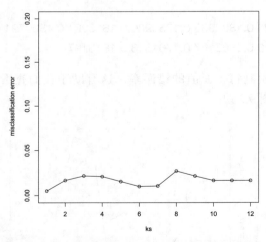

图 9.27　当我们使用 5 维而不是 2 维时，错误分类错误与邻居数的关系

重要说明：我们将 cmdscale 应用于整个数据集，以创建一个较小的用于说明目的的数据集。但是，在实际的机器学习应用程序中，这可能会导致小样本量的测试集误差被低估，在这种情况下，使用未标记的完整数据集进行降维会提高性能。一个更安全的选择是仅用训练集计算旋转和降维并将其应用于测试集，从而针对每个倍数分别转换数据。

9.11 习题

加载以下数据集：

```
library(GSE5859Subset)
data(GSE5859Subset)
```

并定义结果和预测因素。为了使问题更加困难，我们将只考虑常染色体基因：

```
y = factor(sampleInfo$group)
X = t(geneExpression)
out = which(geneAnnotation$CHR%in%c("chrX","chrY"))
X = X[,–out]
```

1. 使用 caret 包中的 createFold 函数，将种子数设置为 1[set.seed(1)] 并创建 10 次 y。问题：第二个条目是什么？

2. 我们使用 kNN。我们将考虑一组较小的预测因子通过使用 t 检验筛选基因。具体来说，我们将进行 t 检验，选择 p 值最小的 m 个基因。

设 $m = 8$，$k = 5$，通过省去第二个倍数 idx[[2]] 训练 kNN。我们在测试集中犯了多少个错误？记住，对训练数据进行 t 检验是必不可少的。

3. 现在运行所有 5 次倍数。我们的错误率是多少？

4. 现在我们要选择 k 和 m 的最佳值，使用扩展网格功能来试验以下值：

```
ms=2^c(1:11)
ks=seq(1,9,2)
params = expand.grid(k=ks,m=ms)
```

现在使用应用或循环来获得每一对参数的错误率。哪一对参数使错误率最小？

5. 重复第 4 题，但是现在要在交叉验证之前执行 t 检验筛选。请注意这是如何使整个结果产生偏差的，并使我们得到更低的估计错误率。

6. 重复第 3 题，但是现在不再是用 sampleInfo$group，而是用：

```
y = factor(as.numeric(format(sampleInfo$date, "%m")=="06"))
```

现在最小错误率是多少？

我们在预测数据时的错误率要比预测群体时低得多。因为 group 和 date 混淆了，所以很有可能这些预测器没有关于 group 的信息，我们较低的 0.5 错误率是由于与 date 混淆造成的。我们将在"批次效应"一章中了解更多。

10

批次效应

　　高通量研究中经常被忽视的一个复杂因素是批次效应（batch effect），其产生的原因是测量值会受实验室条件、试剂批号和个人差异的影响。当批次效应与感兴趣的结果混淆并导致错误的结论时，这就成为了一个主要问题。在本章中，我们将详细讲述批次效应，包括如何检测、解释、建模和校正批次效应。

　　批次效应是基因组学研究面临的最大挑战，尤其是在精准医学领域。在大多数（即便不是全部）的高通量技术中，已经报道了存在这样或那样的批次效应［Leek et al.（2010）Nature Reviews Genetics 11, 733-739］。但是批次效应并不仅限于基因组学技术。实际上，在 1972 年的一篇论文中，W. J. Youden 描述了在物理常数的经验值估计过程中就存在批次效应。他指出了物理常数"当前估计的主观性"，以及估计值在实验室之间如何变化。例如，在该文表 1 中，Youden 展示了来自不同实验室的天文单位的估算值（图 10.1）。报告中还包括了离散度（我们现在称为置信区间）的估计值。

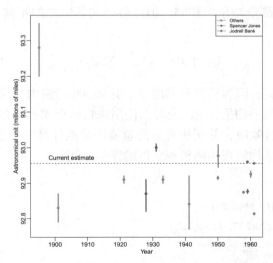

图 10.1　相应报告年份的天文学单位估计值与离散度估计值
其中有两个实验室报告了多个估计值，以不同的颜色标出。

　　实验室间的变异性以及报告的界限（置信区间——译者注）无法解释这种变异性清楚地表明存在一种效应，该效应在各实验室之间存在差异，但内部差异不大。这种类型的变异性就是所谓的批次效应。我们注意到有些实验室报告了两个估计值（图

10.1 中紫色和橙色），说明在同一实验室的两次不同测量中也存在批次效应。

我们可以使用统计符号来精确描述这个问题。科学家们假设观察得到的测量值符合以下公式：

$$Y_{i,j} = \mu + \varepsilon_{i,j}, \ j = 1, \ \cdots, \ N$$

$Y_{i,j}$ 是实验室 i 的第 j 次测量，μ 是真实物理常数，$\varepsilon_{i,j}$ 是独立的测量误差。为了说明 $\varepsilon_{i,j}$ 引入的变异性，我们计算了数据中的标准误。正如我们在本书前面所提到的，我们用 N 次测量的平均值来估算物理常数：

$$\overline{Y_i} = \frac{1}{N} \sum_{i=1}^{N} Y_{i,j}$$

我们可以通过以下方式构建置信区间：

$$\overline{Y_i} = 2s_i / \sqrt{N}, \ \text{其中} \ s_i^2 = \frac{1}{N-1} \sum_{i=1}^{N} (Y_{i,j} - \overline{Y_i})^2$$

但是，此置信区间太小了，因为它无法获知批次效应的变异性。一个更合适的模型是：

$$Y_{i,j} = \mu + \gamma_i + \varepsilon_{i,j}, \ j = 1, \ \cdots, \ N$$

γ_i 是实验室特有的偏差或批次效应。

从图中可以很清楚地看出，实验室间 γ 的变异性大于实验室内部 ε 的变异性。此处的问题是单个实验室的数据中没有关于 γ 的信息。从统计上讲就是 μ 和 γ 是无法被识别的。我们可以估算出 $\mu_i + \gamma_i$ 的总和，但我们无法对两者进行区分。

我们也可以将 γ 视为随机变量。在这种情况下，每个实验室都有一个误差项 γ_i，该误差项在该实验室的测量结果中相同，但在各个实验室之间不同。基于此，问题就变成了：

$$s_i / \sqrt{N}, \ \text{其中} \ s_i^2 = \frac{1}{N-1} \sum_{i=1}^{N} (Y_{i,j} - \overline{Y_i})^2$$

低估了标准误的值，因为它没有考虑由 γ 引起的实验室内部的相关性。

如果我们假设 γ 的平均值为 0，则可以使用来自多个实验室的数据来估计 γ。或者我们可以将 γ 视为随机效应，并用所有的测量值简单地计算一个新的估计值和标准误。这就是将每份报告的平均值视为随机观察值的置信区间：

```
avg <- mean(dat[,3])
se <- sd(dat[,3]) / sqrt(nrow(dat))
## 95% 置信区间为：[ 92.8727, 92.98542 ]
## 其中包括当前的估计：92.95604
```

在 Youden 的论文中还包括最近对光速估计以及重力常数估计的批次效应示例。在这里，我们将讲解高通量生物测量中批次效应的广泛性和复杂性。

10.1 混淆

当批次效应与结果混淆时，它们具有最大的破坏效果。在这里，我们描述了混淆（confounding），以及它与数据解释的关系。

"相关不是因果"是您应从本课程或任何其它数据分析课程中获得的最重要的内容之一。为什么这种说法常常会是正确的呢？一个常见例子就是混淆。简而言之，当我们观察到 X 和 Y 之间存在相关性或关联性，但 X 和 Y 都严格依赖于无关变量 Z 而产生的结果时，就会发生混淆。下面，我们将介绍辛普森悖论（Simpson's paradox），这是基于著名法律案件的例子，另一个是高通量生物学分析中的混淆例子。

辛普森悖论的例子   来自 1973 年加州大学伯克利分校的入学数据的研究表明，男性被录取的人数多于女性：男性被录取的人数为 44%，而女性为 30%。这个结构实际上还导致了一场诉讼[1]。请参阅：PJ Bickel, EA Hammel and JW O'Connell, Science(1975)。数据如下：

```
library(dagdata)
data(admissions)
admissions$total=admissions$Percent*admissions$Number/100
## 录取男性比例
sum(admissions$total[admissions$Gender==1]/sum(admissions$Number[admissions$Gender==1]))
[1] 0.4451951
## 录取女性比例
sum(admissions$total[admissions$Gender==0]/sum(admissions$Number[admissions$Gender==0]))
[1] 0.3033351
```

卡方检验清楚地否决了性别和录取是独立的这一假设：

```
## 作 2×2 表格
index = admissions$Gender==1
men = admissions[index,]
women = admissions[!index,]
menYes = sum(men$Number*men$Percent/100)
menNo = sum(men$Number*(1-men$Percent/100))
womenYes = sum(women$Number*women$Percent/100)
womenNo = sum(women$Number*(1-women$Percent/100))
tab = matrix(c(menYes,womenYes,menNo,womenNo),2,2)
```

---

[1] http://en.wikipedia.org/wiki/Simpson%27s_paradox#Berkeley_gender_bias_case

```
print(chisq.test(tab)$p.val)
## [1] 9.139492e-22
```

但是进一步检查我们会发现一个矛盾的结果。以下是各专业的录取百分比：

```
y=cbind(admissions[1:6,c(1,3)],admissions[7:12,3])
colnames(y)[2:3]=c("Male","Female")
y
```

```
##   Major   Male   Female
## 1   A      62      82
## 2   B      63      68
## 3   C      37      34
## 4   D      33      35
## 5   E      28      24
## 6   F       6       7
```

我们注意到在表格中看不到明显的录取性别偏见了。上面进行的卡方检验表明录取与性别之间存在依赖性。但当数据按专业分类时，这种依赖性似乎消失了。这是怎么回事？

以上是辛普森悖论的一个例子。通过对男性和女性申请某专业的百分比与录取进入该专业的百分比进行做图可以提供一种解释。

```
y=cbind(admissions[1:6,5],admissions[7:12,5])
y=sweep(y,2,colSums(y),"/")*100
x=rowMeans(cbind(admissions[1:6,3],admissions[7:12,3]))
library(rafalib)
mypar()
```

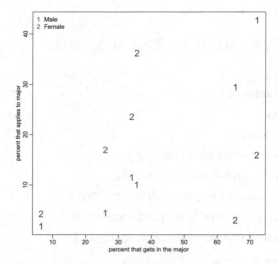

图 10.2   按性别区分的申请学生数百分比与录取学生数的百分比

```
matplot(x,y,xlab="percent that gets in the major",
ylab="percent that applies to major",
col=c("blue","red"),cex=1.5)
legend("topleft",c("Male","Female"),col=c("blue","red"),pch=c("1","2"),box.lty=0)
```

从图 10.2 中可以看出，男性更倾向申请"容易录取"的专业。该图显示，男性和"容易录取"专业是混淆项。

图形化解释混淆　在这里，我们将混淆图形化。在图 10.3 中，每个字母代表一个人。录取的人以绿色表示，没录取的用橙色表示。字母表示专业。在第一个图中，我们将所有学生放在一起，可以看到男性绿色的比例更大。

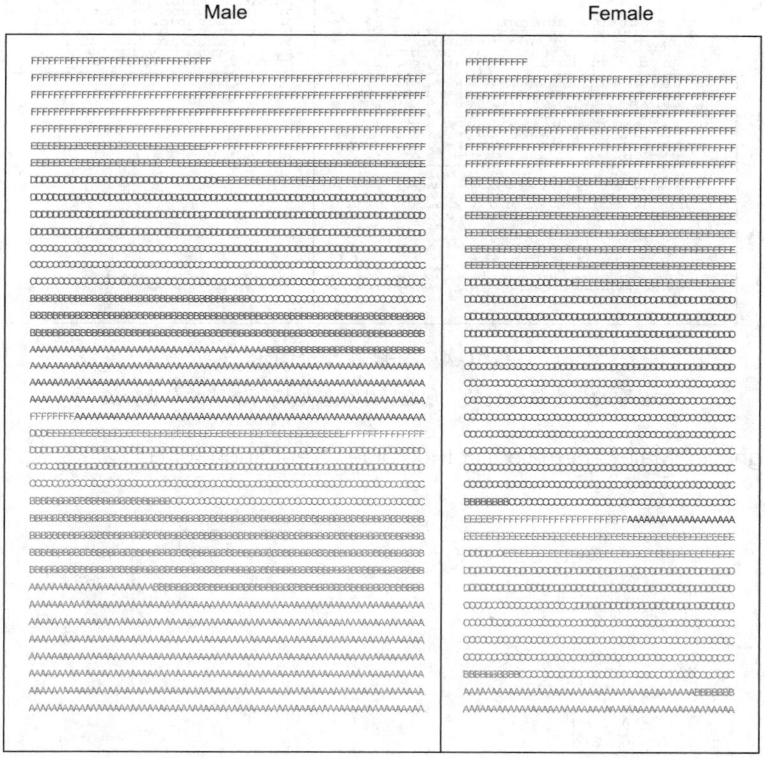

图 10.3　录取的用绿色表示，专业用字母表示
在这里，我们可以清楚地看到更多的男性被录取。

现在我们按专业对数据进行分类（结果见图 10.4）。此处的关键点是大多数被录取的男性（绿色）来自容易录取的专业：A 和 B。

分层后的平均值　从图 10.5 中我们可以看出，如果我们按专业进行条件设置或分层，然后查看差异，就可以控制混淆项，其影响就会消失。

```
y=cbind(admissions[1:6,3],admissions[7:12,3])
matplot(1:6,y,xaxt="n",xlab="major",ylab="percent",col=c("blue","red"),cex=1.5)
axis(1,1:6,LETTERS[1:6])
```

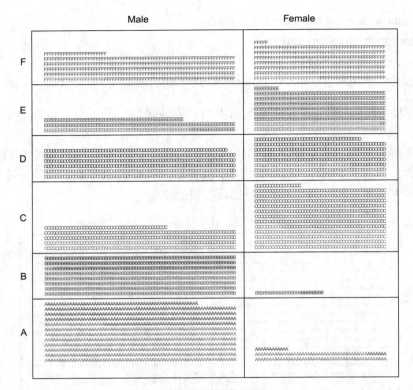

图 10.4 辛普森悖论图示

被录取的学生是绿色的。现在，学生按他们所申请的专业分类。

```
legend("topright",c("Male","Female"),col=c("blue","red"),pch=c("1","2"),
box.lty=0)
```

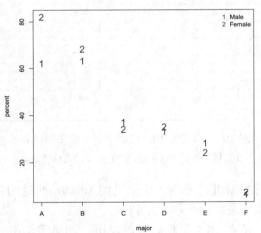

图 10.5 男女各按专业录取比例

按专业分类的平均差异实际上女性高出 3.5%。

```
mean(y[,1]-y[,2])
## [1] -3.5
```

棒球中的辛普森悖论　辛普森悖论在棒球统计中很常见。举一个众所周知的例子，David Justice 在 1995 年和 1996 年的年度打击率均高于 Derek Jeter，但 Jeter 的整体打击率更高：

	1995	1996	综合
Derek Jeter	12/48（.250）	183/582（.314）	195/630（.310）
David Justice	104/411（.253）	45/140（.321）	149/551（.270）

这里的混淆项是比赛的次数。Jeter 在击球成绩较好的那一年里，打了更多的比赛，而 Justice 则相反。

10.2　混淆：高通量实验示例

为了阐述真实样本中的混淆问题，我们将使用文章中已公开的数据 [2]（http://www.ncbi.nlm.nih.gov/pubmed/17206142），文章中应用该数据集得出的结论称在比较两个种族的血液时大约有 50% 的基因差异表达。我们在提供的数据包中包含该数据。

```
library(Biobase)      ## 可从 Bioconductor 下载
library(genefilter)
library(GSE5859)       ## 可从 github 下载
data(GSE5859)
```

我们可使用 Bioconductor 软件包中的 exprs 函数和 pData 函数提取基因表达数据和样品信息表，如下所示：

```
geneExpression = exprs(e)
sampleInfo = pData(e)
```

要注意一些样品处理时间不同。

```
head(sampleInfo$date)
## [1] "2003-02-04" "2003-02-04" "2002-12-17" "2003-01-30" "2003-01-03"
## [6] "2003-01-16"
```

取样时间是一个无关的变量，不应影响 geneExpression 中的值。但是，正如我们在以前的分析中所看到的那样，它似乎确实起作用。因此，我们将在这里进行探讨。

在以下的结果中，我们一眼就会发现年份和种族几乎完全混淆了：

```
year = factor(format(sampleInfo$date,"%y"))
```

---

[2] http://www.ncbi.nlm.nih.gov/pubmed/17206142

```
tab = table(year,sampleInfo$ethnicity)
print(tab)
##
##    year  ASN   CEU   HAN
##    02     0    32     0
##    03     0    54     0
##    04     0    13     0
##    05    80     3     0
##    06     2     0    24
```

通过运行 t 检验并创建火山图（图 10.6），我们注意到似乎有成千上万的基因在不同种族之间差异表达。然而，当我们仅对 2002 年和 2003 年之间的欧洲人群（CEU）进行相似性比较时，我们也获得了数千个差异表达的基因：

```
library(genefilter)
## remove control genes
out <- grep("AFFX",rownames(geneExpression))
eth <- sampleInfo$ethnicity
ind<- which(eth%in%c("CEU","ASN"))
res1 <- rowttests(geneExpression[−out,ind],droplevels(eth[ind]))
ind <- which(year%in%c("02","03") & eth=="CEU")
```

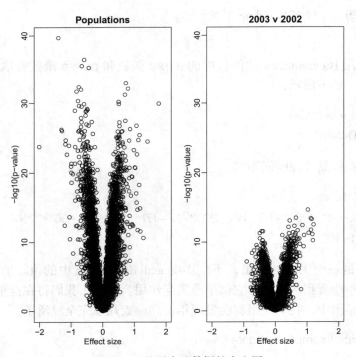

图 10.6　基因表达数据的火山图
一个族群内按种族（左）和年份（右）进行比较。

```
res2 <- rowttests(geneExpression[-out,ind],droplevels(year[ind]))
XLIM <- max(abs(c(res1$dm,res2$dm)))*c(-1,1)
YLIM <- range(-log10(c(res1$p,res2$p)))
mypar(1,2)
plot(res1$dm,-log10(res1$p),xlim=XLIM,ylim=YLIM,
    xlab="Effect size",ylab="-log10(p-value)",main="Populations")
plot(res2$dm,-log10(res2$p),xlim=XLIM,ylim=YLIM,
    xlab= "Effect size",ylab="-log10(p-value)",main="2003 v 2002")
```

10.3 习题

从 dagdate 包中导入录取数据（从 genomic-sclass 库中获得）

```
library(dagdata)
data(admissions)
```

自己熟悉表格：

```
admissions
```

1. 让我们计算录取的男性比例：

```
index = which(admissions$Gender==1)
accepted= sum(admissions$Number[index] * admissions$Percent[index]/100)
applied = sum(admissions$Number[index])
accepted/applied
```

女性录取的比例是多少呢？

2. 现在，我们得到了不同性别之间的录取比例，测试结果的显著性。如果你进行独立检验，p 值是什么？现在看主数据，差异消失了。怎么会这样？这被称为辛普森悖论。在下面的问题中，我们将尝试破译为什么会发生这种情况。

3. 我们可以通过使用被录取学生的比率来量化一个专业有多"难"。计算每个专业（不分性别）录取的比例，并称这个向量为 H。

4. 这个专业录取的比例多大？

5. 对于男性来说，专业申请数量与 H 之间的相关性是什么？

6. 对于女性来说，专业申请数量与 H 之间的相关性是什么？

7. 基于以上答案，当我们结合专业时，哪个能最好的解释录取比例的差异？

（a）我们在计算录取比例的时候犯了编码错误

（b）女性申请总数增大，使分母增大

（c）性别对"难"专业的偏好存在混淆：女性更可能申请较难的专业

（d）个别专业样本量不够大，无法得出正确的结论

10.4　使用探索式数据分析发现批次效应

我们已经了解主成分分析（PCA）方法，下面将重点介绍在实践中如何应用它进行探索性数据分析。我们将以一个从未用于教学案例的真实数据集为例。我们从公共数据库中提供的原始数据开始对这些数据进行预处理，并使用已有的 Bioconductor 对象创建 R 包。

10.5　基因表达数据

从载入数据开始：

```
library(rafalib)
library(Biobase)
library(GSE5859)        ## 可从 GitHub 下载
data(GSE5859)
```

我们首先探索样本相关矩阵，发现一对样本之间的相关系数为 1。这意味着同一样本被两次上传到公共数据库，但是名称不同。以下代码标识了此样本并将其删除。

```
cors <- cor(exprs(e))
Pairs=which(abs(cors)>0.9999,arr.ind=TRUE)
out = Pairs[which(Pairs[,1]<Pairs[,2]),,drop=FALSE]
if(length(out[,2])>0) e=e[,-out[2]]
```

并从分析数据中删除了对照探针：

```
out <- grep("AFFX",featureNames(e))
e <- e[-out,]
```

现在数据可以进行随后的分析了，我们将创建一个无趋势基因表达数据矩阵，并从样本注释表中提取目标数据和结果。

```
y <- exprs(e)-rowMeans(exprs(e))
dates <- pData(e)$date
eth <- pData(e)$ethnicity
```

原始数据集在样本信息中未包含性别。为了例证，我们在子数据集中加入了性别信息。在下面的代码中，我们展示了如何推测每个样本的性别。基本思路是查看 Y 染色体基因的基因表达水平中位数。男性应具有更高值。为此，我们需要上传一个注释

包，以提供有关此实验中使用的平台特征信息：

```
annotation(e)
## [1] "hgfocus"
```

我们需要下载并安装 hgfocus.db 包，然后提取染色体位置信息。

```
library(hgfocus.db)     ## 从 Bioconductor 中安装
map2gene <- mapIds(hgfocus.db, keys=featureNames(e),
                   column="ENTREZID", keytype="PROBEID",
                   multiVals="first")
library(Homo.sapiens)
map2chr <- mapIds(Homo.sapiens, keys=map2gene,
                   column="TXCHROM", keytype="ENTREZID",
                   multiVals="first")
chryexp <- colMeans(y[which(unlist(map2chr)=="chrY"),])
```

如果绘制 Y 染色体基因表达中位数的柱状图（图 10.7），我们就能够很清楚地分出两个众数，分别为女性和男性。

```
mypar()
hist(chryexp)
```

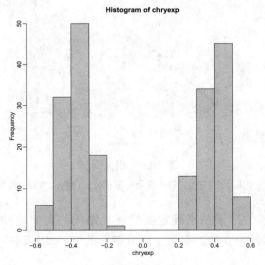

图 10.7　中位数表达 y 轴直方图
我们可以看出女性和男性。

我们可以通过以下方法对性别进行判定：

```
sex <- factor(ifelse(chryexp<0,"F","M"))
```

计算主成分　我们使用以下代码计算主成分：

```
s <- svd(y)
dim(s$v)
## [1] 207   207
```

我们也可以利用 prcomp 创建只包含主成分的对象，并用默认参数运行程序。两个方法实际上能得到同样的主成分，因此，我们继续使用对象 s 进行分析。

可解释方差　第一步要确定数据中有多少样品相关性引起"结构"。

```
library(RColorBrewer)
cols=colorRampPalette(rev(brewer.pal(11,"RdBu")))(100)
n <- ncol(y)
image(1:n,1:n,cor(y),xlab="samples",ylab="samples",col=cols,zlim=c(-1,1))
```

在这里，我们使用的术语"结构"是指如果样本事实上相互独立而仍能见到的偏差。图 10.8 清晰地显示了多组组内样本之间的相关性大于它们与其它样本之间的相关性。

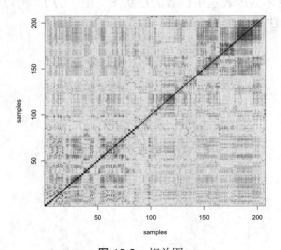

图 10.8　相关图

方格 (i, j) 代表样品 i 与 j 之间的相关性。红色代表高度相关，白色代表相关性为 0，蓝色代表负相关[①]。

我们创建一个简单的探索图来确定要描述此结构需要有多少主成分，这个图是可解释方差图。如果数据是独立的，那么主成分解释的方差就是这样的（结果见图 10.9）：

```
y0 <- matrix(rnorm(nrow(y)*ncol(y)), nrow(y), ncol(y))
d0 <- svd(y0)$d
plot(d0^2/sum(d0^2),ylim=c(0,.25))
```

相反我们看到（图 10.10）：

[①]　原文为红色，显然有误，更正为蓝色。——译者注

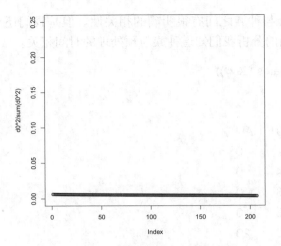

图 10.9   模拟独立数据的方差解释图

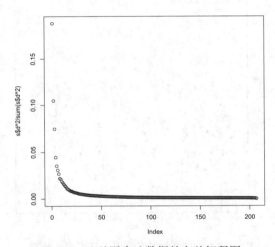

图 10.10   基因表达数据的方差解释图

```
plot(s$d^2/sum(s$d^2))
```

    至少有 20 个左右的主成分比独立数据的期望值要高。下一步将是用这些主成分解释测定的变量。这种差异是来自种族、性别、测定日期还是其它的什么原因呢?

    多维尺度变换作图   前面我们讲过,应用多维尺度变换作图探索数据能够回答这些问题。一种方法是利用颜色表示这些变量来探索目标变量与主成分之间的关系。例如,图 10.11 是前两个主成分分布图,用颜色表示种族。

```
cols = as.numeric(eth)
mypar()
plot(s$v[,1],s$v[,2],col=cols,pch=16,
    xlab="PC1",ylab="PC2")
legend("bottomleft",levels(eth),col=seq(along=levels(eth)),pch=16)
```

在第一个主成分与种族之间有很明确的相关性。但是我们还可以看到橙色的点也存在子群集。从前面的分析我们知道种族与预处理的时间相关。

```
year = factor(format(dates,"%y"))
table(year,eth)
##       eth
## year ASN  CEU  HAN
##   02    0   32    0
##   03    0   54    0
##   04    0   13    0
##   05   80    3    0
##   06    2    0   23
```

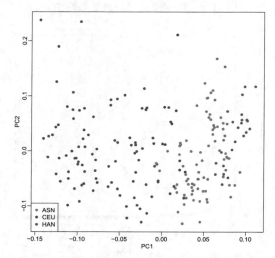

图 10.11 前两个主成分用于基因表达数据
颜色代表种族。

用同一个主成分分布图，把不同年份的数据用不同颜色表示，可以探索差异的另一主要来源——取样时间可能的作用：

```
cols = as.numeric(year)
mypar()
plot(s$v[,1],s$v[,2],col=cols,pch=16,
    xlab="PC1",ylab="PC2")
legend("bottomleft",levels(year),col=seq(along=levels(year)),pch=16)
```

我们可以看出年份同样也与第一个主成分非常相关。那么到底是哪个变量导致这样的结果呢？在高度混淆的情况下并不容易解析出来。尽管如此，对于这类问题的评估，我们仍提供了一些进一步探索的方法。

主成分的箱形图 在样品间相关性图中所看到的结构表现出包含有超过 5 项因子

（每年一个）的复杂结构。它当然会有比只用种族来解释差异具有更高的复杂性。我们也能按照样品预处理的月份探索相关性（结果见图 10.12）。

```
month <- format(dates,"%y%m")
length(unique(month))
## [1] 21
```

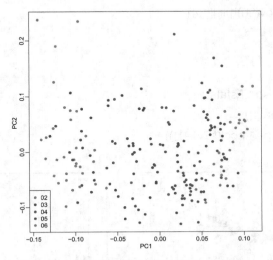

图 10.12 前两个主成分用于基因表达数据
颜色代表处理年份。

由于月份数量很多（21 个月），用颜色进行标示会很杂乱。取而代之，我们可以将数据按月分类，并用箱线图展示主成分（结果见图 10.13）。

```
mypar(2,2)
for(i in 1:4){
  boxplot(split(s$v[,i],variable),las=2,range=0)
  stripchart(split(s$v[,i],variable),add=TRUE,vertical=TRUE,pch=1,cex=.5,col=1)
  }
```

在这里我们看到，即使按种族或其他方式分类，月份与第一个主成分都有很强的相关性。但要注意，2002—2004 年预处理的样本全部来自同一个种族群体。在类似的有许多样本情况下，我们可以对其方差进行分析，看看哪些主成分与月份相关（结果见图 10.14）：

```
corr <- sapply(1:ncol(s$v),function(i){
  fit <- lm(s$v[,i]~as.factor(month))
  return(summary(fit)$adj.r.squared)
  })
mypar()
plot(seq(along=corr), corr, xlab="PC")
```

我们看到第一个主成分与月份有极强的相关性，前 20 个左右的主成分也与月份有较强的相关性。我们还可以通过比较月份内与月份间的变异性来计算 F 统计量（结果见图 10.15）：

```
Fstats<- sapply(1:ncol(s$v),function(i){
    fit <- lm(s$v[,i]~as.factor(month))
    Fstat <- summary(aov(fit))[[1]][1,4]
    return(Fstat)
})
mypar()
plot(seq(along=Fstats),sqrt(Fstats))
p <- length(unique(month))
abline(h=sqrt(qf(0.995,p-1,ncol(s$v)-1)))
```

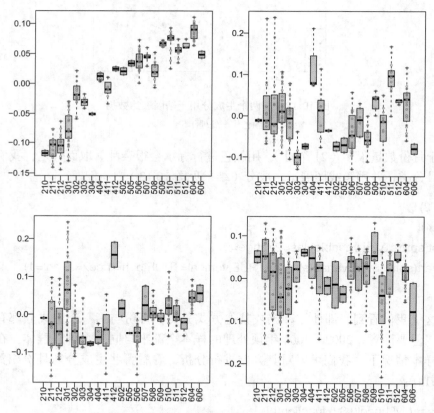

图 10.13 按照月份分层的前四个主成分箱线图

我们可以看出主成分分析与探索性数据分析结合是一个检测与了解批次效应强有力的工具。在下节，我们将讲解如何在因子分析中使用主成分作为估计值，以改善模型估计。

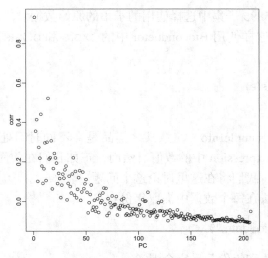

图 10.14 将每个月作为每个主成分的因素拟合模型后，调整 R^2

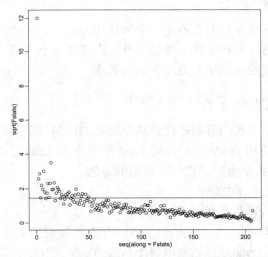

图 10.15 F 统计量的平方根来自方差分析，以解释主成分与月份的关系

10.6 习题

我们将使用 Bioconductor 包中的 Biobase，可以从 rafalib 中用 install_bioc 函数实现：

载入该基因表达数据集的数据：

```
library(Biobase)
library(GSE5859)
data(GSE5859)
```

这是我们从 GSE5895 子集中选择使用的子集的原始数据。

我们可以像下面这样使用 Bioconductor 中的 exprs 和 pData 函数提取基因表达数据和样本信息表：

geneExpression = exprs(e)

sampleInfo = pData(e)

1. 自己熟悉表格 sampleInfo。注意某些样品是在不同时间处理的。这是一个无关变量，不应影响 geneExpression 中的数值。然而，正如我们在前面分析中看到的，它似乎确实有作用，因此，我们将在这里讨论这个问题。

你可以用如下方法在每个数据中提取年份：

year = format(sampleInfo$date,"%y")

请注意，种族群体和年份几乎完全混淆：

table(year,sampleInfo$ethnicity)

（1）这些年中有多少年我们有不止一个种族代表？

（2）重复以上习题，但现在除了年份以外，再考虑一下月份。

具体来说，把上面定义的年变量用下面的替换：

month.year = format(sampleInfo$date,"%m%y")

对于这些月份值中，我们得到的代表多个种族的比例是多的？

3. 进行 t 检验（使用 rowttests），将 2002 年处理的 CEU 样品与 2003 年处理的进行比较。然后使用 qvalue 函数获取每个基因的 q 值。

有多少基因的 q 值小于 0.05？

4. qvalue 提供的 pi0 估计值是多少：

5. 现在进行 t 检验（使用 rowttests），将 2003 年处理的 CEU 样品与 2004 年处理的进行比较。然后使用 qvalue 函数获取每个基因的 q 值。有多少基因的 q 值小于 0.05？

6. 现在我们将比较种族问题，正如最初发表这些数据的文章所做的那样。使用 qvalue 函数将 ASN 人群与 CEU 人群进行比较。再次使用 qvalue 函数获取 q 值。

有多少基因的 q 值小于 0.05？

7. 超过 80% 的基因被认为在不同种族群体之间差异表达。然而，由于处理日期的混淆，我们需要确认这些差异真正是源于种族。这并不容易，因为几乎完美的混淆。然而，从上面我们注意到，2005 年有两组种族代表。就像我们按专业划分以消除招生示例中的"主要影响"一样，在这里我们可以按年分层，进行 t 检验，比较 ASN 和 CEU，但仅针对 2005 年处理的样本。

有多少基因的 q 值小于 0.05？

请注意，当我们按年修正后，q 值小于 0.05 的基因数量急剧下降。但是，在最新的分析中，样本量要小得多，这意味着我们拥有的功效有所降低：

```
table(sampleInfo$ethnicity[index])
```

8. 为了提供更均衡的比较，我们再次分析一下，但现在取 2002 年的 3 个随机 CEU 样本。重复上述分析，但将 2005 年的 ASN 与 2002 年的 3 个随机 CEU 样本进行比较。设种子数为 3——set.seed(3)。

有多少基因的 q 值小于 0.05？

10.7 统计方法的动机

数据示例 为了说明如何使用统计方法校正批次效应，我们将创建一个数据示例，在该示例中，结果混淆有一定的批次效应，但并不是完全混淆。我们还将挑选一些预期结果应为差异表达的基因来帮助例证和评估我们示范的方法，即我们将性别作为目标结果，并预期 Y 染色体上的基因差异表达。我们可能会因为一些 X 染色体失活也看到 X 染色体上的基因差异表达。数据集中包含具有这些属性的数据：

```
## 可从课程 github 数据库中获得
library(GSE5859Subset)
data(GSE5859Subset)
```

我们可以看到性别和月份之间的相关性（结果见图 10.16）：

```
month <- format(sampleInfo$date,"%m")
table(sampleInfo$group, month)
##    month
```

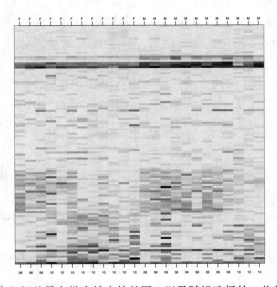

图 10.16 选择具有组间差异和批次效应的基因，以及随机选择的一些基因的表达数据图像

```
##     06 10
## 0  9  3
## 1  3  9
```

为了说明混淆，我们将选择一些基因在热图中显示。我们选择所有 Y 染色体基因、一些与批次效应相关的基因，以及一些随机选择的基因。图 10.16（未显示代码）显示红色为高值、蓝色为低值、黄色为中值。每列是一个样本，每行是随机选择的基因之一：

在图 10.16 中，前 12 列是女性（1s），后 12 列是男性（0s）。我们可以看到上部有一些 Y 染色体基因，女性是蓝色的，男性是红色的。我们还可以看到一些与月份相关的基因在图像下部。有些基因在 6 月（6）低，在 10 月（10）高，而另一些则相反。月份的影响不如性别影响明显，但肯定存在。

在下面的内容中，我们将模拟我们在实践中使用的典型分析方法。假设我们不知道哪些基因在男性和女性之间差异表达，先找到差异表达的基因，然后通过与我们预期正确的结果进行比较来评估这些方法。注意，在图中我们仅显示了少量基因，但在分析中，我们分析了全部的 8793 个基因。

评估图和总结　为了评估我们使用的方法，我们将假定列表中的常染色体基因（不在 X 染色体或 Y 染色体上）可能是假阳性。我们还将假设 Y 染色体上的基因可能是真正的阳性。X 染色体一些基因可能会会是阳性或阴性。这种方式使我们有可能同时评估特异性和敏感性。由于在实际中我们很少事先知道"真实结果"，因此这些评估在实际中是不可能完成的。因此，出于评估的目的，经常使用模拟来代替：我们了解真实结果是因为数据是我们构建的。但是，模拟有可能无法捕获真实实验数据的所有细微差别。相较而言，本数据集只是是实验数据集。

在下一部分中，我们将使用直方图（图 10.17 左）的 p 值来评估此处介绍的批次校正的特异性（低假阳性率）。常染色体基因预期不会有表达差异，因此我们应该看到一个持平的 p 值直方图。为了评估敏感性（低假阴性率），我们将看一下 X 染色体和 Y 染色体上报告的基因数量，这些基因用于拒绝无效假设。我们还会画一个火山图（图 10.17 右），用水平虚线将差异显著基因与差异不显著的基因分开，并用颜色突出显示 X 染色体基因和 Y 染色体基因。

以下结果是应用朴素 t 检验分析并报告出 q 值小于 0.1 的基因。

```
library(qvalue)
res <- rowttests(geneExpression,as.factor(sampleInfo$group))
mypar(1,2)
hist(res$p.value[which(!chr%in%c("chrX","chrY"))],main="",ylim=c(0,1300))
plot(res$dm,-log10(res$p.value))
points(res$dm[which(chr=="chrX")],-log10(res$p.value[which(chr=="chrX")]),col=1,
pch=16)
points(res$dm[which(chr=="chrY")],-log10(res$p.value[which(chr=="chrY")]),col=2,
pch=16,
```

```
        xlab="Effect size",ylab="-log10(p-value)")
legend("bottomright",c("chrX","chrY"),col=1:2,pch=16)
qvals <- qvalue(res$p.value)$qvalue
index <- which(qvals<0.1)
abline(h=-log10(max(res$p.value[index])))
cat("Total genes with q-value < 0.1: ",length(index),"nn",
      "Number of selected genes on chrY: ", sum(chr[index]=="chrY",na.rm=TRUE),"nn",
      "Number of selected genes on chrX: ", sum(chr[index]=="chrX",na.rm=TRUE),sep="")
## q 值小于 0.1 的总基因数 : 59
## chrY 上选择的基因数 : 8
## chrX 上选择的基因数 : 12
```

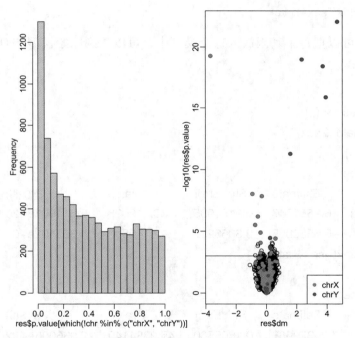

图 10.17 性别比较的 p 值直方图（左）和火山图（右）

Y 染色体基因（被认为是阳性）用红色突出显示。X 染色体基因（一个子集被认为是阳性）用绿色显示。

我们马上会注意到直方图不是持平的，低 p 值明显偏多。此外，最终列表中超过一半的基因是常染色体的。现在，我们讲解两种统计解决方案，并尝试对此进行改进。

10.8　使用线性模型校正批次效应

我们已经注意到日期对基因表达有影响，因此我们将其包含在模型中，来尝试对此进行校正。当我们进行 t 检验比较两组数据时，等效于拟合以下线性模型：

$$Y_{ij} = \alpha_i + x_i\beta_j + \varepsilon_{ij}$$

如果受试者 i 是女性，则每个基因 j 的 $x_i = 1$，i 是男性则为 0。注意，β_j 代表基因 j 的估计差异，而 ε_{ij} 代表组内变异。那问题出在哪里呢？

在线性模型一章中讲述的理论认为，所有描述的误差项是独立的。但对所有基因的表达并非如此，因为我们看到 10 月份样品间的误差项彼此间更接近，而 6 月份的样品间误差项差别就比较大。我们可以通过新加一项构建新模型来对这种效应进行校正：

$$Y_{ij} = \alpha_i + x_i\beta_j + z_i\gamma_j + \varepsilon_{ij}$$

如果样本 i 在 10 月进行处理，则 $z_i = 1$，其它月份则 $z_i = 0$，并且 γ_j 是基因 j 的月份效应。这个例子说明了线性模型如何为我们提供比 t 检验更大的灵活性。

我们构建一个包含批次的模型矩阵。

```
sex <- sampleInfo$group
X <- model.matrix(~sex+batch)
```

现在我们可以把每个基因放入这个模型中，可以看到原始模型与对批次校正的模型之间的差异：

```
j <- 7635
y <- geneExpression[j,]
X0 <- model.matrix(~sex)
fit <- lm(y~X0-1)
summary(fit)$coef
##                  Estimate      Std. Error      t value       Pr(>|t|)
## X0(Intercept)    6.9555747     0.2166035       32.112008     5.611901e-20
## X0sex            -0.6556865    0.3063237       -2.140502     4.365102e-02
X <- model.matrix(~sex+batch)
fit <- lm(y~X)
summary(fit)$coef
##                  Estimate      Std. Error      t value       Pr(>|t|)
## (Intercept)      7.26329968    0.1605560       45.2384140    2.036006e-22
## Xsex             -0.04023663   0.2427379       -0.1657616    8.699300e-01
## Xbatch10         -1.23089977   0.2427379       -5.0709009    5.070727e-05
```

然后，我们把每个基因放入新模型中。例如，我们可以使用 sapply 通过以下方式重新获得估计的系数和 p 值：

```
res <- t(sapply(1:nrow(geneExpression),function(j)f
   y <- geneExpression[j,]
   fit <- lm(y~X-1)
   summary(fit)$coef[2,c(1,4)]
g ) )
```

```
## 转换为 data.frame，这样我们就可以使用与上面相同的代码进行绘图
res <- data.frame(res)
names(res) <- c("dm","p.value")
mypar(1,2)
hist(res$p.value[which(!chr%in%c("chrX","chrY"))],main="",ylim=c(0,1300))
plot(res$dm,-log10(res$p.value))
points(res$dm[which(chr=="chrX")],-log10(res$p.value[which(chr=="chrX")]),col=1,
pch=16)
points(res$dm[which(chr=="chrY")],-log10(res$p.value[which(chr=="chrY")]),col=2,
pch=16,
       xlab="Effect size",ylab="-log10(p-value)")
legend("bottomright",c("chrX","chrY"),col=1:2,pch=16)
qvals <- qvalue(res$p.value)$qvalue
index <- which(qvals<0.1)
abline(h=-log10(max(res$p.value[index])))
cat("Total genes with q-value < 0.1: ",length(index),"nn",
    "Number of selected genes on chrY: ", sum(chr[index]=="chrY",na.rm=TRUE),"nn",
    "Number of selected genes on chrX: ", sum(chr[index]=="chrX",na.rm=TRUE),sep="")
## q 值小于 0.1 的总基因数：17
## chrY 上选择的基因数：6
## chrX 上选择的基因数：9
```

特异性有了很大的提高（假阳性更少），而敏感性却没有太大的降低（我们仍然发现许多 Y 染色体基因）。但是，我们在直方图（图 10.18 左）中仍能看到一些偏差。在后面的部分中，我们将看到月份不能完美地解释批次效应，还有进一步完善估计的空间。

Y 染色体基因（被认为是阳性）用红色突出显示，X 染色体基因（一个子集被认为是阳性）用绿色显示。

关于计算效率的注意事项　在上面的代码中，在我们反复计算 $(X^TX)^{-1}$ 迭代时，每个基因使用的设计矩阵不会改变。相反，我们可以通过将 $(X^TX)^{-1}X^TY$ 与代表基因的 Y 列相乘，只执行一次矩阵代数计算就能获得所有的 β 项。limma 包可以实现此想法（使用 QR 因式分解）。可以看到这个计算过程要快得多：

```
library(limma)
X <- model.matrix(~sex+batch)
fit <- lmFit(geneExpression,X)
```

按以下代码获得每个基因的估计回归系数：

```
dim(fit$coef)
## [1] 8793 3
```

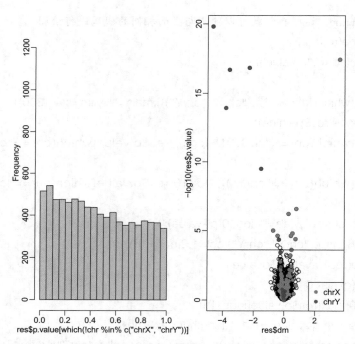

图 10.18　添加月份项进行校正以后的性别比较的 p 值直方图（左）和火山图（右）

我们对每个基因有一个估计。要获得其中一个的 p 值，我们得计算比率：

```
k <- 2      ## 第二个系数
ses <- fit$stdev.unscaled[,k]*fit$sigma
ttest <- fit$coef[,k]/ses
pvals <- 2*pt(-abs(ttest),fit$df)
```

Combat　Combat[3] 是一种流行的方法，它基于线性模型来进行批次效应的校正。它会拟合一个分层模型进行估计并消除行特异性的批次效应。Combat 使用模块化方法。第一步，删除被认为是批次效应的内容：

```
library(sva)     # 可从 Bioconductor 下载
mod <- model.matrix(~sex)
cleandat <- ComBat(geneExpression,batch,mod)
## 发现 2 个批次
## 调整一个协变量或者协变量水平
## 在基因水平上标准化数据
## 拟合 L/S 模型、发现先验值
## 发现参数化调整
## 调整数据
```

---

[3] http://biostatistics.oxfordjournals.org/content/8/1/118.short

　　然后可以将结果用于我们感兴趣变量的模型：

res <- genefilter::rowttests(cleandat,factor(sex))

　　在这个例子中，结果不如我们通过拟合简单线性模型获得的结果那么特异（结果见图 10.19 ）：

```
mypar(1,2)
hist(res$p.value[which(!chr%in%c("chrX","chrY"))],main="",ylim=c(0,1300))
plot(res$dm,−log10(res$p.value))
points(res$dm[which(chr=="chrX")],−log10(res$p.value[which(chr=="chrX")]),col=1,
pch=16)
points(res$dm[which(chr=="chrY")],−log10(res$p.value[which(chr=="chrY")]),col=2,
pch=16,
        xlab="Effect size",ylab="−log10(p−value)")
legend("bottomright",c("chrX","chrY"),col=1:2,pch=16)
qvals <- qvalue(res$p.value)$qvalue
index <- which(qvals<0.1)
abline(h=−log10(max(res$p.value[index])))
```

```
cat("Total genes with q−value < 0.1: ",length(index),"nn",
    "Number of selected genes on chrY: ", sum(chr[index]=="chrY",na.rm=TRUE),"nn",
```

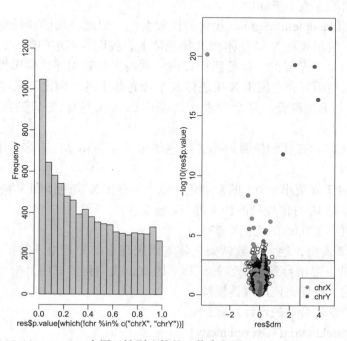

图 10.19　Combat 中用于性别比较的 p 值直方图（左）和火山图（右）

Y 染色体基因（被认为是阳性）用红色突出显示，X 染色体基因（一个子集被认为是阳性）用绿色显示。

"Number of selected genes on chrX: ", sum(chr[index]=="chrX",na.rm=TRUE),sep="")
q 值小于 0.1 的总基因数 : 68
chrY 上选择的基因数 : 8
chrX 上选择的基因数 : 16

10.9 习题

由于几乎完美的混淆，模型对于我们一直在处理的数据集没有帮助。因此，我们创建一个子数据集：

library(GSE5859Subset)
data(GSE5859Subset)

以下我们有意把月份与组别（性别）进行混淆，但并不全部混淆：

sex = sampleInfo$group
month = factor(format(sampleInfo$date,"%m"))
table(sampleInfo$group, month)

1. 使用函数 rowttests 和 qvalue 对两个组进行比较。因为这个数据集较小，降低了功效，因此我们将使用更宽松的 FDR 阈值 10 %。

有多少基因的 q 值小于 0.1?

2. 注意这里 sampleInfo$group 包含男性和女性。因此，我们预计对于逃避失活的基因来说，差异将出现在 Y 染色体和 X 染色体上。我们并不指望许多常染色体基因在男性和女性之间是有差异的。这给我们提供了利用实验数据评估假阳性和真阳性的机会。例如，我们利用列表中位于 X 染色体或 Y 染色体上的基因比例来评价结果。

对于上面计算的列表，这个列表中的基因在 X 染色体或 Y 染色体上的比例是多少?

3. 我们还可以检查我们检测到的 X 染色体和 Y 染色体基因有多少不同。Y 染色体上有多少个?

4. 现在，对于 q 值小于 0.1 的常染色体基因 (不在 X 染色体和 Y 染色体上)，将 6 月份处理的样本与 10 月份处理的样本进行 t 检验。

其中有 p 值小于 0.05 的比例有多大?

5. 以上结果表明，绝大多数常染色体基因表现出差异是由于数据处理而导致的。这就进一步提供了混淆导致假阳性的证据。因此，我们将尝试用月份效应模型来更好地估计性别影响。我们将使用线性模型：

下面哪一个创建合适的设计矩阵?

（a）X = model.matrix(~sex+ethnicity)

（b）X = cbind(sex,as.numeric(month))

（c）线上不能完成。

（d）X = model.matrix(~sex+month)

6. 现在使用上面定义的 X，使用 lm 的回归模型来拟合每个基因。可以使用 summary 命令获取估计参数的 p 值。下面是一个例子：

```
X = model.matrix(~sex+month)
i = 234
y = geneExpression[i,]
fit = lm(y~X)
summary(fit)$coef
```

各组比较的 q 值有多少现在小于 0.1？

注意获得的结果相比于无修正的大幅下降。

7. 在这个新的列表中，X 染色体和 Y 染色体的比例是多少？

注意大的改善。

8. Y 染色体或 X 染色体上有多少？

9. 现在从上面的线性模型中，用同样的线性模型提取与代表 10 月与 6 月差异的系数相关的 p 值。

月度比较的 q 值有多少现在小于 0.1？

这种方法基本上就是通过 Combat 实施的方法。

10.10　因子分析

在介绍下一种用于批次效应校正的统计方法之前，我们将介绍一个统计思路：因子分析（factor analysis）。因子分析最早发明于一个世纪前。当时，卡尔·皮尔森（Karl Pearson）注意到当计算不同学科学生的相关性时，学科之间也存在相关性。为了解释这一点，他提出了一个模型，该模型包含了一个因子，该因子对于来自不同学科的每个学生来说都是通用的，从而解释这种相关性：

$$Y_{ij} = \alpha_i W_1 + \varepsilon_{ij}$$

Y_{ij} 表示个体 i 在科目 j 上的成绩，α_i 代表学生 i 获得良好成绩的能力。

本例中，W_1 是一个常数。在此我们稍微增加因子分析的复杂性来类比批次效应的存在。我们为 N 个不同的孩子生成一个随机的 $N \times 6$ 矩阵 Y，代表 6 个不同科目的成绩。我们生成数据的方式是，科目与某些人之间的相关性大于其他人。

样本相关性　可以看出 6 个科目存在高度相关性：

```
round(cor(Y),2)
```

##	Math	Science	CS	Eng	Hist	Classics
## Math	1.00	0.67	0.64	0.34	0.29	0.28
## Science	0.67	1.00	0.65	0.29	0.29	0.26

## CS	0.64	0.65	1.00	0.35	0.30	0.29
## Eng	0.34	0.29	0.35	1.00	0.71	0.72
## Hist	0.29	0.29	0.30	0.71	1.00	0.68
## Classics	0.28	0.26	0.29	0.72	0.68	1.00

相关性的图形化分析暗示了科目分为 STEM（科学、技术、工程、数学）和人文学科两组。

在图 10.20 中，高度相关为红色，无相关为白色，负相关为蓝色（代码未显示）。

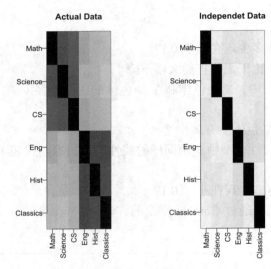

图 10.20 列之间的相关性图
红色为高相关，白色为无相关，蓝色为负相关。

该图显示所有科目之间都具有相关性，表明学生具有潜在的隐藏因子（例如学术能力）导致科目开始相关，因为学生在一门课程中考分高的往往在另一门课程中也很高。我们还看到，STEM 科目之间与人文学科之间的相关性更高。这意味着可能还有另一个隐藏的因子决定了有些学生只在 STEM 或人文学科中成绩更好。现在我们展示如何用统计模型来解释这些概念。

因子模型　根据上面的图，我们假设存在两个隐藏因素 W_1 和 W_2，为了说明看到的相关性结构，我们通过以下方式对数据进行建模：

$$Y_{ij} = \alpha_{i,1}W_{1,j} + \alpha_{i,2}W_{2,j} + \varepsilon_{ij}$$

这些参数的解释如下：$\alpha_{i,1}$ 是学生 i 的整体学习能力，$\alpha_{i,2}$ 而是学生 i 在 STEM 和人文学科之间学习能力的差异。现在，我们可以估计 W 和 α 吗？

因子分析和主成分分析　事实证明，在某些假设下，前两个主成分是 W_1 和 W_2 的最佳估计。因此我们可以这样估算它们：

```
s <- svd(Y)
What <- t(s$v[,1:2])
colnames(What) <- colnames(Y)
round(What,2)
##        Math    Science    CS     Eng     Hist    Classics
## [1,]   0.36    0.36       0.36   0.47    0.43    0.45
## [2,]  −0.44   −0.49      −0.42   0.34    0.34    0.39
```

不出所料，第一个因子接近一个常数，将有助于解释所观察到的所有科目之间的相关性，而第二个因子则在 STEM 和人文学科之间存在差异。现在，我们可以在模型中使用这些估计：

$$Y_{ij} = \alpha_{i,1}\hat{W}_{1,j} + \alpha_{i,2}\hat{W}_{2,j} + \varepsilon_{ij}$$

现在我们可以拟合模型，并请注意，它解释了很大一部分差异性。

```
fit = s$u[,1:2]%*% (s$d[1:2]*What)
var(as.vector(fit))/var(as.vector(Y))
## [1] 0.7880933
```

这里重要的一点是，当我们具有相关性单元时，标准线性模型将不再适用。我们需要以某种方式解释观察到的结构。因子分析是实现此目标的有力方法。

一般因子分析　在高通量数据中，经常会碰到相关的结构。举例来说，看一下图 10.21 中各样本之间的复杂相关性，这些是每列按日期排序的基因表达实验的相关性：

```
library(Biobase)
library(GSE5859)
data(GSE5859)
n <- nrow(pData(e))
o <- order(pData(e)$date)
Y=exprs(e)[,o]
cors=cor(Y−rowMeans(Y))
cols=colorRampPalette(rev(brewer.pal(11,"RdBu")))(100)
mypar()
image(1:n,1:n,cors,col=cols,xlab="samples",ylab="samples",zlim=c(−1,1))
```

两个因子不足以对观察到的相关性结构进行建模，因此，更通用的因子模型可能会有用：

$$Y_{ij} = \sum_{k=1}^{K} \alpha_{i,k}W_{j,k} + \varepsilon_{ij}$$

我们可以使用主成分分析来估计 W_1，$\cdots$，W_k。但是，k 的选择是一项挑战，也是当前研究的主题。在下一节中，我们将说明探索性数据分析如何提供帮助。

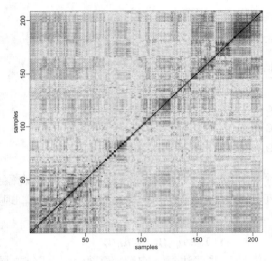

图 10.21 相关性图

方格（i, j）表示样本 i 和 j 之间的相关性。红色为高，白色为 0，红色为负。

10.11 习题

我们将继续用这个数据集：

library(Biobase)
library(GSE5859Subset)
data(GSE5859Subset)

1. 假如你想对前两个样本 y = geneExpression[,1:2] 作 MA 图，那么以下哪个投影能给出第 2 列对第 1 列是 MA 图的 $\boldsymbol{y}$ 投影？

（a）$\boldsymbol{y}\begin{pmatrix} 1/\sqrt{2} & 1/\sqrt{2} \\ 1/\sqrt{2} & -1/\sqrt{2} \end{pmatrix}$　（b）$\boldsymbol{y}\begin{pmatrix} 1 & 1 \\ 1 & -1 \end{pmatrix}$　（c）$\begin{pmatrix} 1 & 1 \\ 1 & -1 \end{pmatrix}\boldsymbol{y}$　（d）$\begin{pmatrix} 1 & 1 \\ 1 & -1 \end{pmatrix}\boldsymbol{y}^{\mathrm{T}}$

2. 设 $\boldsymbol{Y}$ 为 $M \times N$ 阶矩阵，在 SVD 中 $\boldsymbol{Y} = \boldsymbol{UDV}^{\mathrm{T}}$，下面哪项是不对的？

（a）$\boldsymbol{DV}^{\mathrm{T}}$ 是 $\boldsymbol{U}^{\mathrm{T}}\boldsymbol{Y}$ 投影的新坐标

（b）$\boldsymbol{UD}$ 是 $\boldsymbol{YV}$ 投影的新坐标

（c）$\boldsymbol{D}$ 是 $\boldsymbol{U}^{\mathrm{T}}\boldsymbol{Y}$ 投影的坐标

（d）$\boldsymbol{U}^{\mathrm{T}}\boldsymbol{Y}$ 是 N 维至 M 维子空间的投影

3. 定义：

y = geneExpression − rowMeans(geneExpression)

计算并绘制每个样本的相关关系图像。对这些相关性做两幅图。在第一个图中，将相关性绘制成图像。第二个图中，按日期对样本进行排序，然后绘制相关关系的图像。在这些图中唯一的区别是样本的绘制顺序。基于这些图，你认为下面哪一个是真的?

（a）样本之间似乎完全独立

（b）两个高度相关的样本聚类证明性别似乎是在创造结构形式

（c）似乎只有两个因素完全由月份驱动

（d）在按月份排列的情况中，我们看到了两个主要由月份驱动的组，而在这两个组中，我们看到了由日期驱动的子群，似乎表明日期本身超过了月份是隐藏的因素

4. 基于上面的相关图，我们可以认为至少存在两个隐藏因素。利用主成分分析对这两个因素进行估计。具体来说，将 svd 应用到 y 中，并使用前两个主成分作为估计。

哪个命令能给我们这些估计?

（a）pcs = svd(y)$v[1:2,]

（b）pcs = svd(y)$v[,1:2]

（c）pcs = svd(y)$u[,1:2]

（d）pcs = svd(y)$d[1:2]

5. 对按日期排序的每个估计因子作图，用颜色表示月份，第一个因素与日期明显相关。根据这个因素，下列哪个似乎最不同?

（a）6 月 23 日和 6 月 27 日

（b）10 月 7 日和 10 月 28 日

（c）6 月 10 日和 6 月 23 日

（d）6 月 15 日和 6 月 24 日

6. 使用 svd 函数获得去趋势基因表达数据 y 的主成分。

有多少个主成分解释了 10 ％ 以上的变异性?

7. 哪个主成分与月份最相关（负相关或正相关）?

8. 这种相关性是什么（在绝对值上）?

9. 哪个主成分与性别最相关（负相关或正相关）?

10. 这种相关性是什么（在绝对值上）?

11. 现在不使用我们已经知道不能很好描述批次的月份，而使用上面加入两个估计因子 s$v [,1:2] 的线性模型中。将该模型应用于每个基因，计算性别差异的 q 值。

性别比较有多少 q 值小于 0.1?

12. X 和 Y 染色体上的基因比例是多少?

10.12　使用因子分析对批次效应建模

我们继续使用数据集：GSE5859Subset

```
library(GSE5859Subset)
data(GSE5859Subset)
```

图 10.22 是我们之前展示的图像，其中有一部分基因同时显示了性别效应和月份时

间效应，但是现在的图像显示了样本与样本的相关性（计算了所有基因），展示了数据的复杂结构（代码未显示）：

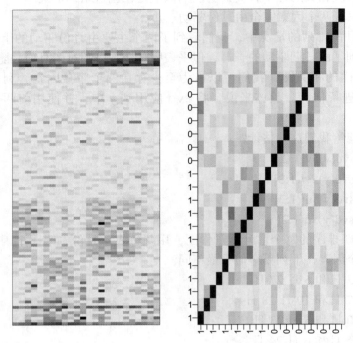

图 10.22　基因表达数据子集图像（左）和该数据集的相关性图像（右）

以上，用月份来解释批次效应，并使用线性模型进行校正的效果相对较好。但是，仍有改进的空间。因为这很可能由以下事实造成：月份只是某种隐含因子或实际促使结构或样本之间相关性因子的替代项。

什么是批次？图 10.23 是每个样本的日期图，颜色代表月份：

```
times <- sampleInfo$date
mypar(1,1)
o=order(times)
plot(times[o],pch=21,bg=as.numeric(batch)[o],ylab="Date")
```

我们可以看出，每个月取样的时间不止一天。那么不同天也会产生影响吗？我们可以使用主成分分析和探索性数据分析来试着回答这个问题。这是按日期排序的第一个主成分的图（图 10.24）：

```
s <- svd(y)
mypar(1,1)
o <- order(times)
cols <- as.numeric(batch)
```

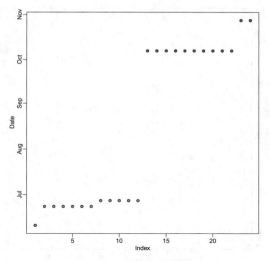

图 10.23　用颜色表示月份的日期

```
plot(s$v[o,1],pch=21,cex=1.25,bg=cols[o],ylab="First PC",xlab="Date order")
legend("topleft",c("Month 1","Month 2"),col=1:2,pch=16,box.lwd=0)
```

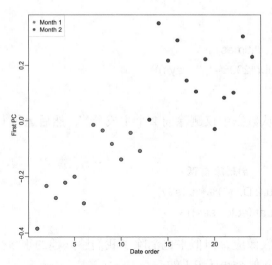

图 10.24　第一个主成分按日期顺序绘制
颜色代表月份。

日期似乎与第一个主成分高度相关，这解释了很大一部分差异性（图 10.25）：

```
mypar(1,1)
plot(s$d^2/sum(s$d^2),ylab="% variance explained",xlab="Principal component")
```

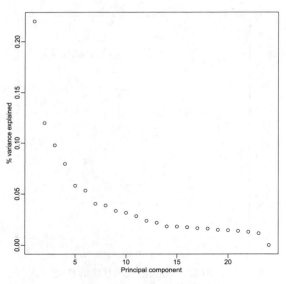

图 10.25 可解释方差

进一步的研究表明，前 6 个主成分似乎至少部分受日期影响（结果见图 10.26 ）：

```
mypar(3,4)
for(i in 1:12){
days <- gsub("2005-","",times)
boxplot(split(s$v[,i],gsub("2005-","",days)))
}
```

那么，如果我们从数据中仅删除前 2 个主成分[①]，然后运行 t 检验，会发生什么？（结果见图 10.27 ）

```
D <- s$d; D[1:4] <- 0      # 删除前两个
cleandat <- sweep(s$u,2,D,"*")%*%t(s$v)
res <- rowttests(cleandat,factor(sex))
```

这确实消除了批次效应，但似乎也消除了我们感兴趣的很多生物学效应。实际上，再也找不到有基因的 q 值是小于 0.1 的。

```
library(qvalue)
mypar(1,2)
hist(res$p.value[which(!chr%in%c("chrX","chrY"))],main="",ylim=c(0,1300))
plot(res$dm,-log10(res$p.value))
points(res$dm[which(chr=="chrX")],-log10(res$p.value[which(chr=="chrX")]),col=1,
pch=16)
```

[①] 原文正文中为前 6 个，代码中为 2 个。——译者注

```
points(res$dm[which(chr=="chrY")],-log10(res$p.value[which(chr=="chrY")]),col=2,
pch=16,
        xlab="Effect size",ylab="-log10(p-value)")
legend("bottomright",c("chrX","chrY"),col=1:2,pch=16)

qvals <- qvalue(res$p.value)$qvalue
index <- which(qvals<0.1)
cat("Total genes with q-value < 0.1: ",length(index),"nn",
      "Number of selected genes on chrY: ", sum(chr[index]=="chrY",na.rm=TRUE),"nn",
      "Number of selected genes on chrX: ", sum(chr[index]=="chrX",na.rm=TRUE),sep="")
```

q 值小于 0.1 的总基因数 : 0

chrY 上选择的基因数 : 0

chrX 上选择的基因数 : 0

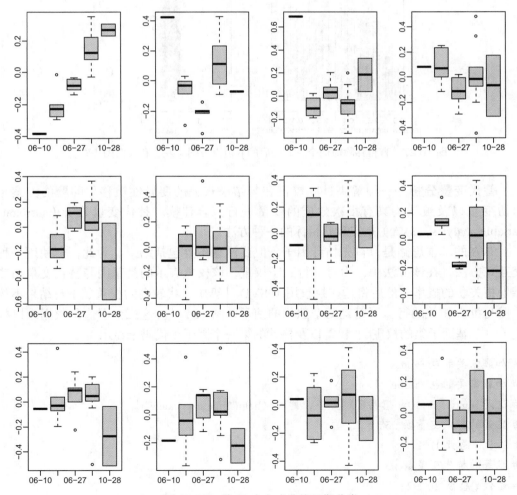

图 10.26 前 12 个主成分按日期分类

在这个例子中，结果中的 Y 染色体基因少了很多，而图 10.27 中小的 p 值也少了，导致分布变得不均匀，校正似乎已经过度。由于性别可能与某些首要的主成分相关，因此可能发生了类似"洗澡水和婴儿一起倒掉"的情况。

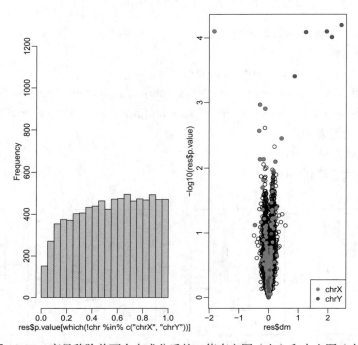

图 10.27　盲目移除前两个主成分后的 p 值直方图（左）和火山图（右）

替代变量分析　一种解决过度校正和与结果相关的变异性被移除问题的方案是对协变量以及被认为具有批次效应的变量进行拟合建模。替代变量分析（surrogate variable analysis，SVA）是实现此目标的一种方法。

SVA 的基本思路是，首先估计因子，但要注意不要包括结果。为此，会使用一种交互式方法，在该方法中，为每一行赋予权重，该权重表示的是基因与替代变量而非结果相关联的概率。然后将这些权重用于 SVD 计算中，将较高的权重赋予与结果不相关但与批次相关的行。下面是两个迭代的演示（图 10.28）。这三个图像是数据乘以权重（一个基因子集的权重）、权重以及估计的第一个因子（代码未显示）。

```
## 加载需要的包：mgcv
## 加载需要的包：nlme
## 这是 mgcv 1.8-10。想要了解更多，键入 'help("mgcv-package")'。
## 显著的替代变量数：5
## 迭代（总数 1): 1
## 显著的替代变量数：5
## 迭代（总数 2): 1 2
```

该算法进行了多次迭代（由 B 参数控制），并返回替代变量的估计值，该估计值类似于因子分析的隐藏因子。使用 sva 函数运行 SVA。在这种情况下，SVA 为我们选择了替代值或因子的数量。

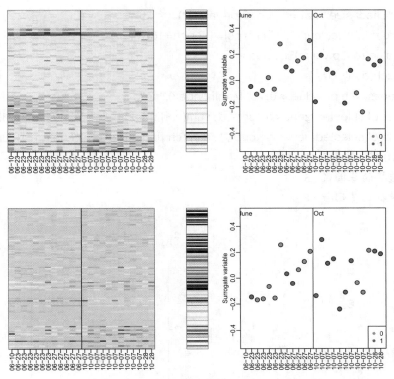

图 10.28 SVA 迭代过程的说明

这里仅显示两次迭代。

```
library(limma)
svafit <- sva(geneExpression,mod)
## 显著的替代变量数：5
## 迭代（总数 5）: 1 2 3 4 5
svaX <- model.matrix(~sex+svafit$sv)
lmfit <- lmFit(geneExpression,svaX)
tt<- lmfit$coef[,2]*sqrt(lmfit$df.residual)/(2*lmfit$sigma)
```

在前述方法上进行改进（结果见图 10.29）：

```
res <- data.frame(dm= -lmfit$coef[,2],
p.value=2*(1-pt(abs(tt),lmfit$df.residual[1])))
mypar(1,2)
hist(res$p.value[which(!chr%in%c("chrX","chrY"))],main="",ylim=c(0,1300))
plot(res$dm,-log10(res$p.value))
points(res$dm[which(chr=="chrX")],-log10(res$p.value[which(chr=="chrX")]),col=1,
```

```
pch=16)
points(res$dm[which(chr=="chrY")],−log10(res$p.value[which(chr=="chrY")]),col=2,
pch=16,
     xlab="Effect size",ylab="−log10(p−value)")
legend("bottomright",c("chrX","chrY"),col=1:2,pch=16)
qvals <− qvalue(res$p.value)$qvalue
index <− which(qvals<0.1)
cat("Total genes with q−value < 0.1: ",length(index),"nn",
    "Number of selected genes on chrY: ", sum(chr[index]=="chrY",na.rm=TRUE),"nn",
    "Number of selected genes on chrX: ", sum(chr[index]=="chrX",na.rm=TRUE),sep="")
```

q 值小于 0.1 的总基因数：14
chrY 上选择的基因数：5
chrX 上选择的基因数：8

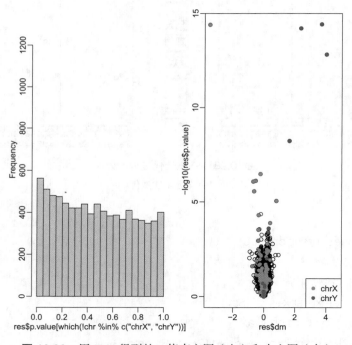

图 10.29　用 SVA 得到的 p 值直方图（左）和火山图（右）

　　为了看到 SVA 实现的效果，以下展示了原始数据集的可视化结果，通过算法估计，这些原始数据集被分解为性别影响、替代变量和独立误差（代码未显示，结果见图 10.30）：

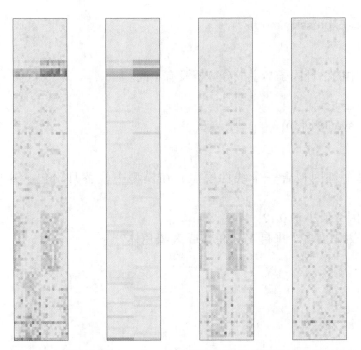

图 10.30   原始数据分为三个 SVA 估计的变异性来源：性别相关信号、
替代变量诱导结构和独立误差

10.13   习题

在本节中，我们将使用 sva 软件包中的 sva 函数（可从 Bioconductor 获得），并将
其应用到以下数据中：

```
library(sva)
library(Biobase)
library(GSE5859Subset)
data(GSE5859Subset)
```

1. 在前一节中我们使用主成分分析估计因素，但我们注意到第一个因素与我们感
兴趣的结果相关：

```
s <- svd(geneExpression−rowMeans(geneExpression))
cor(sampleInfo$group,s$v[,1])
```

svafit 函数估计因子，但似乎使与感兴趣结果相关的基因权重下降。它还试图估计
因子的数量，并返回以下的估计因子：

```
sex = sampleInfo$group
mod = model.matrix(~sex)
```

```
svafit = sva(geneExpression,mod)
head(svafit$sv)
```

得出结果中的估计因子与主成分分析没有不同。

```
for(i in 1:ncol(svafit$sv)){
print(cor(s$v[,i],svafit$sv[,i]))
}
```

现在对每个基因拟合一个线性模型，在模型中代替月份包含这些因素。使用 qvalue 函数。

有多少基因 q 值小于 0.1？

2. 这些基因中有多少来自 Y 染色体或 X 染色体？

索 引

读者意见反馈

为收集对教材的意见建议，进一步完善教材编写并做好服务工作，读者可将对本教材的意见建议通过如下渠道反馈至我社。

咨询电话　400-810-0598

反馈邮箱　gjdzfwb@pub.hep.cn

通信地址　北京市朝阳区惠新东街4号富盛大厦1座　高等教育出版社总编辑办公室

邮政编码　100029

防伪查询说明

用户购书后刮开封底防伪涂层，使用手机微信等软件扫描二维码，会跳转至防伪查询网页，获得所购图书详细信息。

防伪客服电话　　（010）58582300